Power BI 建模权威指南

[意] Alberto Ferrari
Marco Russo 著

刘钰 潘丽萍 付大伟 译

Analyzing Data with Microsoft Power BI and Power Pivot for Excel

電子工業出版社
Publishing House of Electronics Industry
北京•BEIJING

内 容 简 介

如何使用Excel和Power BI高效发现数字背后的信息？在数据分析时如何准确写出所需的公式?如何快速响应各方需求，提升自己的价值……答案是使用“数据模型”。

在本书中，著名的Excel、Power BI专家Alberto Ferrari和Marco Russo将会告诉你关于数据模型的基础知识，并通过多个实例帮助你构建、展示报表，教你通过设计数据模型以快速得到想要的答案，并提升效率。通过阅读，你会发现：找到正确的答案原来如此简单！

本书不仅适合在校学生、初入职场的白领，也适合那些希望了解数据建模的数据分析师。如果你希望获得资深专家的丰富经验，相信本书也会带给你启发。

图书在版编目（CIP）数据

Power BI建模权威指南 /（意）阿尔贝托·费拉里（Alberto Ferrari），（意）马尔·科鲁索（Marco Russo）著；刘钰，潘丽萍，付大伟译. —北京：电子工业出版社，2021.1
书名原文：Analyzing Data with Microsoft Power BI and Power Pivot for Excel
ISBN 978-7-121-39991-6

Ⅰ. ①P… Ⅱ. ①阿… ②马… ③刘… ④潘… ⑤付… Ⅲ. ①可视化软件－数据分析－指南 Ⅳ. ①TP317.3-62

中国版本图书馆CIP数据核字（2020）第231543号

责任编辑：牛　勇
文字编辑：田志远
印　　刷：北京盛通数码印刷有限公司
装　　订：北京盛通数码印刷有限公司
出版发行：电子工业出版社
　　　　　北京市海淀区万寿路173信箱　　邮编 100036
开　　本：720×1000　1/16　印张：16　字数：332.8千字
版　　次：2021年1月第1版
印　　次：2023年12月第7次印刷
定　　价：89.00元

凡所购买电子工业出版社图书有缺损问题，请向购买书店调换。若书店售缺，请与本社发行部联系，联系及邮购电话：（010）88254888，88258888。

质量投诉请发邮件至zlts@phei.com.cn，盗版侵权举报请发邮件至dbqq@phei.com.cn。

本书咨询联系方式：010-51260888-819，faq@phei.com.cn。

推荐语

重剑无锋，大巧不工。每一个行业总有那么一群人，他们用着朴素无华的工具，却创造出令人惊叹的成果。刘钰就是“数据江湖”里这样的高手。在他眼里，所有的数据处理工具都各有奇妙，本书介绍的 Power Pivot 如同独孤求败的玄铁重剑，看似不甚精妙，却是克敌制胜的“神兵利器”；而作者对 DAX 循序渐进的介绍犹如独孤九剑的剑诀，实用、有效，变化无穷。我相信，当你完整看完本书时，你的数据建模能力将得到全面提升，你将可以从容“笑傲数据江湖”。

——微软 AI 方向 MVP　王豫翔

一直想在市面上寻找一本能真正贴近工作实际的关于 Power BI 的“硬货”书，现在，它终于出现了！首先，感谢作者团队诚意满满的各种实用案例，让读者阅读后在工作中能立马用上，受益匪浅；其次，感谢译者团队的辛勤翻译，作为国内资深的 Power BI 专家与多本经典图书的译者，他们翻译出来的译稿清晰、流畅，通俗易懂，能让这么多精彩的内容原汁原味地呈现给国内的爱好者，实在是我们这种对数据深度研究的用户的幸运。

——ExcelHome 论坛超级版主及讲师、2013—2017 年 Excel 方向微软 MVP
川渝地区 Office 软件资深培训师　刘晓月

Power BI 是微软官方推出的对数据进行可视化探索和制作交互式报告的工具，其核心理念就是让用户不需要具备强大的技术背景，只使用 Excel 这样好用的工具就能快速上手商业大数据分析及可视化。但当你对 Power BI 具备了一定的了解，希望将 Power BI 运用到实际工作中时，你会发现绝大多数的数据处理都需要进行数据建模，此时，数据建模的相关知识变得格外重要，而这本《Power BI 建模权威指南》将是你提升 Power BI 数据建模能力的推荐之作。通过本书，你可以边学边练，感受数据建模的强大。

——微软 Power BI 方向 MVP　赵保恒

目前，市面上大多数关于 Power BI 的书籍的主要内容仍局限在软件功能的介绍上，而希望深入学习 Power BI 的爱好者们亟需一本触及 Power BI 核心技术的书籍。本书适时地满足了这一需求，让我们得以按图索骥，跟随作者从单表建模开始，系统地学习和使用 Power BI 进行数据建模的知识。

本书摒弃了浅尝辄止的功能介绍类内容，也没有掉入成为数据建模深度专著的窠臼，而是以常见的实际需求为主，有针对性地提出建模方案。不仅使我们学有所得，亦会学有所思。相信读完此书，我们都将修炼出一双站在数据建模的角度看数据的眼睛。

——微软 MVP　法立明

由于时代的发展，数据中的信息量越来越大，Excel 里的种种限制已经成为广大数据分析师心中深深的痛。好在微软适时推出了 Power BI 和 Power Pivot 新引擎，以及 DAX 这种出色的语言。然而，想要用好这些工具，需要了解数据建模的基础知识。

本书正是为此而生的，它展示给我们的并不是那些高深的学问，而是一项基本技能。书中所展示的都是我们在日常工作中非常容易接触到的案例，内容由浅入深，循序渐进，一步步将我们带向模型及解决方案的世界，阅读本书不仅能从中获得技能，还能从中获得乐趣。

——微软 Office 方向 MVP　方洁影（网名：小妖同学）

大数据分析、人工智能、区块链、云计算等各种技术的飞速发展使得企业的数据量越来越大、数据的维度也越来越多。因此，Power BI 智能可视化分析变得越来越重要。数据建模作为 Power BI 的灵魂，变得越来越重要，但是国内鲜有相应的学习资料；DAX 语言更是晦涩难懂，难以快速上手。本书针对数据建模和 DAX 语言进行展开，它的出版可谓是广大 Power BI 爱好者和数据分析人员的福音。

——微软 Excel 方向 MVP　杨彬（网名：BIN_YANG168）

推荐序一

非常荣幸受译者刘钰老师之邀为本书作序，我猜是他知道我在 Power BI 方面踩过很多“坑”，也许能为大家讲讲这本特别的书。

也许和你的经历类似，我起初是通过 VLOOKUP 函数在 Excel 中将不同的表或单元格区域拼装成一张大宽表，然后基于该表制作数据透视表的。这的确是一个屡试不爽的技巧，但很快就遭遇了以下三大问题：

- 数据量级逐渐变大，甚至超过 Excel 单页可以承载的范围（约 100 万行），页面长度空间不够用了。
- 需要同时考虑的表变得更多，不断调用 VLOOKUP 函数又累又烦，实在有些煎熬。
- 在制作数据透视表时，分组汇总的逻辑变得复杂，导致很难完成数据透视表。

幸运的是，Excel 中的数据模型（Power Pivot）以及 Power BI 正好可以解决这三大数据分析中的痛点——表的数据量级不再受到限制；表之间可以用连线创建关系来实现类似 VLOOKUP 函数的特性；业务逻辑的计算可以采用强大的 DAX 公式。我感觉自己就像发现了新大陆，很多以前无法完成的任务都可以轻松完成了。

但好景不长，很快，新问题又出现了：为了实现一个业务问题的计算逻辑，到底应该用哪个 DAX 函数呢？

在 Excel 中的习惯就是找到一个以前不认识的函数，很神奇地就可以完成某种计算，而这个经验在 Power Pivot 或 Power BI 中似乎并不完全灵验，很多时候并没有一个特定的 DAX 函数来解决问题，如果不认输，可能要抱着一本讲解 DAX 公式的大书来看，但成效似乎也不大。

正如本书原作者 Marco Russo 所言，有的时候在寻找正确的 DAX 公式之前，其实是要先定义出正确、合理的数据模型。本书原书名直译为"用 Power BI 和 Excel 中的 Power Pivot 分析数据"，并没出现本书的实际主题——数据模型，我觉得这是不合适的，本书的核心并非教读者如何分析数据，而是讲解如何建立正确的数据模型。就像我刚刚进入这个世界所犯下的错误一样，很多从业务领域进入的伙伴并不知道有"数据模型"这个概念。考虑到可以帮助更多的人，我认为书名翻译为"Power BI 建模权威指南"是更合适的。

这里的"数据模型"更准确地讲是"关系型数据模型"，它的历史可以追溯到 1970 年。该理论和相关技术广泛被应用于数据库领域，已非常成熟。此外，作为业务分析师，更多的是面向分析，这就不得不提到另一个概念——数据仓库。如果说企业级的数据仓库是由专业的 IT 技术人员构建的，那么在 Excel 或 Power BI 中的数据模型则可以被认为是由既了解业务又懂得分析的业务分析师构建的小型而敏捷的关系型数据仓库。从这个意义上讲，将关系型数据仓库的方法论借鉴到 Excel 或 Power BI 的数据建模中非常重要。

因此，原作者要完成本书就势必要解决以下几个重要问题：

- 必须是业务导向的。虽然是讲解数据建模，但必须从业务出发，解决业务问题。
- 数据建模的重要性高于使用 DAX 公式的重要性。虽然要大量使用 DAX 公式，但必须要更强调数据模型的构建，而不是使用 DAX 公式。
- 要谈到数据仓库理论但不可介入过深。虽然要借助数据仓库的成熟方法论（如维度建模），但不能陷入完全讲授晦涩的理论的陷阱中。
- 诸多案例必须可以解决实际问题，案例必须具有通用性。

从结果来看，作者对上述问题解决得非常好。本书的读者定位于没有数据建模基础的业务人员；本书可能并不能找到某个神奇的 DAX 公式，但本书所谈及的维度建模理论打开了一扇大门；由于从案例中抽象出的通用性更多地只具有启发意义，而并非模板，所以需要读者举一反三才能实际运用。

也正是因为原作者兼顾了以上重要问题，本书才成为经典，它在诸多问题上取得了一个重要的平衡。

本书应该是掌握 Power BI 的基础操作和熟悉 DAX 公式的基本使用的读者的进阶读物。如果你对数据库和数据建模的概念不够熟悉，建议先熟悉这些概念。

本书原作者是该领域的顶级专家，书中案例精挑细选，值得反复阅读、推敲。

作为业务分析师，想象自己正作为主角参加一场足球比赛：如果说从数据源加载并整理数据是发球和传球，从数据中通过分析提炼观点就是临门一脚，可视化从数据中提炼的观点且发挥价值则是进球；而稳健的数据模型便是“中场发动机”。

读完本书，你会更清楚地理解 Power BI 不仅仅是数据可视化工具，也不仅仅是报表工具，还是一套强大的数据建模工具。

相信你会感受到 Power BI（微软商业智能产品）连续 13 年（截至 2020 年 2 月）被 Gartner 评为商业智能分析平台的领导者，并且正在被 97% 的《财富》世界 500 强企业使用的重要原因。

它对个人而言是全功能免费的，这种低调而强大的能力或许将（其实已经）改写某些伙伴的职业生涯。这种感觉让人兴奋不已。

本书译者刘钰老师在 Power BI 社区非常活跃，经常帮助大家解决疑难杂症，经验丰富。感谢刘钰老师的付出，将这本经典之作进行原汁原味的精彩解读。希望你已经迫不及待想翻开第一页。

excel120.com 创始人、Power BI MVP　宗萌（BI 佐罗）

推荐序二

我做了十多年的咨询顾问，服务过许多知名企业，也见过相当多的企业财务高层，我的学生除了中低层财务人员以外，也有许多已经是知名企业的财务高管。在和他们沟通、交流的过程中，我发现了许多财务人自身的不足，而这些不足直接导致了财务人职业发展之路走得很艰辛，这也是为什么许多财务同人和我说："老师，我自认为自己很努力，背景也不错，为什么得不到机会，为什么职业晋升之路走得很累"。这里当然有许多公司和环境的问题，但更多的是财务人自身的问题，这些深层次的问题大部分财务人甚至还没有意识到。我有时候直接和他们说："因为你们太'懒'了，你们的功利心太强了，你们思维固化、生活圈子固化。此外，作为财务人员，你们对数字不够敏感。"这些听起来很刺耳的批评，仔细想来，事实确实如此。

在这么多财务人的不足之中，我特别重视一点，就是财务人普遍缺乏差异化的能力。什么叫差异化的能力？就是你具备了别人都不具备的某种技能，这项工作除了你，别人都干不了，这时，你的优势自然就出来了，你的重要性和价值也就不言而喻了。在财务人最为缺失的差异化能力中，我觉得最重要的是"财务工具的使用和对数据的处理能力"。

这里以最常见的财务分析工作为例进行说明。许多企业的财务部门都设有财务分析岗位，我经常和这些财务分析岗位的人员半开玩笑地说："你们这个不叫财务分析，只是'表格操作员'，通俗的话叫'表哥''表姐'。"因为我见过的大部分财务分析专员的工作只是机械地把财务报表里的数据填入公司编制好的分析模板，让系统自动运行出结果，然后念一遍数字作为汇报了事。他们根本不了解这些数字背后的业务，也不具备对财务数据做系统分析的能力，更不用说写程序、建模型了。你说这样的财务分析又怎么能真正分析出公司的经营问题呢？这样的工作岗位不被老板和业务部门待见，财务人的职业发展之路自然走得很艰辛。

此外，随着人工智能的兴起和财务机器人的普及，近年来，公司对于财务人员的IT技能的要求越来越高，我也经常跟我的学员提到：一名好的财务人员应当是个多面手，一专多能。越来越多的公司要求财务人员能基于不同的业务场景进行建模，编写程序，运用IT技术和财务工具对企业实现高效率的分析，帮助企业高效率地运作。关于这一点，其实许多财务人已经意识到了，他们有时候会对我说："老师，好像我真的该去学一些简单的编程和模型搭建了，因为我发现我的工作好像已经离不开IT了。"然后他们会问我怎么学习，查阅网上的资料或报班学习都收效甚微。

为什么呢？我看过许多编程和建模相关的书籍，也经常在讲座和课程中给学员们当场建模。我认为，一本好的讲建模和BI的书应该从业务场景出发，讲清楚建模的逻辑和实际操作以后，最终回到业务场景。也就是要结合业务，让读书的人真正明白整个逻辑，明白如何基于业务场景去建模。这样，学员的学习更有针对性、更直观、更容易吸收和掌握书中的内容。如果一本书通篇都是IT专业术语，脱离业务场景为了建模而建模，读这样的书当然是味同嚼蜡，寡淡无味。

我非常了解和认可本书译者的财务专业素养和IT专业能力，由衷钦佩他们对"BI和建模之于财务工作和经营分析的价值"深入而清晰的认识。本书提供了与日常经营管理密切相关的各种案例场景，提出了多种数据模型方案，并将之进行对比，探讨各方案的优劣。这样的编写思路使读者在学习案例的过程中具备了数据建模的系统思维，使得学习、吸收、掌握和运用形成一个有机的闭环。

马云曾经反复强调数据的价值，但是，数据本身不产生价值，产生价值的是用数据解决问题的能力。及时和准确的数据模型能帮助管理者立即解决潜在的问题。一个需求未被满足的问题，如果需要依靠手工搜索多方所持有的不同的数据表，不仅耗费大量的时间，而且常常是在问题还没有被确定和解决之前已经变得更加糟糕。只有当各部门之间的信息实时可见时，各部门同步协作才能成为可能，等待数据、不必要的加工数据等不产生附加值的活动才可能被减至最少，公司各部门对模型所展现出来的生产经营环境的变化的响应时间也能一致，从而实现精益管理。

全书内容本身也体现了精益的思想。信息技术能推动公司的精益管理，但完成信息技术项目本身也需要精益管理。信息技术的方案应当具有易部署和高投资回报的特性。复杂和漫长的实施周期不仅浪费时间、金钱，还可能将对整体目标无价值、无作用的功能包括在内。这本书的核心目标是消除一切浪费，从而缩短建模周期，实现敏捷开发、快速响应。作者在每章都准备了与日常经营管理密切相关的案例场景，并为之提出了多种数据模型方案，然后将之进行了对比，探讨了各方案的优劣之处，由此完成了整个建模知识体系的阐述，使读者在案例学习的过程中具备了数据建模的系统思维，明白了如何用最简洁的数据结构、最短的反馈路径来建立逻辑环路，从而达到高质量、低消耗的交付效果。

感谢作者与本书译者的智慧和努力，使我们得以读到一本不仅通俗易懂，还能学以致用、真正帮助财务人员和企业管理者提升能力的 Power BI 建模教材。祝愿广大读者在学习完本书后，能真正提升建模的实操能力。

安财论道创始人　李品（小安老师）

推荐序三

Power BI 作为微软推出的商业分析工具，在推出以后迅速构建起了完整的生态，积累了海量的用户，在 Gartner 的商业智能分析平台魔力象限中占据领导地位。

微软针对企业级用户的痛点和难点：数据建模、图表呈现，使得 Power BI 可以连接上百种数据源，并允许用户通过 Power BI 桌面版发布组织内的数据信息。用户也可以通过手机、计算机等工具进行访问相应的数据和信息。

近年来，关于数据模型（DMD）的课程在高校中受到广受关注，无论是在 EMBA、MBA，还是在 MPACC 课程中都设置了相关的课程。

本书顺应了这种潮流，从开篇开始就以数据建模为重点引导读者深入学习，并依次介绍了帮助决策人员在商业竞争中决胜千里的有效基本功：数据建模、数据洞察、Dashboard 的设计与制作。帮助数据分析师高效完成数据准备、建立模型、发现洞察、提交报告、分享见解等过程，进而协助决策者探究企业的健康状况、竞争优势等内容。

跟 RPA 一样，Power BI 也是直观显现效果的工具软件。相信深入学习此书能够让各位读者从会用 Power BI 走向用好 Power BI。预祝各位读者能够轻松、快乐地掌握各种实战技巧。

数字力量 RPA 合作平台创始人　龚燕玲

推荐序四

刘钰老师一直以来都是技术社区里非常活跃、热心且专业的大咖级人物，但我真正结识刘钰是因为他主导翻译的第一本书——《Power BI 权威指南》。那是一本关于 Power BI 的经典书籍，虽然谈不上是大部头的著作，但至少是一本尤为适合初学者和进阶者的权威指南。

在后来的时间里，我经常与刘钰老师深夜畅聊，讨论关于 Power BI 及与数据有关的一切，聊他的培训计划，也聊他的下一项翻译计划——现在你捧在手里的这本《Power BI 建模权威指南》。当时我正任微软 Microsoft 365 的市场经理，Power BI 是我负责的 SaaS 服务之一。刘钰老师深厚的技术功底和独特的行业见解让我深深折服，他为后来者指路的热情更是让我敬佩。他总是称自己只是一名"Power BI 的爱好者"，但我懂得那只是他的谦逊，也懂得他为后来者铺路的艰辛和不易。这本《Power BI 建模权威指南》应该就是他的热情、努力等品质最好的证明。

我认识的 Power BI

Power BI 是微软众多不做广告却有口皆碑的产品之一。在 2021 年 2 月 Gartner 发布的《分析和商业智能平台魔力象限》报告中，微软 Power BI 再一次领跑"领导者象限"，这已经是其第 14 次蝉联此殊荣，并继续呈现扩大领先优势的态势。在 Forrester 发布的 2019 年第三季度研究报告中，也将 Power BI 列为企业商业智能的领导者首位。我想这并不出乎大家的意料，毕竟 Power BI 产品在微软智能云平台上被不断注入新的活力，具有他人无法比拟的优势。

在 Power BI 的官方网站上写着这样一句话：面向所有人的商业智能，创造数据驱动型文化（Create a data-driven culture with business intelligence for all）。这句话很简单，却深刻地揭示了 Power BI 的出发点和愿景，具体如下。

出发点是面向所有人。Power BI 不是一个专家才可以使用的工具。Power BI 是微软 Office 365 E5 版本中内建的服务组件，这样的产品打包清晰地传递了一条信息——Power BI 是为每个需要进行日常办公的业务用户设计的。各行各业、各种职能的用户都可以自助式地创建数据模型和交互式报表，或者将各类报表嵌入各种应用载体中进行分发，以便进行多维度的数据分析和呈现，并辅助做出商业决策。Power BI 支持广泛的数据连接和数据类型，允许用户利用简单灵活的建模方式创建智能的交互式报表。这样的出发点将传统的 IT 导向数据分析转变为业务导向分析，最大程度减轻了对技术的依赖，并消除了因对业务理解不同而造成的鸿沟。

愿景是创造数据驱动型文化。可能很少有人会把一款工具与文化挂上钩，但不可否认的是，所有商业行为每天都在创造着大量数据，而今天人们对使用数据的诉求已经不是简单清洗、转换、加载、分析了，而是有了更为长远的追求——打造数据领导力和数据驱动的文化，形成有效的数据价值体系，不断优化决策过程并减小决策偏差，让数据驱动深入企业文化中。在万千企业正在探寻数字化转型道路的今天，数字化本身并不是转型的目的地，它只是过程和手段，企业数字化转型的真正目标应该是“科技手段+数据驱动促成的企业文化转型”。Power BI 的功能和价值远远超过了一款数据可视化工具的范畴，它结合了微软智能云以后可以广泛服务、连接各种业务系统，并通过不断强化的机器学习和 AI 能力，充分释放数据的力量，助力企业加速数字化转型的进程。

如果说 Power BI 是一架性能优异的飞机，那么，建模和分析就是这架飞机的操作手册。驾驭 Power BI 是熟悉产品特性，掌握建模和分析的方法、理论，具备丰富的业务经验，能够提出独到见解的艺术。而这方面的艺术造诣将会直接影响你的业务走向。不过，数据建模并不高深，毕竟微软设计 Power BI 的初衷是为全员打造，如果能仔细阅读本书的每一章，你将了解 Power BI 全系列服务平台，能够更加透彻地看到数据的魅力，你也许能够在大脑中闪现出许多个关于自己所负责的业务的问题，进而从不同的视角、维度去重新审视这些业务，并开始迫不及待地带着 Power BI 与它们共舞。

从你翻开本书的第一页开始，你就已经是一位与数据共舞的舞者了，希望你可以和本书一同跳完这支舞。当舞台上的聚光灯亮起时，你会发现数据里的每一个比特都晶莹闪亮。

微软大中华区 Microsoft 365/Power BI 高级产品市场经理　李亮

推荐序五

刘钰找我为这本书写一篇推荐序，我本人是非常高兴的。作为微软云数据产品市场经理，微软云中的嵌入式 Power BI 就是我直接负责的一款产品，同时我本人也是 Power BI 的重度用户，每天在工作当中都会用到它。我想借这个机会从用户的角度出发，给大家介绍一些微软数据分析和商业智能产品的市场定位、发展方向和未来愿景，也为大家全面了解 Power BI 产品的战略和定位提供一些信息和参考。

Power BI 是全球商业智能和数据可视化产品的领导者。在 Gartner 于 2021 年发布的《分析和商业智能平台魔力象限》报告中，微软 Power BI 产品再一次获得了“领导者地位”的评价。Power BI 在这一领域的“领导者地位”已经保持了 14 个年头。业内也评价说微软通过 Power BI 提供了数据准备、数据建模、数据可视化、打造交互式仪表板等一系列与数据消费者交互的手段，建立起了数据和业务之间的沟通桥梁，帮助企业建立起了数据驱动的企业文化，推动了行业生产力从 BI 到 AI 的飞跃。

Power BI 的数据可视化能力无论是在传统数据分析业务中还是在大数据时代的分析业务中均蕴含了巨大的潜力。大数据是当下最热门的话题之一，人们都想借助大数据的红利帮助企业加速增长。有研究者认为大数据是一种价值密度较低的数据形态，想要将大数据为自己所用，必须经历一系列处理过程，这一过程就像是从金矿中提炼出黄金一样。大数据的出现衍生出无数的技术、工具和解决方案，涵盖了从数据清洗、数据存储、数据挖掘到机器学习、数据可视化等各个方面。可以说，今天的大数据仍然处于快速发展的历史进程当中。然而，在许多业内大厂和企业的共同探索中，我们看到了许多失败案例，导致这些失败案例出现的原因各不相同，但是有一点大家基本形成了共识——数据业务需要寻找一个体现价值的地方，而体现价值的最佳之处就在数据可视化。

从技术的视角来看，Power BI 更像一种语言，它的目的是将数据、数学模型和商业价值进行一致的阐述。在商业管理和决策中，有太多人为的偏见和各种各样的因素会导致决策偏差。时至今日，许多企业在管理上往往还是凭借管理人员的个人经验和不完整的信息做出决策，然而，在如今这样快速变化的市场中，过去的经验并不一定能够处理眼前的问题，建立更加理性的决策机制和更加快速的洞察机制是大势所趋。微软是一家致力于倡导建立“以数据驱动”管理文化的公司，其自身也是这方面的实践者。“以数据驱动”代表管理层相信数据的力量和作用，通过打通“部门墙”，建立统一数据仓库，科学地对数据进行建模、挖掘，帮助业务部门进行更优的商业决策，进而帮助企业实现更快速的增长。这些转变和改革是帮助微软再创佳绩的基石，而正是 Power BI 这个工具帮助微软把数据、模型和业务联系在了一起，促成并加速了这一过程。

从产品角度来看，Power BI 是微软多款拳头产品的可视化前端。人们最为熟悉的可能是“Excel 作为数据源管理工具、Power BI 作为数据可视化展现工具”这种方式。然而，为了应对越来越多的数据和越来越复杂的数据分析场景，Power BI 已经几乎成为微软所有数据产品可视化的默认选项。这里我列举三种产品形态。

第一种产品形态，也是最常见的一种组合方式，是将 Power BI、SQL Server、SQL Server 分析服务和报表服务进行组合的经典数据可视化产品组合，这种方式被广大的 SQL Server 用户和 Power BI 用户所接受并使用，在市场上有着广大的用户群体。

第二种产品形态，是使用 Power BI 云服务和多种数据源集成的组合方式。Power BI 有多种产品形态，除了刚才介绍的本地部署，还有另外两种云服务形态：Azure 云平台中的平台即服务（PaaS）产品 Power BI Embedded，Microsoft 365 中的软件即服务（SaaS）产品 Power BI Professional 和 Power BI Premium。微软对于不同用户、场景给出了不同的产品定位：对于有数据建模能力和开发能力的企业或独立软件开发商来说，PaaS 是最好的选择，通过将 Power BI 能力嵌入企业应用产品或者解决方案产品中，可以极大地扩展和丰富现有的产品能力；对于不需要进行二次开发的用户，SaaS 则是更好的选择，完全托管的 SaaS 服务让用户可以专注在数据的使用和业务上面，而不需要考虑后台服务器的运维。

最后一种产品形态，也是面向未来的数据可视化产品，即将 Power BI 产品集成到更大、更深的数据分析服务平台（如 Azure Synapse 数据分析平台）中。这种基于云服务的数据分析平台是一种快速的自助式数据分析平台，它将数据处理方面的能力整合并平台化，如将数据湖、数据仓库、数据管道、机器学习、数据可视化等产品进行了集成。这样做可以把数据库和数据存储的管理员、基于 Spark 或 Scala 编写数据查询或机器学习代码的数据科学家、基于 Power BI 制作报表的商业智能分析师无缝地整合在一起，让他们可以更加方便地进行协同工作。

以上三种涉及 Power BI 的产品形态和架构模式是当前乃至未来市场上数据分析的主要工作场景和发展趋势。可以看出来，Power BI 产品作为微软数据分析产品组合的价值出口，有着举足轻重的地位和作用，相信读者可以通过本书了解 Power BI 产品形态并结合自身工作经验找到学习 Power BI 知识和规划未来职业发展的方向。

微软云数据产品市场经理　许豪

前 言

Excel 的用户十分偏爱数字，或许也可以说那些喜欢数字的人喜欢用 Excel。无论是前者还是后者，如果你对从不同的数据集里获取各种分析与见解有兴趣，那你很有可能已经花费了大量的时间在 Excel（包括数据透视表和公式）上。

自 2015 年 Power BI 发布以来，我们认为喜欢数字的人们也会爱上 Power BI 和 Excel 里的 Power Pivot 。这两个工具有许多相似的特性，如 VertiPaq 数据库引擎和继承自 SQL Server Analysis Services 服务的 DAX 语言。

在 Excel 的早期版本中，从数字中获取见解的主要方式是：首先加载一些数据集；然后设计一些辅助计算列；最后设计图表、编写公式。这其中有一些限制：如工作簿的大小很重要，Excel 函数与公式不是处理大量数字的最佳选择等。Power BI 和 Power Pivot 的新引擎则是一个巨大的飞跃——使你现在拥有了数据库的全部能力和一种出色的语言（DAX）。但是，能力越强，责任越大。如果你想真正用好这个新工具，你需要学习数据建模的基础知识。

数据建模并不是高深的学问，而是任何对“从数据中收集见解”感兴趣的人都应该掌握的一项基本技能。如果你喜欢探索数字，那么你也会喜欢上数据建模。所以这不仅是一项容易获得的技能，而且是具有难以置信的乐趣的活动。

本书的目的是通过你在日常生活中可能遇到的实际案例来介绍数据建模的基本概念。我们不想写一本关于数据建模的深度专著，因此不会详细解释面对构建复杂解决方案时应该给出的方法，我们专注于咨询师日常工作中的案例。我们把自己认为很常见的客户问题进行收集和整理。针对这个常见问题集，根据数据建模培训的要求来组织、整理示例，并为每个示例提供了一个解决方案。

虽然当你读完本书的时候，你可能仍不是一名数据建模专家，但你会对数据建模有更直观的认识。本书的目标是：在你阅读完本书以后，查看你的数据库或者报表时，开始认为更改和优化模型可能会有助于计算你需要的值。自此，你将走上成为成功的数据建模师的道路。你的最终目标应该是成为一名伟大的数据建模师，但是你只有在经历了多次失败之后才会获得经验。不幸的是，经验不是你能从书中学到的东西。

本书为谁而写

本书广泛针对不同类型的人。你可能是在 Excel 里使用 Power Pivot 的用户，也可能是使用 Power BI 的数据科学家，还可能需要以商业智能分析师的身份开启职业生涯、希望阅读关于数据建模相关介绍的人。无论你属于上述哪种情况，这本书都适合你。

请注意，我们没有提到希望阅读有关数据建模专业知识的人员。事实上，我们在写这本书的时候认为我们的读者可能根本不知道他们需要数据建模。我们的目标是让你了解你为什么需要学习数据建模，然后让你对这门优美的学科的基础有一些了解。因此，如果你对什么是数据建模以及为什么它是一种有用的技能感到好奇，那么本书非常适合你。

对读者的建议

我们希望读者对 Excel 数据透视表有基本的了解，并且打算或正在使用 Power BI 作为构建报告和分析的工具，如果你有一些数字分析的经验，那就更好了。本书不涉及讨论 Excel 或 Power BI 的 UI 界面的任何方面，我们只关注数据模型：如何构建它们及如何修改它们以便更容易地编写代码。因此，我们只讨论“你需要做什么”，而将“如何做”完全留给你。我们不想写一本按部就班的书，而只想写一本用一种简单的方式讲解复杂主题的书。

本书有意不涉及的另一个主题是 DAX 语言，因为将数据建模和 DAX 放在同一本书中是不科学的。如果你已经熟悉 DAX 语言，那么你将会从本书使用的众多 DAX 代码中受益。如果你需要学习 DAX，可以阅读与本书主题联系紧密的《DAX 权威指南》（*The Definitive Guide to DAX: Business intelligence for Microsoft Power BI, SQL Server Analysis Services, and Excel*）（译者注：业内也称其为“DAX 圣经”，英文版已经发布第二版），此书是针对 DAX 语言最全面的指南。

内容简介

这本书以几个简单的介绍性章节开始，接着是一组专题章节，每一章都涉及一些特定类型的数据模型。以下是对每一章内容的简要描述。

- 第 1 章 **数据建模介绍**是对数据建模基本概念的简要介绍。这里介绍了什么是数据建模，开始讨论颗粒度，定义了数据仓库的基本模型（星形模型、雪花模型、规范化和反规范化）。
- 第 2 章 **处理汇总表/明细表**介绍了一个非常常见的场景：处理汇总表/明细表。在这里，你将看到关于场景的讨论和相应的解决方案，如在两张独立的事实表中有订单和订单行。
- 第 3 章 **处理多维事实表**描述了这样的场景：你有多张事实表，需要构建一个混合了多张事实表的报告。在这里，我们强调创建一个维度正确的模型以便能够以正确的方式观察数据的相关性。
- 第 4 章 **处理日期和时间**是本书内容最多的一章，它包括时间智能计算。我们解释了如何构建一张合适的日期表，以及如何计算基本的时间智能（年初至当日、季度初至当日、PARALLELPERIOD 函数等），然后展示了几个计算工作日的案例，处理一年中的特殊时期，以及如何正确地处理一般的日期。
- 第 5 章 **跟踪历史属性**描述了如何在模型中使用渐变维度。如果你需要跟踪变化的属性，那么可以阅读本章。本章将更深入地解释模型需要的转换步骤，以及如何在维度不断变化的情况下正确地编写 DAX 代码。
- 第 6 章 **使用快照表**介绍快照的迷人之处。我们介绍了快照是什么，为什么需要它，应该在什么时候使用它，以及如何在快照之上计算值，并描述了功能强大的转换矩阵模型。
- 第 7 章 **日期和时间间隔分析**比第 5 章向前推进了几步，介绍了时间计算。在这一章分析的模型中，事实表中存储的事件有一个持续时间，因此需要一些特殊的处理来提供正确的结果。
- 第 8 章 **多对多关系**解释了如何使用多对多关系。多对多关系在任何数据模型中都扮演着非常重要的角色。我们讨论了标准的多对多关系、级联关系以及它们在重新分配因子和筛选器中的使用，并讨论了它们的性能以及如何改进它们。

- 第 9 章 **不同颗粒度的使用**更深入地介绍了如何使用存储在不同颗粒度上的事实表。在这一章中展示了一些事实表的颗粒度不同的预算示例，并提供了几种基于 DAX 和数据模型的解决方案。
- 第 10 章 **数据模型的切片**解释了几种切片模型。在这一章中，我们从一个简单的价格切片开始，然后转向使用虚拟关系的动态切片分析，最后解释了在 DAX 中所做的 ABC 分析。
- 第 11 章 **处理多币种模型**涉及货币交换。在使用货币的汇率时，理解需求并构建适当的模型非常重要。在这一章中，我们分析了几个具有不同需求的场景，并为每个场景提供了最佳解决方案。

模型及其解决方案的复杂性会随着内容的深入一点点地增加，所以，从头开始阅读这本书，而不是从一章跳到另一章是一个好主意。通过这种方式，你可以遵循复杂的自然流程，一次只学习一个主题。不过，本书的目的仅是作为一个参考指南。因此，当你需要解决一个特定的模型时，你可以直接跳到对应的章节，并查看解决方案的细节。

写作规范

本书写作过程中使用了以下规范。

- **粗体**用于标识你键入的文本。
- *楷体*用于标识新术语。
- 代码以等间距字体显示。
- 使用中文方括号包裹对话框名称、对话框元素和命令，如【另存为】。
- 键盘快捷键是用一个加号（+）分隔键名来表示的。如 Ctrl+Alt+Delete 表示同时按 Ctrl 键、Alt 键和 Delete 键。
- 本书所有的数据模型中表的名称保持英文，例如 Sales 表代表示例文件包含的数据模型中的一张名为 Sales 的表格；表格中的列（包括计算列）使用表名[字段名]标识，如 Sales[数量]代表 Sales 表的一个名为“数量”的列。
- 当度量值的名称出现在非代码的内容中时，单独使用[度量值名称]来标识，并且不加所属表的名称来区别计算列和度量值。

- 由于本书的英文原版传播比较广泛，为了让一些读者了解原文的表意，每一章的数据源使用两个列标题，在进入模型的时候默认显示中文。但是读者也可以自行修改查询来还原英文字段名，从而理解模型。

配套内容

我们提供了丰富的配套内容供你学习、体验。这本书的配套内容可以从博文视点网站（www.broadview.com.cn）的相关页面下载。

配套的内容包括书中涉及的 Excel 或 Power BI Desktop 文件。书中的每一张截图都有一个单独的文件，所以你可以跟随书的节奏从正在阅读的地方开始分析不同的步骤，并自己尝试操作。案例都是 Power BI Desktop 文件和 Excel 文件，所以我们建议有兴趣练习这些案例的读者从 Power BI 网站下载并安装最新版本的 Power BI Desktop 程序。

读者服务

微信扫码回复：39991

- 获取本书随书资源包（案例源文件等内容）
- 获取各种共享文档、线上直播、技术分享等免费资源
- 加入本书读者交流群，与更多读者互动
- 获取博文视点学院在线课程、电子书 20 元代金券

目 录

第 1 章
数据建模介绍

你即将阅读的是一本关于数据建模的书。我们有必要在开始之前就确定为什么需要学习数据建模——毕竟只要在 Excel 中加载一个查询或一张表，然后用数据透视表就可以轻松从数据中获取良好的见解，为什么还要学习数据建模呢？

作为专业的商业顾问，我们每天受雇于那些挣扎着、想要得到所需数字的公司或个人。他们通常觉得自己要找的数字就在手边，或者可以被计算出来，但是因为某种原因（要么公式太复杂难以掌握；要么数字不匹配）而得不到的结果。在绝大多数的案例中，出现这样的结果是因为在数据模型中存在一些错误。如果你修正了模型，公式就会变得很容易编写和理解。**如果你想提高分析能力，而且愿意专注于做出正确的决策，而不仅仅是编写正确但复杂的 DAX 公式，那你必须学习数据建模。**

数据建模通常被认为是一门很难学习的技术，不能说这句话不对，但它不完全对。数据建模确实是一个复杂的主题，挑战在于：它需要你付出一些努力来学习并以一种特定的方式塑造你的大脑，即你在思考这个场景时能够在脑海中呈现模型。因此，数据建模的学习是复杂的、具有挑战性的，而且会影响你的思维方式。这是件十分有趣的事情。

本章提供一些基础示例文件用于展现那些可以让公式更容易被计算的优秀的数据建模方案（虽然可能并不完全适用于你的业务）。我们希望它们能帮你了解为什么数据建模是一项需要掌握的重要技能。成为一名优秀的数据建模师基本上意味着你能够将你的模型与众多已经经过透彻研究的经典模型进行匹配。因为你的模型和其他经典模型在本质上没什么不同。虽然你的模型通常有一些特别要求，但更多的可能是你的具体问题其实早已经有相应的解决方案。学习如何发现你的数据模型与示例模型之间的相似性虽有难度，但效果非常好。比如，业务中的大部分难题会在你学习数据建模的过程中迎刃而解。

本书大多数示例文件基于 Contoso 的数据库。Contoso 是一家虚构的公司，通过不同的销售渠道在世界各地销售电子产品。你的业务可能与它有所不同，因此，你需要学习如何将从 Contoso 的数据库获取的报告和见解同你的特定业务相匹配。（译者注：为了便于读者练习，每章的示例数据已经单独存储到对应文件夹的 Excel 工作簿中。）

在第 1 章中，我们将从基本的术语和概念开始学习。我们将解释什么是数据模型，以及为什么关系是数据模型的重要组成部分。我们还将介绍规范化、反规范化和星形模型的概念。通过案例介绍概念的过程将贯穿全书。

系好你的安全带！探索数据建模所有秘密的时间到了。

使用单张表构建模型

如果你常用 Excel 和数据透视表功能来探索数据见解，那么你很可能使用查询功能从某些源（通常是数据库）加载数据，然后在这个数据集上创建一张数据透视表并开始探索。通过这种方法，你会面临 Excel 的限制——相关数据集不能超过 1 000 000 行，否则数据集将无法被存储到工作表中。说实话，当很多人第一次知道这个限制时，根本没有把它看作是一个限制：为什么会有人在 Excel 中加载超过 1 000 000 行数据而不使用数据库呢？产生这种想法的原因可能是以前使用 Excel 时你不需要了解数据建模的概念。

如果你想使用 Excel 进行数据建模，就需要面对这样一个很大的限制。在我们用于演示的 Contoso 数据库中 Sales（销售）表包含 1200 万行。因此无法简单地在 Excel 中加载 Sales 表进行分析。这个问题有一个简单的解决方案：你可以执行一些分类汇总操作来减少行数，而不是检索所有行。假如你想按产品类别和子类分析销售情况，你就可以选择不加载每种产品的销售明细数据，而是加载按产品类别和子类分类汇总后的数据，从而显著减少行数。

将 1200 万行的 Sales 表按 Sales[经销商]、Sales[品牌名称]、Sales[产品类别名称]

和 Sales[产品子类名称]分组后（同时保留每天的销售额信息），生成的 Sales 结果表仅有 63 984 行，这在 Excel 工作簿中就很容易被处理。当然，构建执行此分类汇总的正确查询通常是 IT 部门或优秀的查询编辑器的任务。除非你已经学习了 SQL 语言，否则你需要请求 IT 部门去构建这样一个查询。当他们带着结果回来时，你才可以开始分析你的数据。在图 1-1 中，你可以看到导入 Excel 的汇总表的前几行。

完整日期	经销商	品牌名称	产品子类名称	产品类别名称	销售量	销售额	总成本
2007-03-31	Adventure Works	Adventure Works	Coffee Machines	Home Appliances	55	14332.268	7651.84
2008-10-22	Contoso, Ltd	Contoso	Cell phones Accessories	Cell phones	2040	23504.88	12648.94
2009-01-31	Adventure Works	Adventure Works	Televisions	TV and Video	194	51593.106	28146.4
2009-01-21	Fabrikam, Inc.	Fabrikam	Camcorders	Cameras and camcorders	282	163007.2	76709.45
2007-12-31	Adventure Works	Adventure Works	Laptops	Computers	29	14008.43	7944.32
2007-06-22	Contoso, Ltd	Contoso	Cell phones Accessories	Cell phones	680	6107.24	3420.44
2007-06-22	Proseware, Inc.	Proseware	Projectors & Screens	Computers	86	71417.6	30786.94
2007-08-23	Adventure Works	Adventure Works	Laptops	Computers	43	22672.2	9954.6
2009-03-30	The Phone Company	The Phone Company	Touch Screen Phones	Cell phones	198	48500.37	24164.56
2008-03-24	Contoso, Ltd	Contoso	Home & Office Phones	Cell phones	306	7353.594	3914.64
2007-09-30	Fabrikam, Inc.	Fabrikam	Microwaves	Home Appliances	44	4805.604	2824.24
2007-11-13	Adventure Works	Adventure Works	Desktops	Computers	153	47357.97	28256.02
2008-12-06	Contoso, Ltd	Contoso	Projectors & Screens	Computers	32	10790.4	6477.2
2007-11-14	Contoso, Ltd	Contoso	Digital SLR Cameras	Cameras and camcorders	146	55397.5	25876
2009-12-30	Adventure Works	Adventure Works	Desktops	Computers	32	15107.75	7952.97
2009-03-13	Wide World Importers	Wide World Importers	Recording Pen	Audio	42	7990.92	3607.26

图 1-1 可以使用分组功能基于分类汇总使得 Sales 表生成一个更容易被分析的小表格

当汇总表被上传至 Excel 后，你终于长舒了一口气。现在，你在 Excel 中加载汇总表时，可以轻松使用数据透视表对数据进行分析了。图 1-2 显示了一个用数据透视表的切片器进行的、以产品类别为对象的销售分析。

	A	B	C	D	E	F
1						
2						
3	行标签	求和项:销售额		产品类别名称		
4	Adventure Works	141178573.9		Audio		
5	Contoso	85468758.14		Cameras and camcorders		
6	Fabrikam	44940846.17		Cell phones		
7	Proseware	173760754.9		Computers		
8	Southridge Video	16092228.97		Games and Toys		
9	Wide World Importers	140433368.7		Home Appliances		
10	总计	601874530.7		Music, Movies and Audio ...		
11				TV and Video		
12						
13						
14						
15						

图 1-2 可以用上传的 Excel 表很轻松地在 Excel 中创建数据透视表

从分析角度来说，你已经建立了一个数据模型。虽然这个模型仅包含一张表，但它确实是一个数据模型。因此，你可以开始探索它的分析能力并找到一些方法对它进行提升。但不要忘了，这个数据模型有一个很大的限制：它的行数少于数据源表的行数。

作为初学者的你可能认为 Excel 工作表的 100 万行的限制只是影响了分析时可以检索到的数据的行数。这是正确的想法，但是需要注意：对行数的限制也会直接转换为对数据模型的限制。因此，你的报告的分析能力也是有限的。实际上，为了减少行数，你必须在数据源级别对数据执行分类汇总操作，只检索按某些列分类汇总过的 Sales 表。在本例中你必须按 Sales[产品类别名称]、Sales[产品子类名称]和其他一些列进行分类汇总。

这样的操作隐含着对分析能力的限制。比如，当你希望按 Sales[颜色名称]属性执行切片时，这个汇总表就不再是一个合适的数据源，因为汇总表没有 Sales[颜色名称]列。向为数据准备的查询中添加一列并不是什么大问题，问题是你添加的列越多，表就越大，不仅宽度（列的数量）会增加，长度（行的数量）也会增加。事实上，保存指定类别（如 Audio）的销售额的操作会将分类汇总表的一行变成多行，所有行都将包含 Audio 类别的信息，更改颜色名称属性也会产生类似的效果，进而使得分类汇总表迅速变大。

在极端情况下，你无法预先决定将使用哪些列来分类数据，你最终将不得不加载全部的 1200 万行——这意味着 Excel 不再是一个合适的工具。这就是我们所说的“Excel 的建模能力有限”。Excel 不能加载包含大量行的数据集意味着它不能对大量数据执行高级分析。

Excel 无能为力的地方便是 Power Pivot 的用武之地。使用 Power Pivot 时你不再面临 100 万行的限制。实际上，你可以在 Power Pivot 表中加载的行的数量几乎是没有限制的。因此，通过 Power Pivot，你就可以将整个 Sales 表加载到模型中，并对数据进行更深入的分析。

注意　Power Pivot 在 Excel 2010 版中以 Excel 的外部加载项的形式出现，并且自 Excel 2013 版起成为产品的一部分。从 Excel 2016 版开始，微软开始使用一个新名字（Excel 数据模型）来描述 Power Pivot 模型。但是 Power Pivot 这个词语仍然被使用。（译者注：Power Pivot 在本质上是 Excel 的数据模型编辑器，通常在 Excel 2016 专业版或者专业增强版中才有，如果读者使用的是 Excel 2016 家庭版，则需要更换版本才可以启用 Power Pivot 加载项来编辑 Excel 数据模型，不过 Excel 2016 的所有版本都支持展示 Excel 数据模型

的数据透视表，如果只是打开已经包含数据模型的 Excel 文档，则所有版本的 Excel 2016 都没有问题。）

当所有销售信息都在一张表中时，就可以对数据进行更详细的分析。例如，你可以在图 1-3 中看到基于 Excel 数据模型创建的数据透视表（Sales 表的所有列都被加载）。现在你可以按 Sales[产品类别]进行切片，分析不同颜色的产品在不同年份中的销售额（依靠 Sales[颜色名称]列和 Sales[公历年]列），因为所有这些信息都位于同一张表中。表中可用的列越多，分析能力就越强。

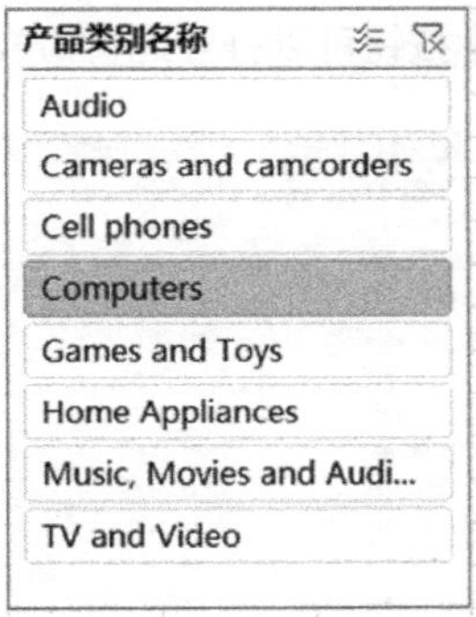

产品类别名称

- Audio
- Cameras and camcorders
- Cell phones
- Computers
- Games and Toys
- Home Appliances
- Music, Movies and Audi...
- TV and Video

以下项目的总和:销售额	列标签			
行标签	2,007	2,008	2,009	总计
Black	59,783,937	63,073,258	70,489,997	193,347,192
Blue	5,128,405	6,516,691	7,715,161	19,360,258
Brown	6,301,723	7,183,129	4,904,738	18,389,590
Gold		39,185	122,756	161,941
Green	1,747,237	1,566,822	2,159,190	5,473,249
Grey	6,318,420	5,924,763	6,410,704	18,653,886
Orange		12,801	84,767	97,567
Pink	20,078	43,871	228,527	292,476
Red	6,926,046	7,872,382	11,495,613	26,294,041
Silver	43,375,400	39,082,680	36,471,503	118,929,582
White	64,963,894	64,142,854	70,639,616	199,746,365
Yellow	260,512	330,166	537,705	1,128,383
总计	**194,825,652**	**195,788,601**	**211,260,278**	**601,874,531**

图 1-3　当所有列都可用时，可以基于这个数据构建更多有趣的数据透视表

这个简单的示例帮助我们学习数据建模的第一课：数据集的大小很重要，因为它与**颗粒度**相关。颗粒度是什么呢？颗粒度是你将在本书中学习的最重要的概念之一，我们先提早介绍它，然后在书中的其他部分再展开。现在，我们先简单描述一下颗粒度。在第一个数据集中，你在 Sales[产品类别名称]和 Sales[产品子类名称]上对信息进行分组，为了减小数据集的长度（行数）而丢失了一些细节。一种更技术性的表达方式是：你选择了 Sales[产品类别名称]和 Sales[产品子类名称]级别的信息颗粒度。你可以将颗粒度看作你希望在数据表中展示的信息的详细程度：颗粒度越细，展示的信息越详细。拥有更多的细节意味着能够执行颗粒度更细的分析。在加载在 Power Pivot 中的数据集中，颗粒度在产品级别（实际在比这个级别还要低的产品的单条销售记录级别），而在前一个模型中，颗粒度在 Sales[产品类别名称]和 Sales[产品子类名称]级别。你的切片能力取决于表中的列数——表的颗粒度。而你已经知道增加列的数量会增加行的数量。

选择正确的颗粒度是有挑战的：你几乎不可能在数据颗粒度不对的情况下编写公式。在那种情况下，你要么丢失了信息（如前面的示例所示，你没有颜色信息），要么信息以错误的方式被组织并散落在汇总表中。颗粒度并不是越细越好。你的数据必须具有正确的颗粒度：最匹配你需求的颗粒度就是最好的颗粒度。

你已经看到了丢失信息的示例，但什么是散落的信息呢？想理解这些有点难度。想象一下，假设你希望计算购买产品的客户的平均年收入，而这些信息已经在 Sales 表里了，即你已经拥有了和客户有关的所有信息，如图 1-4 所示。

图 1-4 展示了你正在处理的表中所有列的信息（必须打开 Power Pivot 窗口查看数据模型里表的内容，通常单击【数据】选项卡的【管理数据模型】按钮可以打开此窗口）。

年收入	客户类型	产品名称	颜色名称	发生日期	公历年	公历月	公历月标签	是否工作日
10000000	Company	Headphone Ad...	Black	2009-02-12 00:0...	2009	200902	February	WorkDay
10000000	Company	Headphone Ad...	Black	2009-02-12 00:0...	2009	200902	February	WorkDay
10000000	Company	Headphone Ad...	Black	2009-02-12 00:0...	2009	200902	February	WorkDay
10000000	Company	Headphone Ad...	Black	2009-02-12 00:0...	2009	200902	February	WorkDay
10000000	Company	Headphone Ad...	Black	2009-02-12 00:0...	2009	200902	February	WorkDay
10000000	Company	Headphone Ad...	Black	2009-02-12 00:0...	2009	200902	February	WorkDay
10000000	Company	Headphone Ad...	Black	2009-02-12 00:0...	2009	200902	February	WorkDay
10000000	Company	Headphone Ad...	Black	2009-02-12 00:0...	2009	200902	February	WorkDay
10000000	Company	Headphone Ad...	Black	2009-02-12 00:0...	2009	200902	February	WorkDay
10000000	Company	Headphone Ad...	Black	2009-02-12 00:0...	2009	200902	February	WorkDay
10000000	Company	Headphone Ad...	Black	2009-02-12 00:0...	2009	200902	February	WorkDay
10000000	Company	Headphone Ad...	Black	2009-02-12 00:0...	2009	200902	February	WorkDay
10000000	Company	Headphone Ad...	Black	2009-02-12 00:0...	2009	200902	February	WorkDay
10000000	Company	Headphone Ad...	Black	2009-02-12 00:0...	2009	200902	February	WorkDay
10000000	Company	Headphone Ad...	Black	2009-02-12 00:0...	2009	200902	February	WorkDay
10000000	Company	Headphone Ad...	Black	2009-02-12 00:0...	2009	200902	February	WorkDay
10000000	Company	Headphone Ad...	Black	2009-02-12 00:0...	2009	200902	February	WorkDay
10000000	Company	Headphone Ad...	Black	2009-02-12 00:0...	2009	200902	February	WorkDay
10000000	Company	Headphone Ad...	Black	2009-02-12 00:0...	2009	200902	February	WorkDay
10000000	Company	Headphone Ad...	Black	2009-02-12 00:0...	2009	200902	February	WorkDay
10000000	Company	Headphone Ad...	Black	2009-02-12 00:0...	2009	200902	February	WorkDay
10000000	Company	Headphone Ad...	Black	2009-02-12 00:0...	2009	200902	February	WorkDay
10000000	Company	Headphone Ad...	Black	2009-02-12 00:0...	2009	200902	February	WorkDay
10000000	Company	Headphone Ad...	Black	2009-02-12 00:0...	2009	200902	February	WorkDay
10000000	Company	Headphone Ad...	Black	2009-02-12 00:0...	2009	200902	February	WorkDay
10000000	Company	Headphone Ad...	Black	2009-02-12 00:0...	2009	200902	February	WorkDay

图 1-4　产品和客户信息被存储在同一张表中

在 Sales 表的每一行上都添加了一列来显示购买该产品的客户的年收入。计算客户平均年收入需要编写一个 DAX 度量值（关于如何创建度量值，可参考微软官方帮助文档中的“在 Power Pivot 中创建一个度量值”），具体代码如下。

```
AverageYearlyIncome := AVERAGE ( Sales[年收入] )
```

这个度量值发挥了作用，它使得你可以在数据透视表中看到客户的平均年收入。图 1-5 展示了购买不同品牌的家电的客户的平均年收入。

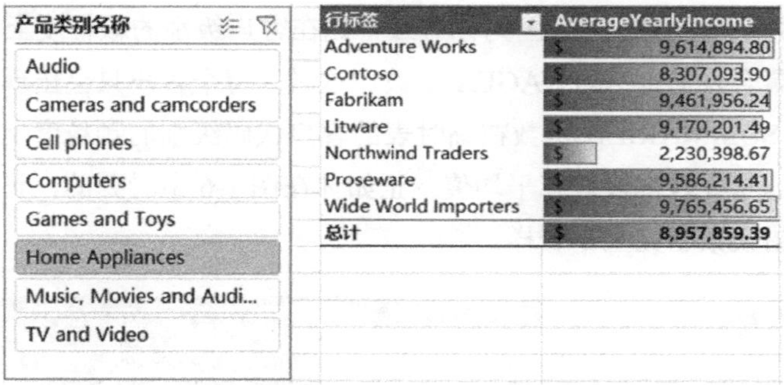

产品类别名称

- Audio
- Cameras and camcorders
- Cell phones
- Computers
- Games and Toys
- Home Appliances
- Music, Movies and Audi...
- TV and Video

行标签	AverageYearlyIncome
Adventure Works	$ 9,614,894.80
Contoso	$ 8,307,093.90
Fabrikam	$ 9,461,956.24
Litware	$ 9,170,201.49
Northwind Traders	$ 2,230,398.67
Proseware	$ 9,586,214.41
Wide World Importers	$ 9,765,456.65
总计	**$ 8,957,859.39**

图 1-5　这些数字是对购买 Home Appliances 家电的客户的平均年收入的分析

报告看起来很好，但是很不幸，计算出的数字是错误的，它被严重夸大了。度量值实际计算的是 Sales[年收入]列的平均值——它是单条销售记录级别的颗粒度。换句话说，Sales 表的每一行只是一条销售记录，这意味着同一位客户可能对应多行的销售记录。因此，当同一位客户在三个不同的日期购买了三种产品时，该客户的收入将被计算三次，进而产生一个不准确的结果。

你可能会说用这种方法计算的是某种加权平均值。如果你想计算加权平均值，必须定义权重（你肯定不会选择购买的次数作为权重，你更可能使用产品的数量、客户的总花费或其他一些有意义的值作为权重）。在这个案例中，你只是想计算一个基本的平均值，而值并没有被准确地计算出来。

你面临着不易被察觉的“颗粒度不正确”问题。在这个案例中，年收入信息依然是可用的，虽然它没有被汇总到单个客户而是分散在 Sales 表的各个位置，这使得公式难以被编写。要获得正确的平均值，你必须通过重新加载表或依赖更复杂的 DAX 公式去修正这个颗粒度，将它固定在客户级别上。

如果你想依赖 DAX 度量值，你可以用下面这个让人理解起来有点困难的公式来计算符合业务逻辑的平均值。

```
CorrectAverage :=
AVERAGEX (
   SUMMARIZE (
      Sales,
      Sales[客户代码],
      Sales[年收入]
   ),
   Sales[年收入]
)
```

这个公式并不容易被理解，因为你必须首先在客户级别的颗粒度上聚合 Sales 表，然后针对这个聚合表运行 AVERAGEX 函数。这时，每个客户只会出现一次。在本例中，我们使用 SUMMARIZE 函数在临时表的客户代码级别的颗粒度上执行预聚合，然后对临时表的年收入字段计算平均值。正如你在图 1-6 中看到的，正确的数字跟我们之前计算的错误数字完全不一样。

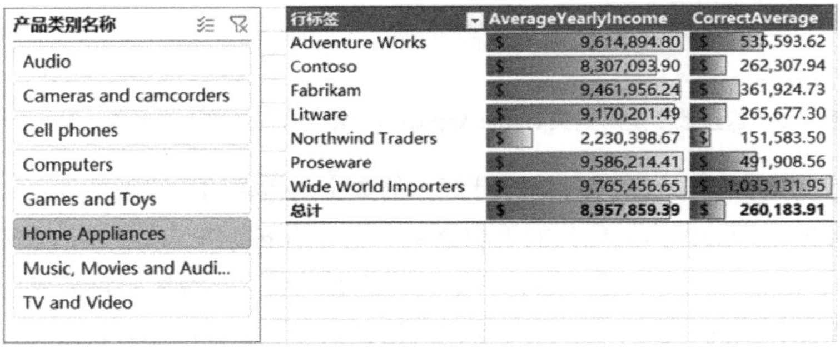

产品类别名称

- Audio
- Cameras and camcorders
- Cell phones
- Computers
- Games and Toys
- Home Appliances
- Music, Movies and Audi...
- TV and Video

行标签	AverageYearlyIncome	CorrectAverage
Adventure Works	$ 9,614,894.80	$ 535,593.62
Contoso	$ 8,307,093.90	$ 262,307.94
Fabrikam	$ 9,461,956.24	$ 361,924.73
Litware	$ 9,170,201.49	$ 265,677.30
Northwind Traders	$ 2,230,398.67	$ 151,583.50
Proseware	$ 9,586,214.41	$ 491,908.56
Wide World Importers	$ 9,765,456.65	$ 1,035,131.95
总计	**$ 8,957,859.39**	**$ 260,183.91**

图 1-6 修正后的平均值列在修正前的平均值的旁边，揭示了我们曾经错得有多厉害。通过比较错误和正确的平均值，显示了我们离得到正确的见解还存在距离

这个简单的事实值得我们花些时间来理解：年收入是在客户级别上才有意义的信息。在单行销售记录级别上虽然可以准确计算出一个数值，但这个数值却不符合业务需求的表达。换句话说，同样的值在客户级别上和单行销售记录级别上所展示的意义不一样。我们不得不在临时表中降低计算度量值所用的颗粒度级别来获得正确的结果。

从这个案例中可以学到一些重要的经验。

- 使用正确的公式可能要比简单使用 AVERAGE 函数复杂得多。你可能需要执行一个值的临时聚合来解决表的颗粒度不正确问题，因为当数据不是处于有效组织的位置时，信息散落在表的单条销售记录中，而不是在一个被组织好的地方。
- 当你不熟悉业务数据时，你很可能都不会注意到这些错误。查看图 1-6 中的报告，你可能很容易发现年收入看起来太高而不真实，因为你的客户好像每个人的年收入都不低于 200 万美元。但在更复杂的计算中，识别这种错误可能要复杂、困难得多，而没有被识别的错误会导致报告显示不准确的数字。

你有时必须增加颗粒度来生成包含所希望的详细信息的报告，但过多地增加颗粒度会使计算更为复杂。如何选择正确的颗粒度呢？这是个很难回答的问题，我们将把

答案留到后面。这里先介绍如何检测模型中数据的颗粒度是否正确。事实上，选择正确的颗粒度对于资深的数据建模人员而言也是一项高级技能。我们在这里只需要先了解颗粒度是什么以及为模型中的每张表定义正确的颗粒度有多重要就足够了。

我们现在使用的模型就遇到了一个与颗粒度有关的实际问题。这个模型最大的问题是它只有一张包含所有信息的表（译者注：在有些场合我们称这种表为大宽表）。如果你的模型只有一张表（如本例所示），你就必须选择表的颗粒度并考虑所有可能的度量值计算需求和分析需求。但无论你多么努力地工作，颗粒度可能永远不会完美地适合你的所有度量值计算需求。在下一节中我们将介绍使用多张表的方法，这为你提供了处理多个颗粒度的更好的选择。

数据模型的介绍

上一节讲到了单表模型在定义正确颗粒度时会发生的问题，下面我们继续介绍相关内容。Excel 用户经常使用单表模型，因为在 Excel 2013 发布之前，数据透视表只能加载单张表。在 Excel 2013 中，微软引入了“Excel 数据模型”这个概念，允许 Excel 加载更多表并通过关系将多张表连接起来，这使得用户拥有了创建强大的数据模型的能力。

什么是数据模型？数据模型是指通过关系相互连接的一组表。单表模型也是数据模型，不过属于不太有趣的那种。你如果有很多张表，而且表之间存在关系，你的数据模型就会变得更加强大，分析模型也会变得更有趣。

在加载多张表之后，构建数据模型就成了一种自然需求。此外，如果你经常从专业人员创建的关系型数据库中加载数据，你的数据模型可能会模拟源数据库中已有的存在关系的数据模型。在这个层面上，你的工作也可以被简化一些。

不幸的是，就像前面已经提到的一样，源数据的模型结构通常不太可能完美地满足你想要执行的分析需求。随着展示的示例越来越复杂，我们希望教会你如何从任何数据源开始构建自己的模型。为了简化你的学习过程，我们先从基础开始，并在本书的其余部分逐步介绍这些技术。

你将在示例的 Power Pivot 关系图视图中得到加载了 Product（产品）表和 Sales

表的数据模型，图 1-7 展示了这两张表及其拥有的列。

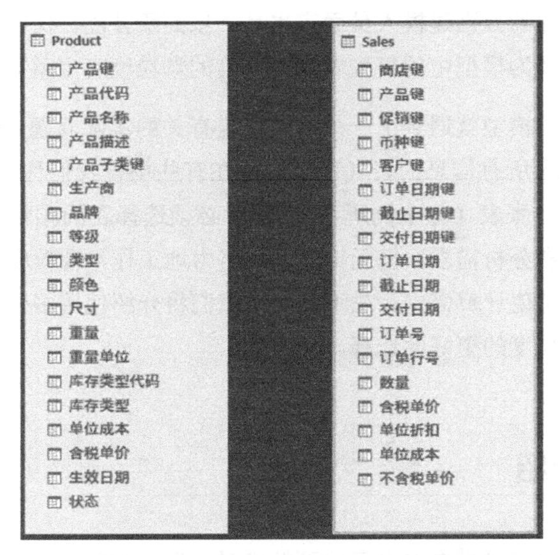

图 1-7 可以在数据模型中加载多张表

注意 可以在 Power Pivot 中找到【关系图视图】按钮。要访问它，首先，单击 Excel 的【数据】选项卡；然后，单击【管理数据模型】按钮；最后，在 Power Pivot 窗口的【主页】选项卡中单击【关系图视图】按钮。

本例中的两张没有被连接的表还不是真正的数据模型，它们仅仅是两张表而已。

我们现在必须在两张表之间创建关系以使其转换为更有意义的模型。在本例中，Sales 表和 Product 表都有产品键（ProductKey）列。在 Product 表中这是一个主键，表示它在表中的每一行都有不同的值，可以用来唯一标识 Product 表每一行的信息。但在 Sales 表中它另有用途，它被用来标识 Sales 表中每一行销售记录对应的产品信息。

提示 表的主键列是每一行都有不同值的列。因此，一旦知道了主键的某个值，你就可以确定它在表中唯一的位置（即它对应的行）。可能存在多个具有唯一性的列，它们都可以是键列。从技术角度看，主键并没什么特别的，它只是你选择作为唯一标识的列。例如，在 Customer（客户）表中，主键是客户键，如果名字不存在重复内容的话，也可以作为主键。

当表中存在有唯一标识符的列且另一张表中有引用该标识符的列时，才可以在这两张表之间创建关系。当这两个条件有效时，关系才能被创建。如果你有一个“模型中关系所需的键不是其中一张表的唯一标识符”，那么，你必须使用在本书中学到的众多其他技术来处理模型。现在，让我们先用此案例来学习一下什么是关系。

- Sales 表被称为关系的*源表*。关系从 Sales 表开始，因为你总是从 Sales 表开始检索 Product 表的信息。你可以在 Sales 表中收集来自 Product 表的键值（看看客户都买了什么产品），然后在 Product 表中搜索对应的信息（看看产品具体是什么）。此时，你就知道了产品及其所有属性（尺寸、颜色、由哪家企业生产、成本是多少等）。
- Product 表被称为关系的*目标表*。因为你从 Sales 表开始，然后到达 Product 表。因此，Product 表是存放你检索目标的信息的表。
- 关系从源表开始，到达目标表，是具有方向的。这就是为什么它通常表示为一个箭头，从源表开始并指向目标表。不同的软件使用不同的图形表示关系。
- 源表也被称为关系的*多端*，这个名称基于这样一个事实：对于任何给定的产品，都有对应的多条销售记录，而对于给定的单条销售记录，目标表只记录了一条产品信息，出于同样的原因，目标表被称为关系的*一端*。本书使用一端和多端这两个术语进行描述。
- 产品键列同时存在于 Sales 表和 Product 表中。产品键是 Product 表的标识键，但不是 Sales 表的标识键。因此，它在 Product 表中使用时被称为主键，而在 Sales 表中则被称为*外键*。外键列是指对应另一张表的主键列的列。

上述这些术语在数据建模领域都非常常用，在本书中也不例外。我们将在本书中经常使用这些术语。读者不必担心这些新术语难于学习。我们将在前几章重复讲述这些术语，直到你熟悉它们为止。

在 Excel 和 Power BI 里，你都可以通过鼠标拖动外键（如 Sales[产品键]）并将其放到主键（如 Product[产品键]）上来创建两张表之间的关系。在关系图视图中绘制了一个关系后，关系线使用数字（1）和星号（*）标识一端和多端。在 Power Pivot 的关系视图中可以看到这一点，如图 1-8 所示。注意，关系线中间也有一个箭头，但它不代表关系的方向而是表示筛选器传递的方向，我们将在本书后面讨论筛选器。

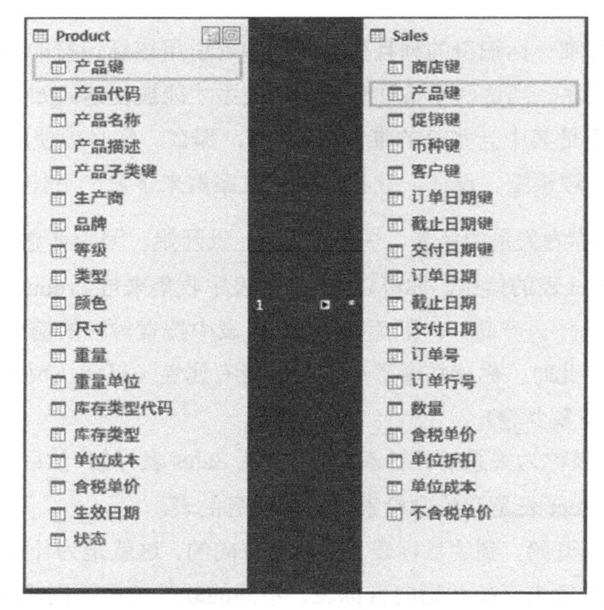

图 1-8 关系表示为一条线，在本例中连接了 Product 表和 Sales 表，并指示了两端（1 表示一端，*表示多端)

当建立关系后，可以对 Sales 表中的值进行求和并使用 Product 表中的列对它们进行切片，如图 1-9 所示。也可以使用 Product 表的颜色字段（即 Product 表中的一列，参见图 1-8）来切片 Sales 表中的数量（即 Sales 表中的一列）。

行标签	以下项目的总和:数量
Azure	60
Black	4307
Blue	985
Brown	453
Gold	155
Green	374
Grey	1551
Orange	179
Pink	600
Purple	10
Red	896
Silver	3604
Silver Grey	143
Transparent	141
White	3746
Yellow	294
总计	**17498**

图 1-9 一旦建立了关系，就可以使用一张表（一端）中的列来切片另一张表（多端）中的值

你已经看到了带有两张表的数据模型的示例。这里我们所说的数据模型只是由关系连接的一组表（在本例中是 Sales 表和 Product 表）。在继续讲解更多示例之前，让我们先花时间讨论一下在有多张表的情况下的颗粒度。

在本章的第一节中，你了解了为单张表选择正确的颗粒度有多么重要（多么复杂）。如果选择了错误的颗粒度，那么计算式将突然变得很难编写。如何选择包含两张表的新数据模型中的颗粒度呢？在这种情况下问题变得有些不同，有时候更容易被解决，有时候更复杂一点。

我们现在有两张颗粒度不同的表。Sales 表有单条销售记录级别的颗粒度，而 Product 表有产品级别的颗粒度。事实上，颗粒度是一个针对表的概念，而不是针对整个模型的概念。当有许多张表时，你必须协调模型中每张表的颗粒度。即使这看起来比只有一张表的情况更复杂，但它会使得模型更容易被管理。

你现在已经有了两张表，并自然地在 Sales 表中将单条销售记录级别定义成颗粒度，在 Product 表中将产品级别定义为其正确的颗粒度。回忆一下本章的第一个案例：你有一张既包含产品类别又包含产品子类颗粒度的销售信息表（Sales 表），因为 Sales[产品类别名称] 和 Sales[产品子类名称]都存储在 Sales 表中，此时需要解决颗粒度问题，因为信息被存储在了错误的位置。一旦为每条信息找到合适的位置，颗粒度就几乎不再是问题了。

实际上，产品类别信息应该是 Product 表中产品的属性，而不是单条销售记录需要的属性，它之所以是 Sales 表的一个附加属性，只是因为销售数据与产品有关。一旦将产品键存储在 Sales 表中，你就可以依靠关系检索对应产品的所有属性，包括产品类别名称、颜色和所有其他的产品信息。这时，颗粒度问题就变得不那么重要了，因此，已经不必在 Sales 表中存储与产品相关的信息（如类别）了。当然，这对产品的所有属性（如颜色、单价、产品名称，以及 Product 表中的其他所有列归纳的产品属性）都应该是一样的。

提示　在设计正确的模型中，每张表的颗粒度都被设置为正确的级别，从而构造出了简单且更强大的结构，这就是关系的力量。一旦你开始从多张表的角度思考问题，并摆脱针对单张表进行思考的限制（可能继承自使用 Excel 的习惯），你就可以使用这种能力。

如果仔细查看 Product 表，就会注意到其缺少产品类别和产品子类两个属性，而有一个 Product[产品子类键]列，它的名称表明它是 Product 表的外键，而它在另一张包含[产品子类键]信息的表中是主键。事实上，在数据库中有两张表，分别包含产品类别和产品子类。一旦将它们都加载到模型中并构建正确的关系，该结构就会与图 1-10 展示的 Power Pivot 的关系图视图中的结构相同。

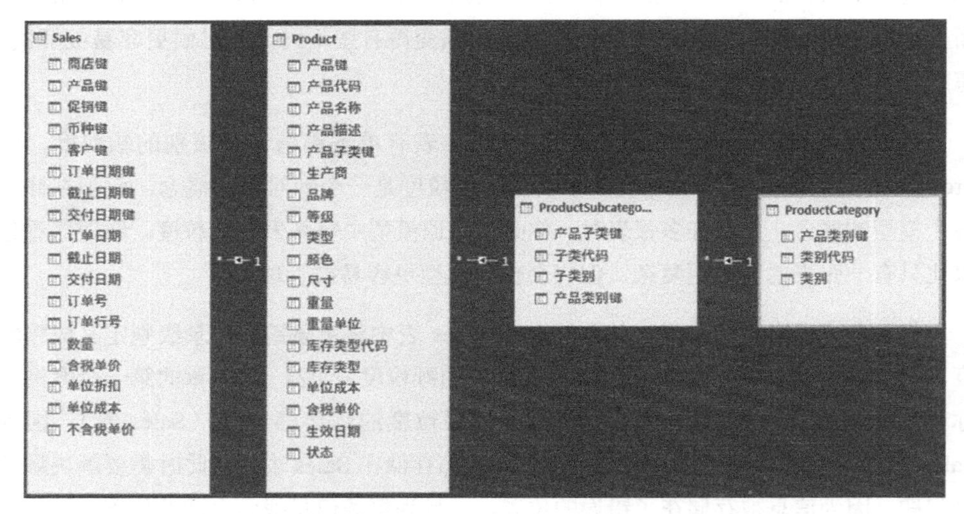

图 1-10　产品类别和产品子类分别存储在不同的表中，这些表可以通过关系访问

你可以看到关于产品的信息存储在三张不同的表中：Product 表、ProductSubcategory（产品子类别）表和 ProductCategory（产品类别）表。这就创建了一个关系链：从 Product 表开始，到 ProductSubcategory 表，最后到 ProductCategory 表。

这种技术被如此设计的原理是什么呢？它初看起来像是在用一个复杂的模式来存储简单的信息。然而，这种技术有很多在刚开始看起来并不明显的优点。你目前拥有一个将产品类别信息分别存储在单独的表中的数据模型，其中类别名称（是从许多产品中引用的）存储在 ProductCategory 表的一行中。这是一种存储信息的好方法。原因有两个：首先，它通过避免重复相同的名称来减少模型数据在磁盘上的大小；其次，如果在某个时候必须更新类别名称，只需要在存储类别名称的单行记录上更新一次，所有产品都将通过关系的传递自动使用新名称。

这种设计技术有一个名称：规范化。将产品类别之类的属性存储在单独的表中，并用主键和源表中的外键创建关系来替换原本需要重复的附加信息被称为规范化技术。这是一种数据库设计人员在创建数据模型时广泛使用的非常著名的技术。与之对应的技术是将属性存储在它们所从属的表中，这被称为反规范化。当模型被反规范化时，相同的属性会出现多次，如果需要更新它，就必须更新包含此属性的所有行。例如，Product[颜色]属性是反规范化的，因为字符串“Red”出现在所有红色产品对应的行中。

这时你可能想知道为什么 Contoso 数据库的设计者决定将类别和子类信息存储在不同的表中（对类别信息和子类信息进行规范化），而将 Product [颜色]、Product [生产商]和 Product [品牌]存储在 Product 表中（对这些属性进行反规范化）。在本案例中答案很简单：Contoso 是一个旨在演示不同设计技术的演示数据库。在现实世界的组织的数据库中，你可能会发现数据结构要么高度规范化，要么高度反规范化——选择哪种方式取决于使用数据库的方式。尽管如此，我们还是要准备一些规范化的属性和一些反规范化的属性，因为在数据建模时会存在许多不同的可选项。随着场景和时间的变化，设计师可能需要做出不同的决定。

高度规范化的结构是 OLTP （联机事务处理过程）系统的典型结构。OLTP 系统是被设计用来处理日常工作的数据库，日常工作包括准备发票、处理订单、运送货物和解决索赔问题等操作。这些数据库高度规范化，因为它们被设计为使用最少的空间（通常意味着它们运行得更快）、能够应对大量的插入/更新操作。事实上，在日常工作中，你经常会更新信息（如关于客户的信息）并希望系统能够自动更新所有引用该客户的数据。如果正确地规范化了客户信息，系统将以一种平稳的方式进行更新。更新后所有来自客户的订单都会指向更新过的信息。如果客户信息被反规范化，则更新某一个客户的信息将导致服务器执行数百行更新操作进而导致性能降低。

OLTP 系统通常由数百张表组成，因为几乎每个属性都被存储在一张单独的表中。例如，在产品信息中，你可能会发现一张表用于记录 Manufacturer（生产商）信息，一张表用于记录 Brand（品牌）信息，一张表用于记录 Color（颜色）信息等。因此，像 Product 表这样的描述简单实体的信息可能存储在 10 到 20 张不同的表中，所有这些表都通过关系连接。这就是数据库设计人员自豪地宣称的“设计良好的数据模型”，即使它看起来很奇怪。但对于 OLTP 数据库来说规范化总是有好处的。

问题的关键在于当你分析数据时，通常不执行插入和更新操作，你只对查询信息感兴趣。当你只查询信息时，规范化就不是一种好的技术。如果你在前面的数据模型上创建了一个数据透视表，字段列表就会和图 1-11 所示的内容类似。

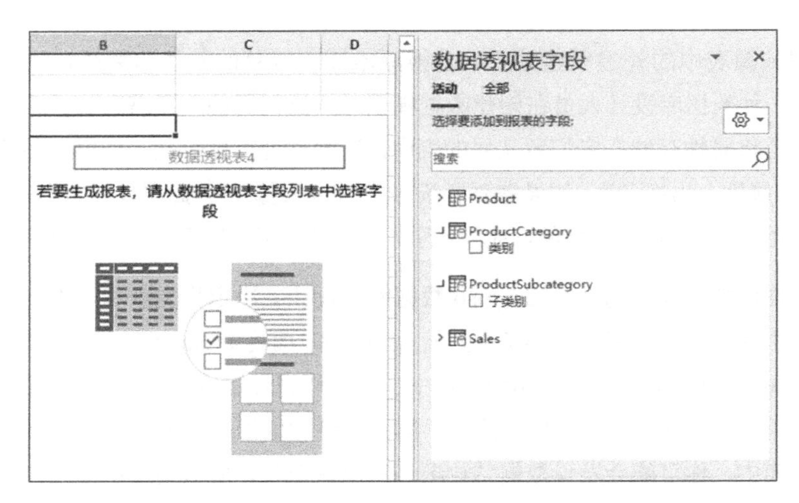

图 1-11 规范化模型中的字段列表含有过多的表格，可能会引发混乱

产品信息被存储在三张表中，因此，你可以在字段列表中看到三张表（在数据透视表字段窗格中）。更糟糕的是，ProductCategory 表和 ProductSubcategory 表分别只用到一列。因此，即使规范化对于 OLTP 系统是良好的设计，但对于分析系统来说，它通常是一个糟糕的选择。当你在报告中对数字进行切片时，你不会对产品的技术表现感兴趣，而是希望将 ProductCategory 表和 ProductSubcategory 表视为 Product 表中的列，这将创建一种更自然的浏览数据的方式。

注意 在这个案例中，我们故意隐藏了一些无用的列（如表的外键），这是推荐的做法。否则你将看到更多的列，这使得模型更难被浏览。想象一下，如果有几十张表用于描述产品信息，字段列表会是什么样子？要找到在报告中使用的列需要相当多的时间。

最终，在构建数据模型、进行报告时，无论原始数据如何被存储，你都必须使数据模型达到合理的反规范化程度。毕竟，如果过度反规范化，你会遇到颗粒度问题。在本书后面的内容中，你将看到过度规范化模型也会产生其他负面影响。什么是合理的反规范化程度呢？

对于如何确定完美的反规范化程度并没有明确的规则，你可以反规范化到这样一个程度：表形成一个自包含的结构，它完整描述了所存储的实体。在本节讨论的示例中，你应该反规范化 Product 表中的产品类别列和产品子类别列：因为它们是 Product

表的属性，所以你不希望它们驻留在单独的表中。但是你不能对 Sales 表中的产品进行反规范化，因为产品和销售是两种不同的信息。销售与产品相关，但是销售记录不可能完全与产品信息对应。

此时，你如果认为单张表的模型过于反规范化，这是完全正确的想法。事实上，从我们需要考虑 Sales 表中的产品属性颗粒度，这就是错误的。如果模型以正确的方式被设计并具有正确的反规范化程度，那么，颗粒度应该以一种非常自然的方式跟随对应的表呈现。如果模型被过度反规范化，则必须开始面对和考虑颗粒度问题。

关于星形模型

到目前为止，我们已经研究了包含 Product 表和 Sales 表的非常简单的数据模型。在现实世界中很少有模型如此简单。在像 Contoso 这样典型的公司中，有几种信息资产：产品、商店、员工、客户和时间。这些信息资产相互联系，并生成事件记录，如一款产品是由一名在某个商店工作的员工在一个特定的日期向一位特定的客户出售的。

显然，不同的业务部门会管理不同的信息资产，而信息资产的相互联系会产生不同的事件记录。如果你以一种通用的方式思考，会发现信息资产和事件记录之间几乎总是有明确的区分。这种结构在任何业务中都会重复出现，即使信息资产差异很大。例如，在医疗场景中，信息资产可能包括患者名称、疾病名称和药物名称，而事件记录是患者被诊断出患有某种特定的疾病并获得某种药物而被治愈。在索赔系统中，信息资产可能包括客户姓名、索赔金额和赔付时间，而事件记录可能是赔付过程中索赔的不同状态。花点时间考虑一下你的具体业务，进而让自己能够清楚地区分你的信息资产和事件记录。

信息资产和事件记录之间的这种区别导致了一种被称为星形模形的数据建模技术。在星形模型中，你可以将实体（表）分为以下两种类别。

- **维度表**。维度表是一种信息资产，如产品表、客户表、员工表或患者记录表。维度具有属性特征，如产品具有颜色、类别和子类别、制造商和成本等属性，病人具有姓名、地址和出生日期等属性。
- **事实表**。事实表是涉及某些维度的事件记录。在 Contoso 公司，事实表是产品的销售记录。销售记录涉及产品、客户、日期和其他。事实有可度量的特征，这些特征可以让你将从业务中收集到的信息转化为数据。度量的信息可以是销售量、销售额、贴现率等。

一旦你在脑海中将表格分为这两类，就会清楚地发现事实与维度有关联，如一款产品可以对应很多条销售记录，也就是说 Sales 表和 Product 表之间有一个关系：Sales 表是多端，Product 是一端。如果你按照这个模式把所有维度表放在单个事实表周围，将获得星形模形的典型形状，如图 1-12 所示，在 Power Pivot 的关系图视图中可以看到展现的星形结构。

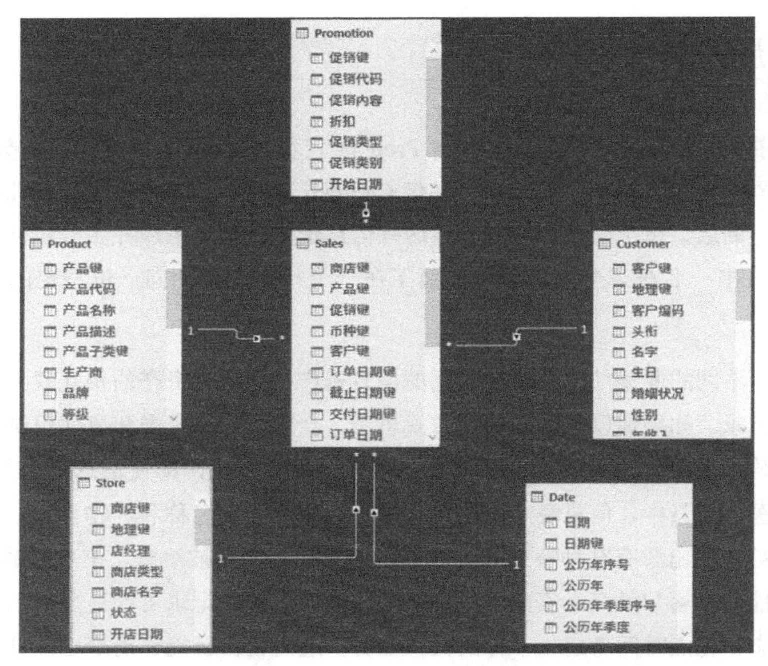

图 1-12　当你将事实表放在中心位置并在其周围摆放所有维度表时，星形模型将变得很像一颗星星

星形模型的优点在于易于阅读、理解和使用。用户可以使用维度表来切片数据，而使用事实表来汇总数字。此外，星形模型还会在数据透视表字段列表中减少条目数量。

注意　星形模型在数据仓库行业中非常流行，在今天它已被认为是表示分析模型的标准方法。

维度表需要对属性进行归纳和合并，因而往往是少于 1 000 000 行的小表（通常不超过几十万行）。事实表则要大得多，事实表包含数千万行甚至上亿行也很常见。除此之外，因为星形模型的结构非常流行，所以大多数数据库系统都在使用星形模型时进行特定的优化。

小技巧　在进一步阅读之前，花些时间尝试弄清楚如何将你自己的业务模型转化为星形模型。你现在不需要构建完美的星形模型，但是尝试一下很有用，因为它可能帮助你专注于以一种更好的方式来构建事实表和维度表。

熟悉星形模型很重要——它提供了一种方便地展示你的数据的方式。此外，在 BI（Business Intelligence，商业智能）领域会经常使用与星形模形相关的术语，本书也不例外。我们经常通过事实表和维度表来区分大表和小表。例如，在第 2 章中，我们将讨论汇总表/明细表的处理，那里的问题通常是在不同事实表之间创建关系。到第 2 章，我们将理所当然地认为你对事实表和维度表之间的区别有了基本的了解。

关于星形模型的一些重要细节值得说明：事实表与维度表建立关系，但是连接同一张事实表的维度表之间不应该存在关系。为了说明为什么这个规则很重要以及如果不遵循它会发生什么，假设我们添加一张新的维度表，即 Geography（地理）表，其中包含有关地理位置的详细信息，如城市名称、所在州名称、国家及地区名称。在维度表中，Store（商店）表和 Customer（客户）表都与 Geography 表有关。你可以考虑构建图 1-13 所示的模型，并在 Power Pivot 的关系图视图中进行显示。

该模型违反了维度表之间不能有关系的规则。实际上，Customer 表、Store 表和 Geography 表是三张具有相关性的维度表。为什么这是一个糟糕的模型？因为它引入了歧义。

假设你想按城市去计算销售额，此时，系统可以跟踪 Geography 表和 Customer 表之间的关系，返回按客户所在城市划分的销售额；模型也可能遵循 Geography 表和 Store 表之间的关系，返回商店所在城市的销售额；模型还可能同时遵循这两种关系，返回在给定城市的商店中销售给给定城市的客户的销售额。数据模型是模糊的并且没有简单的方法来理解这些数字。这不仅是一个技术问题，也是一个逻辑问题。事实上，查看数据模型的用户会感到困惑，也无法理解这些数字。由于这种歧义，Excel 和 Power BI 都不允许用户构建这样的模型。在后面的章节中，我们将更深入地讨论歧义。现在，重要的是要注意 Excel 关闭了 Store 表和 Geography 表之间的关系来确保模型不是含糊不清的（虚线表示未激活的关系）。

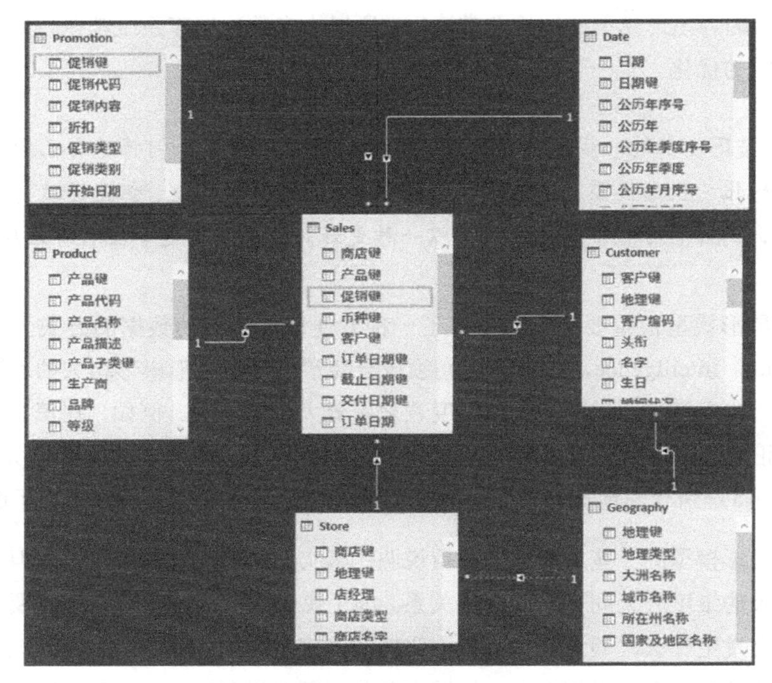

图 1-13 Geography 表这张新的维度表与 Customer 表和 Store 表都相关

作为一名数据建模师，你必须不惜一切代价避免歧义。在上述情况下，你应该如何避免歧义？答案很简单：必须在 Store 表和 Customer 表中对 Geography 表的相关列进行反规范化，并从模型中删除 Geography 表。例如，你可以在 Store 表和 Customer 表中分别包含大洲名称等地理信息列，从而在 Power Pivot 的关系图视图中获得图 1-14 所示的模型。

Geography 表的列在 Customer 表和 Store 表中被反规范化以后，Geography 表不再是模型的一部分。

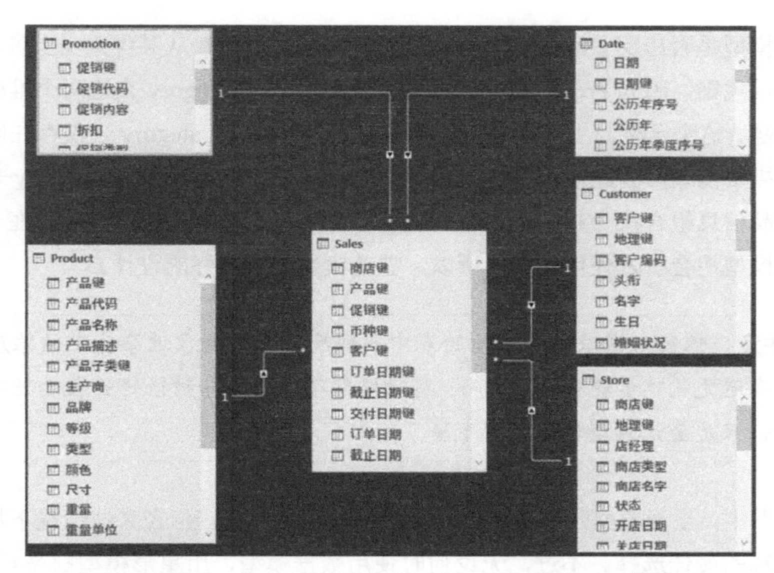

图 1-14　当把 Geography 表反规范化后，又将得到一个星形模型

通过正确的反规范化，我们可以消除歧义。现在，任何用户都可以按 Customer 表或 Store 表中的地理位置信息切片事实表。在这种情况下，即使拥有一张维度表（Geography 表），但是为了能够使用合适的星形模型，我们必须对它进行反规范化。

在结束本主题之前，介绍另一个我们经常使用的术语：雪花模型。

雪花模型是星形模型的变体，其中的维度表没有直接连接到事实表，而是通过另一张维度表被联系起来的。图 1-15 是雪花模型的典型案例。

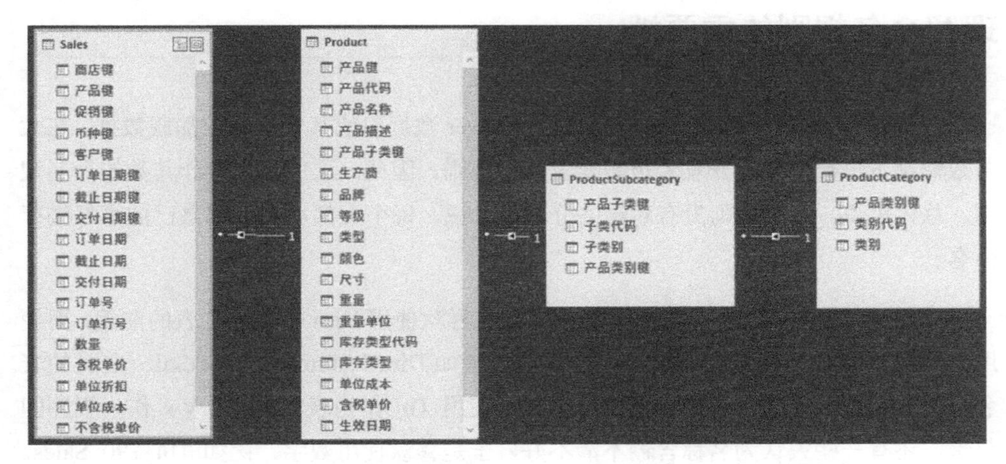

图 1-15　产品类别、产品子类别和产品形成一系列的关系，并且是雪花状的

雪花模型是否违反了维度表之间不能建立关系的规则？从某种意义上说，雪花模型没有违反规则，因为ProductCategory表和ProductSubcategory表这两个维度表形成的是关系链。这个示例与上一个示例的区别在于：ProductCategory表仅存在唯一的关系链来连接事实表。因此你可以将ProductCategory表和ProductSubcategory表看作是将不同产品信息组合在一起的维度表，它没有将任何其他维度或事实混淆在一起。因此，雪花模型不会引入任何歧义，所以，雪花模型绝对是好的设计。

注意 你可以通过将最远处的表中的列反规范化到靠近事实表的维度表的列来避免构建雪花模型。然而，有时候雪花模型是一种很好的表示数据的方式，只是会让模型性能稍有下降。

在本书中，星形模型几乎是表示数据的最佳组织方式。但在某些情况下星形模型并不是绝对的最佳选择。不过，无论何时使用数据模型，用星形模型都是正确方向。

注意 随着你对数据建模的了解越来越多，你可能会遇到这样一种情况：你认为最好远离星形模型，但星形模型几乎总是你的最佳选择。只有当你具有一定的数据建模经验之后你才会理解这其中的缘由。如果你没有很多经验，那么无论如何请相信全世界成千上万的BI专业人员的最佳选择——星形模型。

理解命名规则的重要性

在构建数据模型时，我们通常从SQL Server数据库或其他数据源加载数据。在大多数情况下，数据源的开发人员制定了命名规则，因此，这世上有不计其数的命名规则。总体来说，命名规则没有对错之分，可以说，每个人都可以根据自己的喜好进行命名。

在构建数据仓库时，一些数据库设计人员喜欢使用Dim作为维度表的前缀，而使用Fact作为事实表的前缀。因此，经常看到诸如DimCustomer和FactSales之类的表名。也有人喜欢区分视图和物理表，因此，使用Tbl作为表的前缀，Vw作为视图的前缀。还有一些人认为名称含糊不清不好，于是喜欢使用数字，比如Tbl_190_Sales。

你要明白，在学习的过程中有很多标准，每个标准都有优点和缺点。

> **注意** 我们可以争论这些标准在数据库中是否有意义，但是这超出了本书讨论的范围。我们将继续讨论使用 Power BI 或 Excel 浏览的数据模型中的标准。

你不需要遵循任何技术标准，而只需要遵循常识，保证易用性。例如，在一个数据模型中，如果表的名称很不实用，如 VwDimCstmr 或 Tbl_190_FactShpmt 这种既奇怪又不直观的名字，那么浏览这个模型就会令人厌烦。这还只是涉及表名的规则，当涉及列名时，缺乏创造性就表现得更加极端了。这里我们唯一的建议是使用容易阅读的名称去替换这些名称，使用简洁的名称来清晰地命名维度表或事实表。

多年来，我们建立了许多分析系统。随着时间的推移，我们开发了一组非常简单的、对表和列进行命名的规则，具体如下。

- 维度表名称应该只包含业务信息资产的名字。因此，将客户信息存储在一个名为 Customer 的表中，将产品信息存储在一个名为 Product 的表中（在我们看来，单数更可取，因为它在 Power BI 中的自然语言查询中工作得稍好一些）。
- 如果业务资产包含多个单词，请使用大小写而不是空格来分隔单词，如将产品类别信息存储在 ProductCategory 表中。注意，要尽量避免使用带空格的表名，如 Product Category 之类的表名，空格会让编写 DAX 代码变得有些困难。当然，这更多的是笔者个人的选择和建议而已。
- 事实表的名称应该包含事实的业务名称且业务名称应该总是以复数形式出现。如将销售信息存储在名为 Sales 的表中，而将采购信息存储在名为 Purchases 的表中。这样，当你查看模型时，可以通过查看复数形式而不是单数形式的名称联想到一端的客户（Customer 表）和多端的销售情况（Sales 表），并在查看表时更好地建立一对多关系。
- 避免名字太长的情况。像 CountryOfShipmentOfGoodsWhenSoldByReseller 这样的名字是令人困惑的，没有人想读这么长的名字，可以通过删除无用的单词来找到好的缩写形式。
- 避免名字太短和使用缩略词。我们知道你可能习惯使用缩略词，不过，在口语中使用它可能有用，但在报告中使用它会让内容显得很含糊。例如，如果你使用 CSR 代表转售商的归属国（country of shipment for resellers），这对于那些不整天与你一起工作的人来说就很难记住了。请记住：报告是要与大量用户共享的，许多用户可能不理解你的缩略词的意义。

- 维度表的键是维度名称后面跟着“键”字。因此，Customer 表的主键是客户键，外键也是如此。这样能够方便你在创建关系时快速、方便地找到两张表之间的主键和外键。

这套规则很短，除上述内容外的一切内容都由你决定。你可以按照常识来决定所有剩余列的名称。命名良好的数据模型很容易与任何人共享。此外，如果遵循这些标准命名技术，你更有可能在数据模型中发现错误或问题。（译者注：此规则是原作者基于英文的总结，本书译者对所有表名都保留英文名称，并遵守以上规则。）

✔ **小技巧** 当你对一个名字有疑问时，可以问问自己：“别人能看懂这个名字吗？”不要认为你是你的报告的唯一使用者。你早晚要和其他人分享报告，他们可能有着与你完全不同的背景。如果那个人能听懂你起的名字，那你就对了。如果没有，那就是时候重新考虑模型中的名称了。

本章小结

在本章中，你学习了数据建模的基本知识。

- 单张表是一个最简单的数据模型。
- 在单表模型里你必须定义数据颗粒度。选择合适的颗粒度会使计算公式更容易被编写。
- 处理单张表和多张表的区别是：当你有多张表时，你需要通过创建关系来建模。
- 在一条关系中，通常总会有一端和多端。例如：一个产品有很多条销售记录，Product 表是一端，而 Sales 表是多端。
- 关系中的目标表需要有一个主键，这是一个具有不重复值的列，可以用来识别单行。如果主键不可用，则无法定义关系。
- 规范化的模型是指以紧凑的方式存储数据的模型：避免在不同的行重复相同的值。这种结构通常会增加表的数量。
- 反规范化的模型会有很多重复值（例如，每个红色产品都让红色重复出现多次），但是会让表的数量更少。

- 规范化模型适用于 OLTP，而反规范化模型适用于分析数据模型。
- 一个典型的分析模型区分信息资产（维度表）和事件记录（事实表）。通过将模型中的每个实体分类为事实表或维度表，模型通常以星形模式的形式被构建。星形模式是分析模型中使用最广泛的体系结构，因为它们几乎是最好用的。

第 2 章

处理汇总表/明细表

现在你已经了解了数据建模的基本概念。我们开始讨论第一个场景：处理汇总表/明细表。建模师经常会遇到这个场景：汇总表/明细表本身在数据模型中并不复杂，但是当你希望将创建混用两个不同级别的聚合值的报表时，事情就变得有一些复杂了。

汇总表/明细表模型的典型案例是包含发票信息、订单信息或者物料清单等的模型。此外，还有包括团队的组织架构模型，在该模型中团队和成员将分别处于两个不同的级别。

不要将汇总表/明细表结构与标准的维度层次结构相混淆。比如，使用常见的产品、子类别和类别创建的维度表具有从小到大的自然层次结构。维度表中的多级结构不是汇总表/明细表模式。汇总表/明细表结构是由事件（即事实表）之间的某种层次结构组成的。这些事实表虽然在不同的颗粒度级别上，但无论是订单还是具体明细都是对现实事件信息的记录，而产品、类别和子类别都是维度信息。归纳来说，每当两张事实表之间存在某种关系时，就会出现汇总表/明细表结构。

关于汇总表/明细表

在示例中，我们用 Contoso 数据库创建了一个汇总表/明细表的模型，你可以在图 2-1 中看到这个数据模型的关系视图。

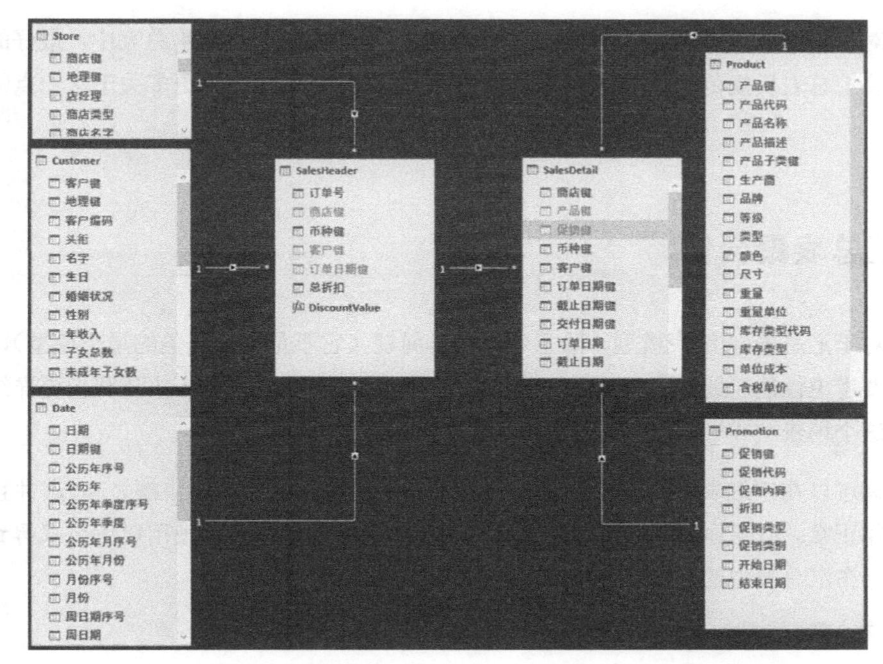

图 2-1　SalesHeader 表和 SalesDetail 表组成了一个汇总表/明细表模型

根据前一章的知识，你可能认为这个模型是一个稍微修改过的星形模型。如果你单独查看 SalesHeader（销售汇总）表或 SalesDetail（销售明细）表，以及它们各自相关的维度表，它们就是星形模型。但是，当连接 SalesHeader 表和 SalesDetail 表，用关系去组合它们时，模型就不再是星形模型了。这种关系打破了星形模型的规则：汇总表/明细表都是事实表，同时，汇总表又可以被看作是明细表的一张维度表。

此时，你可能会认为：如果将 SalesHeader 表视为一个维度表而不是事实表，我们就获得了一个雪花模型。如果我们进一步将 Date 表、Customer 表和 Store 表中的所有列反规范化到 SalesHeader 表中，我们似乎可以重新创建一个完美的星形模型。然而，有两个问题妨碍我们执行该操作。首先，SalesHeader 表包含一个完整的 [DiscountValue]（折扣金额）度量值。这很常见，你需要按客户汇总 TotalDiscount 的值。度量值的存在表明该表更偏向于被判定为事实表，而不是维度表。其次，你要考虑通过在 SalesHeader 表中对 Customer 表、Date 表和 Store 表的属性进行反规范化、将它们混合在同一张维度表中是一种错误的建模方式。因为这三张维度表作为 Contoso 的业务信息资产非常有意义，如果将它们的所有属性混合到一张维度表中以重建星形模型，则浏览模型将变得非常复杂。

对于这样的模式，不要将与汇总表连接的维度表反规范化到汇总表中，最好的选择是将汇总表反规范化到明细表中来增加颗粒度。本章后面会有更多关于这一点的内容。

从汇总表聚合值

对于汇总表/明细表模型，除了考虑美学问题（它不是一个完美的星形模型），你还需要考虑性能。最重要的是如何以正确的颗粒度执行计算。接下来让我们更详细地分析这个场景。

你可以在明细表的级别上计算任何度量值（如数量之和及销售额之和），并且一切工作正常。但当你试图从汇总表聚合值时就有问题了。你可以使用以下公式得到一个存储在汇总表中的[DiscountValue]度量值。

```
DiscountValue := SUM ( SalesHeader[总折扣] )
```

SalesHeader[总折扣]是存储在汇总表中的数据，是针对整个订单的折扣总额，而不是针对订单明细的每一行的折扣金额。基于这个原因，它被保存在汇总表中。只要使用直接连接到 SalesHeader 表的任意一个维度属性就可以对 SalesHeader[总折扣]进行切片分析，[DiscountValue]度量值就可以被正常计算。数据透视表展示了不同年份下各个大洲发生的折扣金额，如图 2-2 所示。

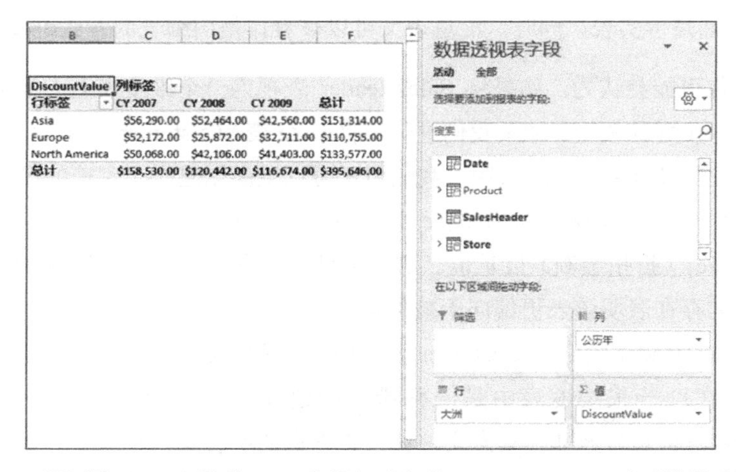

图 2-2　可以按 Store[大洲]和 Date[公历年]来切片[DiscountValue]，生成数据透视表

但若使用了与 SalesHeader 表不直接相关的其他维度表的属性，则度量值不会起作用（不接受对属性的筛选）。图 2-3 展示了使用 Product[颜色]统计的折扣金额。数据透视表正确地执行了对列字段中的 Date[公历年]的筛选，但在对行字段 Product[颜色]执行筛选命令时产生了错误。从 DAX 表达式的角度看，这个表达式没有任何错误，造成结果不正确的原因是产品颜色这个维度是被存储在 Product 表中的，只与明细表相关，而存储在汇总表中的 SalesHeader[总折扣]不能被 Product 表筛选。

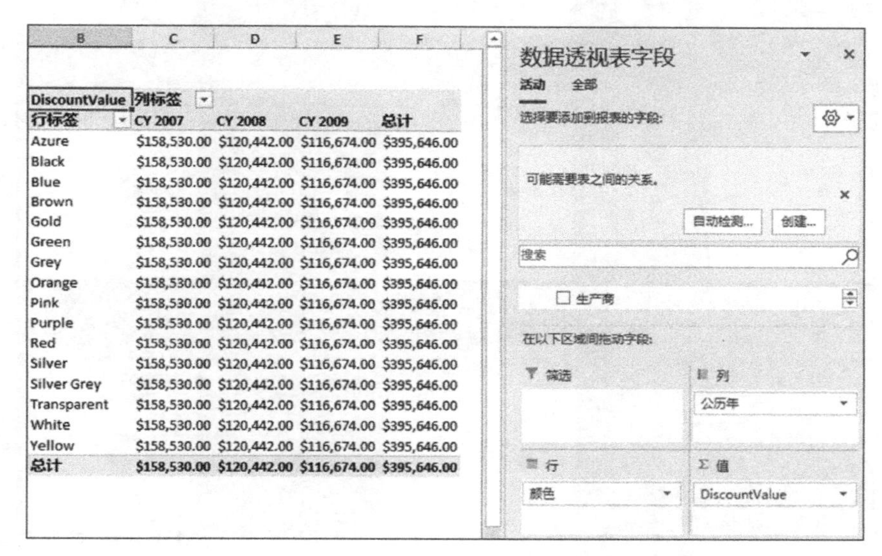

DiscountValue	列标签			
行标签	CY 2007	CY 2008	CY 2009	总计
Azure	$158,530.00	$120,442.00	$116,674.00	$395,646.00
Black	$158,530.00	$120,442.00	$116,674.00	$395,646.00
Blue	$158,530.00	$120,442.00	$116,674.00	$395,646.00
Brown	$158,530.00	$120,442.00	$116,674.00	$395,646.00
Gold	$158,530.00	$120,442.00	$116,674.00	$395,646.00
Green	$158,530.00	$120,442.00	$116,674.00	$395,646.00
Grey	$158,530.00	$120,442.00	$116,674.00	$395,646.00
Orange	$158,530.00	$120,442.00	$116,674.00	$395,646.00
Pink	$158,530.00	$120,442.00	$116,674.00	$395,646.00
Purple	$158,530.00	$120,442.00	$116,674.00	$395,646.00
Red	$158,530.00	$120,442.00	$116,674.00	$395,646.00
Silver	$158,530.00	$120,442.00	$116,674.00	$395,646.00
Silver Grey	$158,530.00	$120,442.00	$116,674.00	$395,646.00
Transparent	$158,530.00	$120,442.00	$116,674.00	$395,646.00
White	$158,530.00	$120,442.00	$116,674.00	$395,646.00
Yellow	$158,530.00	$120,442.00	$116,674.00	$395,646.00
总计	$158,530.00	$120,442.00	$116,674.00	$395,646.00

图 2-3　如果用 Product[颜色]来切片折扣金额，则每一行的数值都一样

对存储在汇总表中的任何其他值进行聚合时，也会出现类似的问题。例如，在销售场景下，订单的发货成本（运费）与订单中的单个产品无关。运费是作用于整个订单的，无法被直接计入单个产品中。

在某些场景中，将作用于整批订单的成本分摊至各个产品中是很有必要的。但是，我们必须让客户知道，由于数据模型本身的原因，这样的拆分很有可能比他们想象的要复杂一些，不是简单地将总金额除以数量就可以完成的。在特殊情况下，如以折扣为例，我们就需要先计算每个产品的平均折扣百分比，然后从汇总表中减掉该值。

如果使用 Power BI 或 Analysis Services Tabular 2016，那么你就可以使用双向筛选关系，这意味着你可以引导模型将 SalesDetail 表上的筛选器传递到 SalesHeader 表。在 SalesHeader 表和 SalesDetail 表上激活双向关系后，就可以在筛选产品（或产品颜色）时只显示包含给定颜色的产品的订单。图 2-4 显示了激活 SalesHeader 表和 SalesDetail 表之间的双向筛选关系的模型。

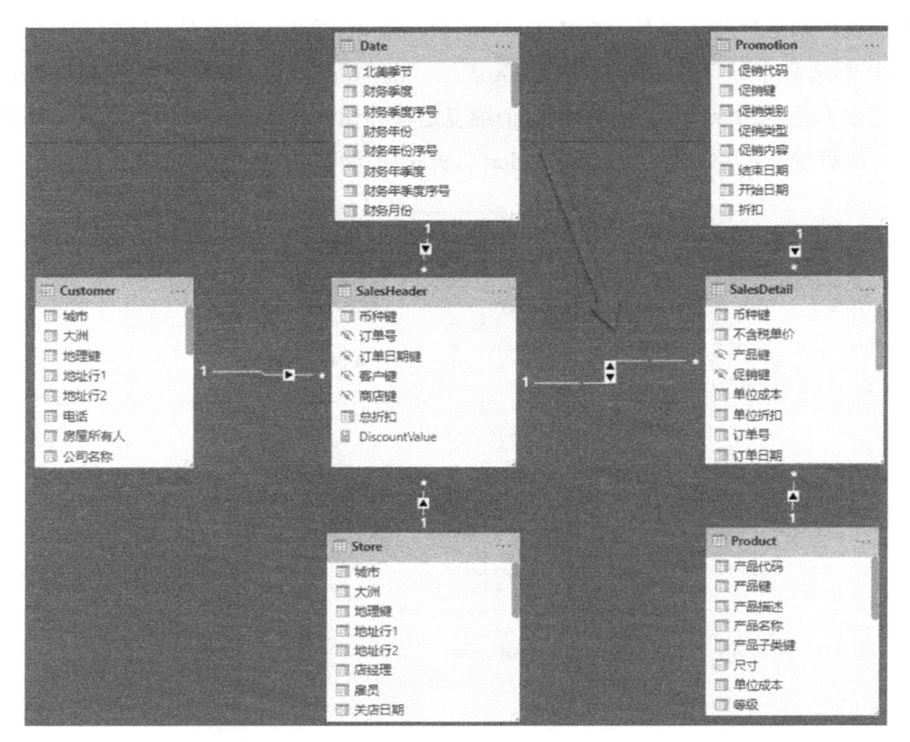

图 2-4　如果使用双向筛选，则可以让筛选器在关系的两个方向上传递

但 Excel 里的数据模型尚不支持这种双向筛选，你需要调整度量值来模拟双向筛选模式，从而获得相同的结果。我们将在第 8 章中更详细地讨论这个问题。在这里，调整后的表达式如下。

```
DiscountValue :=
CALCULATE(
    SUM ( SalesHeader[总折扣] ),
    CROSSFILTER(SalesDetail[订单号],SalesHeader[订单号],BOTH)
    )
```

在数据模型中启用双向筛选关系或使用修改后的双向筛选模式公式似乎解决了这个问题。然而，不幸的是这两种方法都不能计算出有意义的值。准确地说，计算出的是有意义的值，但与你所期望的完全不同。

这两种方法都是将筛选器从 SalesDetail 表移动到 SalesHeader 表，随后聚合包含所选产品的所有订单的总折扣。如果你创建一个按 Product[品牌]（这与 SalesHeader 表间接相关）和按 Date[公历年]（这是 Date 表的属性，与 SalesHeader 表直接相关）划分的报告，问题就很明显了。图 2-5 显示了一个这样的示例，在右下角的自定义状态栏中，数据透视表中的求和结果为 458 278.00，远超数据透视表中的总计数字 395 646.00。

产生这个差异的原因在于，数据透视表对折扣金额的聚合是基于订单号的，而不是基于单行销售记录的。这样的重复计算造成了按品牌分类汇总的折扣金额大于实际的折扣金额，最终造成了每个品牌的折扣金额汇总后不等于总计金额。

DiscountValue	列标签			
行标签	CY 2007	CY 2008	CY 2009	总计
A. Datum	$23,388.00	$6,627.00	$6,819.00	$36,834.00
Adventure Works	$31,017.00	$11,359.00	$10,900.00	$53,276.00
Contoso	$51,978.00	$24,943.00	$28,577.00	$105,498.00
Fabrikam	$14,429.00	$22,265.00	$17,479.00	$54,173.00
Litware	$13,882.00	$17,543.00	$14,794.00	$46,219.00
Northwind Traders	$21,019.00	$3,756.00	$5,364.00	$30,139.00
Proseware	$12,814.00	$9,743.00	$15,321.00	$37,878.00
Southridge Video	$23,179.00	$4,372.00	$4,790.00	$32,341.00
Tailspin Toys	$1,027.00	$694.00	$1,780.00	$3,501.00
The Phone Company	$4,031.00	$7,069.00	$6,331.00	$17,431.00
Wide World Importers	$7,125.00	$19,366.00	$14,497.00	$40,988.00
总计	$158,530.00	$120,442.00	$116,674.00	$395,646.00

Sheet5

计数: 11　求和: $458,278.00

图 2-5　在这个数据透视表中，选中的单元格的折扣金额总和是 458 278.00 美元，大于总计的 395 646.00 美元

提示　这是一个错误不容易被发现的计算案例。先让我们确切地解释一下正在发生的事情。假设你有两个订单：订单 1 是苹果和橘子，订单折扣金额是 10 元；订单 2 是苹果和桃子，订单折扣金额是 20 元。当你使用双向筛选按苹果切片时，包含苹果的两个订单都将被筛选，筛选器将把两个订单中的苹果汇总成一行，总折扣将是两个订单的折扣金额总和（30 元），即订单 1 的折扣金额（10 元）加上订单 2 的折扣金额（20 元）。当用橘子或桃子切片时，则得到相应订单的信息，即橘子有 10 元的折扣金额，桃子有 20 元的

折扣金额。如果两个订单分别有 10 元和 20 元的折扣金额，你会看到 3 行：苹果（30 元），橘子（10 元），桃子（20 元）。总计栏中的汇总金额是两个订单的折扣金额总和（30 元）。

这里需要注意的是公式本身并没有错。在习惯识别数据模型中的问题之前，你可能会倾向于认为 DAX 是万能的计算工具，计算错误都是因为 DAX 编写得不够准确。但这里的问题不在公式编写上，而是在模型设计中：DAX 准确计算出的最终数字与你的需求不一致。

通过简单地更新关系来更改数据模型不是正确的方法，我们需要找到真正的解决方案。因为折扣是以总计的形式存储在汇总表中的，所以你只能在总计的基础上进行聚合——而这正是错误的真正来源。你缺少的是一个"包含与订单明细表中的每一行对应的折扣信息"的列，如果存在这样的列，那么，当你按 Product 表的某个属性进行切片时，汇总后就能返回正确的值。这个问题与颗粒度相关。如果你希望能够按 Product 表进行切片，则需要折扣金额能够达到订单明细表级别的颗粒度。但现在的折扣金额是在订单汇总级别的颗粒度，这对于你试图构建的计算来说是错误的。

这里强调一个重要的观点：你并不需要 Product 表（这是维度表）颗粒度上的折扣值（这是你当前正在分析的维度），而是需要在 SalesDetail 表（这是事实表）颗粒度上构建折扣值。这两个颗粒度可能是不同的。你可以在 SalesHeader 表中增加一个计算列，使用该列将折扣值换算为百分比（用订单总折扣除以订单总额计算），而不是绝对值，因为在我们的模型中订单的总额没有存储在 SalesHeader 表中，所以你需要通过迭代相关的明细信息表来动态计算它。对此，可以在 SalesHeader 表中添加如下计算列公式。

```
折扣比例 =
DIVIDE (
    SalesHeader[总折扣],
    SUMX (
        RELATEDTABLE ( SalesDetail ),
    SalesDetail[不含税单价] * SalesDetail[数量]
    )
)
```

图 2-6 显示了结果，我们在 SalesHeader 表中将折扣比例计算列的显示格式改为百分比，以使其含义易于被理解。

```
1 折扣比例 =
2 DIVIDE (
3     SalesHeader[总折扣],
4     SUMX (
5         RELATEDTABLE ( SalesDetail ),
6         SalesDetail[不含税单价] * SalesDetail[数量]
7     )
8 )
```

折扣比例	订单号	商店键	订单日期键	总折扣	币种键	客户键
0.00%	20071027218973	199	20071027	0	1	7974
0.00%	20070605717451	199	20070605	0	1	6452
0.00%	20070403426735	199	20070403	0	1	15736
0.00%	200910275CS923	199	20091027	0	1	19008
0.00%	200804064CS593	199	20080406	0	1	18830
0.00%	20070514724334	199	20070514	0	1	13335

图 2-6　折扣比例计算列产生的结果

一旦在 SalesHeader 表中创建了这个代表订单折扣百分比的 SalesHeader[折扣比例]计算列，就可以在 SalesDetail 表的每一行引用来自 SalesHeader 表的折扣百分比，将其乘以当前行的销售额就可以计算单行记录级别对应的具体折扣金额。可以用下面的代码替换之前版本的[DiscountValue]度量值。

```
DiscountValueCorrect =
SUMX (
    SalesDetail,
    RELATED ( SalesHeader[折扣比例] ) * SalesDetail[不含税单价] *
    SalesDetail[数量]
)
```

值得注意的是：这个公式不再需要 SalesHeader 表和 SalesDetail 表之间的关系是双向的。在图 2-7 中，你可以在数据透视表中看到这两个度量值。你还将看到[DiscountValueCorrect]度量值计算的数字小一些，它使得总计和明细的和能够吻合。

行标签	DiscountValue	DiscountValueCorrect
A. Datum	$36,834.00	$26,486.54
Adventure Works	$53,276.00	$47,610.39
Contoso	$105,498.00	$89,993.00
Fabrikam	$54,173.00	$49,621.67
Litware	$46,219.00	$43,997.31
Northwind Traders	$30,139.00	$29,803.25
Proseware	$37,878.00	$34,442.40
Southridge Video	$32,341.00	$17,098.77
Tailspin Toys	$3,501.00	$3,501.00
The Phone Company	$17,431.00	$17,292.65
Wide World Importers	$40,988.00	$35,799.01
总计	$395,646.00	$395,646.00

图 2-7　将两种度量方法放在一起可以看出它们之间的区别。此外，使用正确的值求和产生的值与总计的值相同，这是意料之中的

另一个更简单的方案是在SalesDetail表中创建一个计算列来预先计算单行的折扣金额，具体代码如下。

```
单行折扣 =
    RELATED ( SalesHeader[折扣比例] ) * SalesDetail[不含税单价] *
    SalesDetail[数量]
```

在这种情况下，你可以通过对 SalesDetail[单行折扣]列求和来轻松计算折扣值，因为该列已经包含了在单行级别分配的正确的折扣金额。

这种方法更清楚地显示了我们所做的事情：通过将折扣信息从 SalesHeader 表反规范化到SalesDetail表来调整数据模型。图2-8（关系图视图）显示了添加SalesDetail[单行折扣]计算列之后的两个事实表：SalesHeader 表不再直接使用度量值聚合折扣值，SalesHeader 表只显示 SalesHeader[总折扣]列和 SalesHeader[折扣比例]列用于计算 SalesDetail 表中的 SalesDetail[单行折扣]列。这两列对于分析是没有用的，甚至应该隐藏起来，除非你希望使用 SalesHeader[折扣比例]列来汇总数据。仅在这种情况下，让它可见才有意义。

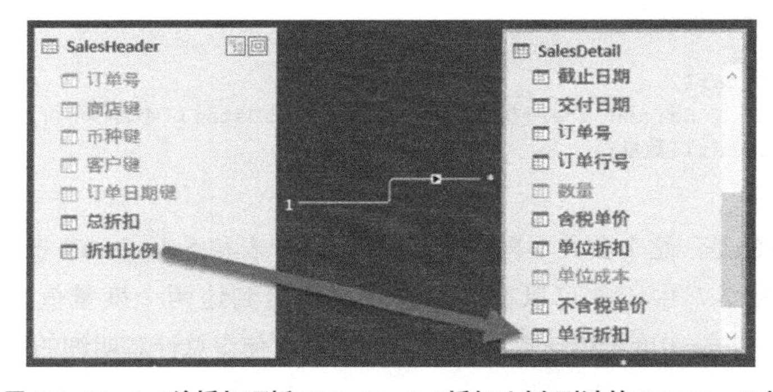

图 2-8 使用 SalesHeader[总折扣]列和 SalesHeader[折扣比例]列计算 SalesDetail[单行折扣]列

现在让我们对这个模型进行总结：既然 SalesHeader 表中存在的度量值在SalesDetail 表中是反规范化的，那么可以将 SalesHeader 表看作一个维度表。但又因为它是一个与其他维度表有关系的维度表，所以我们实际上已经将模型转换为一个雪花模型，在这个模型中，维度表通过其他维度表（SalesHeader 表）连接到事实表。雪花模型并不是性能最高和分析最方便的完美选择，但是从建模的角度来看，它依旧很好用且有效。在这种情况下，雪花模型非常有意义：因为关系中涉及的不同维度表正是业务部门对应操作的信息资产，我们在本质上还是通过简化数据模型来解决问题（即使在本例中这一点不是很明显）。

在结束这个案例之前，让我们总结一下学到的内容。

- 在汇总表/明细表的模型中，汇总表同时充当维度表和事实表。当汇总表用于切片明细表时它是维度表；当用户需要在汇总表级别聚合值时它是一个事实表。
- 如果从汇总表来聚合值，那么，除非激活了双向筛选或使用多对多模式，否则不要使用与明细表关联的维度表的任何筛选器，它们都是没有作用的。
- 双向筛选/双向 DAX 模式在汇总表颗粒度上聚合值，导致总计值与对应项相加的加总值不一致。这可能是个问题，也可能不是。在这个案例中，这是一个必须要被解决的问题。
- 为了解决可加性问题，你可以通过将汇总表的值转换为百分比的形式并分配到明细表来移动汇总表中存储的值。一旦将数据分配到明细表，就可以很容易地按任何维度进行聚合和切片。换言之，你需要在正确的颗粒度上反规范化值，以使模型更易于被使用。

经验丰富的数据建模师在构建度量值之前就会发现问题。当我们在一开始看到的模型中包含的表既不是事实表也不是维度表时，以及当你无法轻松判断表是用于切片还是用于聚合时，复杂计算的危险即将到来。

扁平化汇总表/明细表

在前面的案例中，我们首先计算汇总表的百分比，然后将值从汇总表传递到明细表，从而反规范化从汇总表到明细表的单个值（折扣信息）。这个操作适用于汇总表中所有的其他列，如 SalesHeader[商店键]列、SalesHeader[客户键]列等。这种极端的反规范化被称为扁平化，因为你从一个包含许多张表（在我们的案例中是两张表）的模型转移到一张包含所有信息的表。

扁平化模型的过程通常是指：通过 SQL 查询或借助 Excel/Power BI Desktop 中的查询编辑器编写 M 代码来调整数据，之后再加载到模型。如果你从数据仓库加载数据，那么这种扁平化过程很可能已经由数据仓库完成了。但是我们认为通过比较查询与对结构化模型进行扁平化处理之间的区别有助于你理解模型的构建。

> **❗警告**　在本节使用的示例中做了一些特殊处理——原来的模型已经被扁平化了。出于教学目的，在此之上构建了一个带有汇总表/明细表的结构化模型。我们在 Power BI Desktop 中使用 M 代码重建了原来的扁平化结构，这样做是为了演示扁平化的过程。当然，在现实世界中我们会直接加载扁平化模型来避免出现这种复杂的情况。

图 2-9 显示了扁平化模型，它基本上是一个单纯的星形模型。

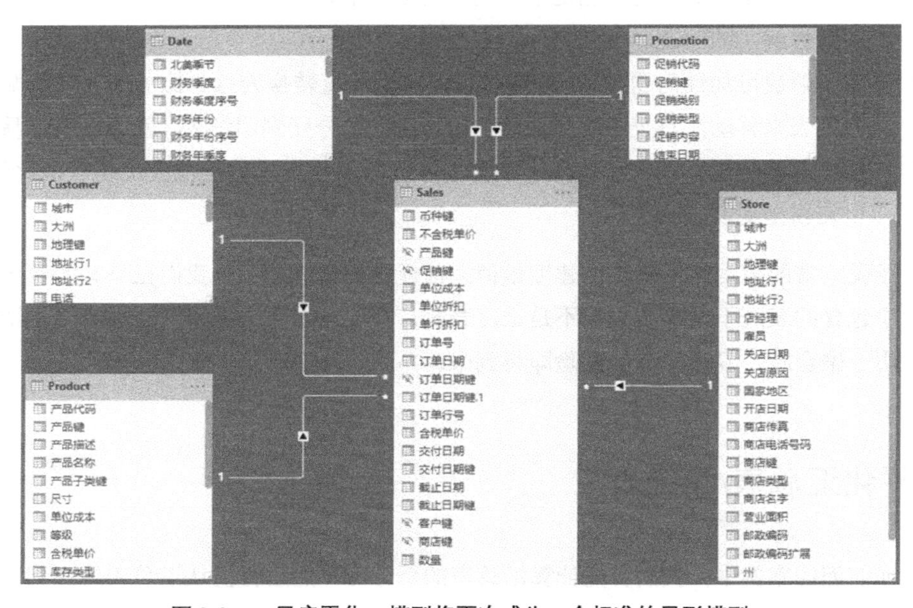

图 2-9　一旦扁平化，模型将再次成为一个标准的星形模型

在加载 Sales 表的查询中执行以下步骤（在图 2-9 所示的示例中，单击编辑查询按钮可以查看所有的查询过程和代码）。

1. 根据订单号将 SalesHeader 表和 SalesDetail 表合并到一起，并将 SalesHeader 表的相关列添加到 Sales 表中。
2. 创建了一个新的隐藏查询，它计算销售明细和总订单，我们将这个查询与 Sales 表一起检索总订单。
3. 我们添加了一个计算单行折扣的列，方法与前面的示例相同，但这次我们用的是 M 代码，而不是 DAX。

当完成这三个步骤时，你将得到一个完美的星形模型。将外键扁平化到维度表（如将 SalesHeader[客户键]列扁平化到 Customer 表，将 SalesHeader[订单日期键]列扁平化到 Date 表）非常简单，只需要把值复制过去。然而，像“折扣”这样的扁平化指标通常需要采用某种形式重新分配。我们在本例中所做的是在明细表的所有行上以订单级别的百分比分配折扣值（在这里使用行数作为分配的权重）。

这种体系结构的唯一缺点是需要根据最初存储在汇总表中的列计算逻辑。详细来说，如果你想计算原始模型中的订单数，可以很容易地创建如下度量值。

```
NumOfOrders := COUNTROWS ( SalesHeader )
```

这个方法可以非常简单地计算 SalesHeader 表在当前筛选的上下文中可见的行数。它之所以有效是因为对于 SalesHeader 表，订单信息和表中的行之间有一个完美的对应：对于每笔订单，表中只有一行。因此，对行进行计数就是对订单进行计数。

但当使用扁平化模型时，这个对应就消失了。如果计算图 2-9 所示的模型中 Sales 表的行数（使用 COUNTROWS 函数），这个结果通常要比订单数大得多。在扁平化模型中计算订单数，需要计算订单号的非重复计数，具体代码如下。

```
NumOfOrders := DISTINCTCOUNT ( Sales[订单号] )
```

从汇总表移动到扁平表的任何属性都需要如此思考。由于 DAX 中的 DISTINCTCOUNT 函数运算非常快且日常的模型总体并不大，因而这样做对性能的影响不大，只有面对非常大的表才需要考虑性能问题，当然，超大型数据集并不是自助式 BI 的典型应用场景。

我们已经讨论过的另一个细节是值的分配。当我们将订单的总折扣从汇总表移动到明细表的一行时，使用百分比进行分配。稍后你需要执行此操作来从行级别聚合值并仍然可以获得相同的总计数值，分配方法需要根据你的具体需要而有所不同。如果你希望根据所销售商品的重量来分配运费，而不是将其平均分配给所有订单行，那么需要修改查询，以正确的方式进行分配。

最后需要说明的是关于扁平化模型的性能。大多数分析引擎（包括 SQL Server Analysis Services、Power BI 和 Power Pivot）都是针对具有小维度表和大事实表的星形模型进行高度优化的。在本章前几个模型中，我们使用 SalesHeader 表作为维度表来切片 SalesDetail 表。根据通常的经验，维度表应该少于 100 000 行。如果遇到将大型销售订单汇总表作为维度表，你可能会看到性能有一些下降。这时将销售订单汇总表扁平化到它们对应的明细表中，既可以减少维度表的尺寸，也能提升性能。

本章小结

本章开始研究构建数据模型的不同选项。正如你所了解的，模型中存储的同一种信息可以通过使用表和关系以多种方式来存储，并可以保证计算准确。唯一的区别是表的数量和连接它们的关系。选择错误的模型会使计算更加复杂，并意味着数字不会以预期的方式聚合。

本章另一个有用的知识点是颗粒度很重要。当用与订单明细级别相关联的维度去切片订单汇总级别的值时，作为绝对值的折扣无法被聚合。一旦转换成百分比，则任何维度都可以在订单明细的单行记录上很好地聚合折扣信息。

第 3 章

处理多维事实表

在上一章中，你学习了如何处理两张事实表（汇总表/明细表）相互关联的场景，了解了简化数据模型的最佳选择——使其更像星形模型，从而使计算更容易被执行。

本章将进一步讨论如何处理具有多张事实表且事实表之间彼此不相关的案例。我们经常会见到这样一个场景：有两张事实表（Sales 表和 Purchases 表），Sales 表和 Purchases 表中都有一些相同的内容（如产品名称），同时也各自包含不同的内容，如 Sales 表只有客户信息，但没有供应商信息，Purchases 表有供应商信息，但没有客户信息。

在通常情况下，如果模型被正确设计，使用多张事实表不会造成任何问题，一切都会正常运行。但当事实表如本章示例所示，不能适当地被中间维度表关联或者需要建立交叉筛选器时，你会面临一些挑战。如何应对这些挑战是本章的内容。

处理规范化的事实表

我们看到的第一个案例是：当两张事实表被过度反规范化后，在它们之间无法创建关系。这个问题的解决方案非常简单：从不相关的表中重新创建星形模型，以适当恢复模型的功能。

我们从一个非常简单的数据模型开始着手处理这个案例。该模型只包含两张表：Sales 表和 Purchases 表，它们的结构几乎相同，并且完全是反规范化的。这意味着所有的信息都存储在对应的表中，它们与维度表没有关系。该模型如图 3-1 所示。

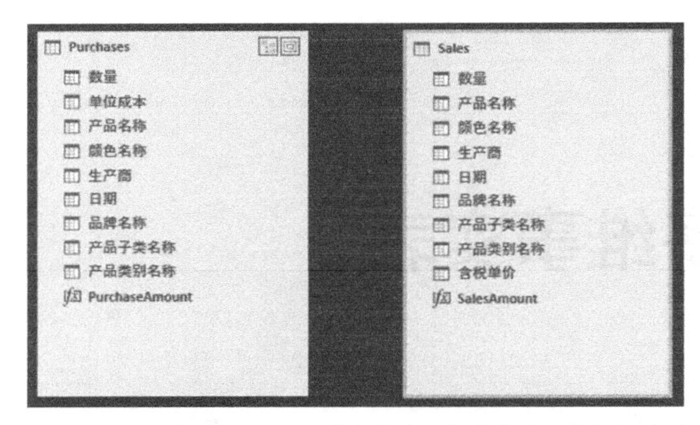

图 3-1 Sales 表和 Purchases 表在完全反规范化时没有任何关系

这两张表中的每张表本身都非常适合使用 Excel 数据透视表进行分析。但当你想要将两张表合并到一个模型中，并同时使用两张表中收集的数字执行分析时，就会出现问题。

假设你已经使用如下 DAX 代码定义了两个度量值：[PurchaseAmount]和[SalesAmount]。

```
PurchaseAmount := SUMX ( Purchases, Purchases[数量] * Purchases[单位成本] )
SalesAmount := SUMX ( Sales, Sales[数量] * Sales[含税单价] )
```

你感兴趣的是在单个报告中同时查看并计算[PurchaseAmount]和[SalesAmount]这两个度量值。不幸的是，这并不像看上去那么简单。例如，你将 Purchases[生产商]字段放在数据透视表的“行”上，并在“值”中同时使用这两个度量值时，你将得到图 3-2 所示的结果。在这里，[SalesAmount]度量值的值显然是错误的，此时它在所有行中都是一样的值。

行标签	PurchaseAmount	SalesAmount
A. Datum Corporation	2,533,963.42	30,202,685.54
Adventure Works	6,048,167.59	30,202,685.54
Contoso, Ltd	12,314,395.68	30,202,685.54
Fabrikam, Inc.	10,003,071.13	30,202,685.54
Litware, Inc.	6,377,548.93	30,202,685.54
Northwind Traders	1,713,836.80	30,202,685.54
Proseware, Inc.	5,305,305.29	30,202,685.54
Southridge Video	2,199,989.35	30,202,685.54
Tailspin Toys	646,571.47	30,202,685.54
The Phone Company	3,045,608.33	30,202,685.54
Wide World Importers	4,151,139.81	30,202,685.54
总计	54,339,597.80	30,202,685.54

图 3-2 在同一张数据透视表中计算[PurchaseAmount]和[SalesAmount]度量值时得到了错误的结果

造成这种情况的原因在于由 Purchases[生产商]列创建的筛选器仅在 Purchases 表

中是被激活的，它无法被传递到 Sales 表，这两张表之间没有关系。此外，因为没有适合构建这种关系的列，你也不能在这两张表之间创建关系。因为创建关系的条件是所使用的列必须是目标表中的主键，即该列中不能有重复值。在现有的两张事实表中，Purchases [产品名称]字段有许多重复的值，因此不能成为主键，导致最终不能形成两张表之间的关系。

你可以通过尝试创建关系来轻松验证这一点。当这样做时，你会收到一条说明为什么无法创建关系的消息。

我们通常编写一些复杂的 DAX 代码来解决这个问题。如果决定使用来自 Purchases 表的列来执行筛选器，那么你可以重写[SalesAmount]度量值，使其能够检测来自 Purchases 表中的筛选器。[Sales Amount Filtered]度量值代码如下，这个度量值可以使[SalesAmount]度量值被 Purchase [生产商]列筛选。

```
Sales Amount Filtered :=
CALCULATE (
    [SalesAmount],
    INTERSECT ( VALUES ( Sales[品牌名称] ), VALUES ( Purchases[品牌名称] ) )
)
```

INTERSECT 函数用于计算 Purchases [品牌名称]列和 Sales[品牌名称]列的交集。使用这个度量值后，对 Purchases[品牌名称] 列的筛选结果将被传递至 Sales[品牌名称]列，并以此为基础计算销售金额。

行标签	PurchaseAmount	SalesAmount	SalesAmountFiltered
A. Datum Corporation	2,533,963.42	30,202,685.54	1,966,583.30
Adventure Works	6,048,167.59	30,202,685.54	4,022,462.56
Contoso, Ltd	12,314,395.68	30,202,685.54	6,722,804.20
Fabrikam, Inc.	10,003,071.13	30,202,685.54	5,040,864.58
Litware, Inc.	6,377,548.93	30,202,685.54	3,425,045.95
Northwind Traders	1,713,836.80	30,202,685.54	1,205,185.61
Proseware, Inc.	5,305,305.29	30,202,685.54	2,656,623.00
Southridge Video	2,199,989.35	30,202,685.54	1,463,471.36
Tailspin Toys	646,571.47	30,202,685.54	333,143.41
The Phone Company	3,045,608.33	30,202,685.54	1,293,603.00
Wide World Importers	4,151,139.81	30,202,685.54	2,072,898.57
总计	54,339,597.80	30,202,685.54	30,202,685.54

图 3-3　[Sales Amount Filtered]度量值使用来自 Purchases 表的筛选器筛选 Sales 表的数据

尽管这一方法有效，但并不是最优的解决方案，具体原因如下。

- 当前版本使用了[品牌名称]列上的筛选器，但如果需要涉及其他列，则需要在 CALCULATE 语句中写入对应的 INTERSECT 语句，这使得公式变得复杂。

- 计算性能没有达到最优。因为 DAX 通常在处理关系时比处理使用 CALCULATE 语句创建的筛选器时工作得更好。
- 如果你需要构建许多来自 Sales 表的汇总值，那么所有这些值都需要遵循相同的复杂模式。这会给值的维护带来麻烦。

如果将 Purchases 表的所有列添加到筛选器中，公式会变得相当复杂。下面是将前面的模式扩展到所有相关列的代码。

```
SalesAmountFiltered:=
CALCULATE (
    [Sales Amount],
    INTERSECT ( VALUES ( Sales[品牌名称] ), VALUES ( Purchases[品牌名称] ) ),
    INTERSECT ( VALUES ( Sales[颜色名称] ), VALUES ( Purchases[颜色名称] ) ),
    INTERSECT ( VALUES ( Sales[生产商] ), VALUES ( Purchases[生产商] ) ),
    INTERSECT (
        VALUES ( Sales[产品类别名称] ),
        VALUES ( Purchases[产品类别名称] ) ),
    INTERSECT ( VALUES ( Sales[产品子类名称] ), VALUES ( Purchases[产品子类
名称] ) )
)
```

这段代码不仅很容易出现编写错误，还需要花费大量时间来维护。比如，后续通过添加列来细化表的颗粒度，那么需要遍历所有度量值并更新它们，以便为新引入的列添加新的交集。所以，更好的方案是更新数据模型。

要编写更简单的代码，必须修改数据模型并将其转换为星形模型。我们添加了一个能够同时筛选 Sales 表和 Purchases 表的 Product 维度表，使得数据模型如图 3-4 所示。此时，一切都变得容易得多。即使模型看起来不像星形模型，但它确实是一个完美的星形模型，包含两张事实表和一张维度表。

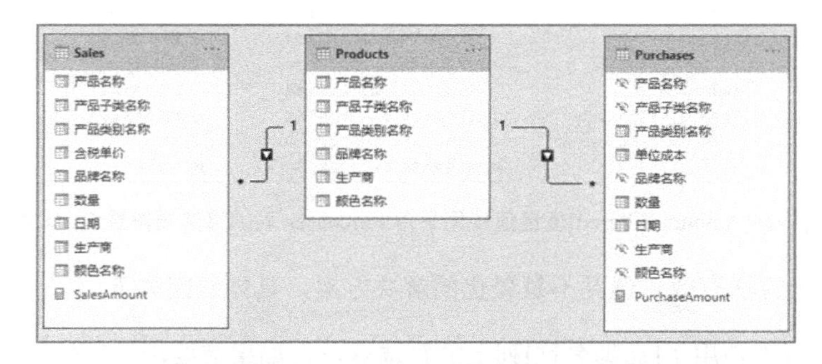

图 3-4 增加 Product 维度表以后，数据模型就变得容易被使用了

> **注意** 我们隐藏了 Purchases 表和 Sales 表中与 Product 表对应的一些规范化列，因为这些列无法同时筛选这两张表。通过隐藏手段可以让用户不能在报表中误用事实表中同名的列。

要构建这样的数据模型，你通常需要面对以下两个问题。

- 需要 Product 表的数据源，但通常无法访问原始表。
- Product 表需要一个关键字段以便成为关系的目标表。

第一个问题很容易被解决。如果你能够访问原始的 Product 表，那么，可以通过将其中的数据加载到模型中来创建维度表。如果无法从数据库加载原始 Product 表，则可以通过使用 Power Query 创建一个技术性的 Product 表，同时加载 Sales 表和 Purchases 表，执行两张表的合并查询，并最终删除重复项。下面的 M 代码可以做到这一点。

```
let
    SimplifiedPurchases = Table.RemoveColumns(Purchases,{"数量", "日期", "
    单位成本"}),
    SimplifiedSales = Table.RemoveColumns(Sales,{"数量", "日期", "含税单价
    "}),
    追加合并表格 = Table.Combine ( { SimplifiedPurchases, SimplifiedSales } ),
    删除重复行 = Table.Distinct(追加合并表格 )
in
    删除重复行
```

可以看到，M 代码首先准备了两张本地表（SimplifiedPurchases 表和 SimplifiedSales 表），删除了不需要的列并只包含生成 Product 表所需要的相关列。然后，通过将 SimplifiedSales 表与 SimplifiedPurchases 表合并来组合这两张表。最后，删除重复值，从而得到一个具有唯一字段的 Product 表。（译者注：在示例文件的 Power Query 编辑中，选择 Product 查询，然后单击【高级编辑器】按钮，就能看到上述 M 代码。）

> **注意** 你可以在 Excel 或 Power BI Desktop 中使用查询编辑器获得完全相同的结果。

要创建技术性维度表，必须将 Sales 表和 Purchases 表的两个查询结合起来。特定的产品可能只存在于这两张表中的一张内。如果你仅对其中一个查询进行去重，那么

将得到一张局部维度表，在模型中使用它将导致不正确的结果。

在模型中加载 Product 维度表之后，仍然需要创建关系。在这种情况下，你可以选择使用 Product[产品名称]列来创建关系，因为 Product[产品名称]列是非重复的。在其他情况下，比如，在中间维度表没有适合的主键时，你可能会遇到麻烦。如果原始表不包含产品名称字段，就无法创建其与 Product 表的关系。假设你现在处于这样一个环境中：你有产品类别名和产品子类信息，但是，没有产品名称信息。这时，就需要在可用的颗粒度级别上创建维度表。你可以运用刚才的技巧创建产品类别和产品子类两张维度表。

在通常情况下，表格类型的转换最好在数据加载到模型之前完成。如果从 SQL Server 数据库加载数据，你可以轻松使用 SQL 查询执行所有这些操作，从而获得更简单的分析模型。

值得注意的是，使用 Power BI 的建模选项卡中的【新表】功能可以得到和使用 DAX 查询相同的结果。在撰写本书时，Excel 中还没有计算表功能，但 Power BI 和 SQL Server Analysis Services 2016 中有计算表。下面的代码创建了一个包含 Product 维度的计算表，它甚至比 M 代码更简单。

```
Products =
DISTINCT (
    UNION (
        ALL (
            Sales[产品名称],
            Sales[颜色名称],
            Sales[生产商],
            Sales[品牌名称],
            Sales[产品类别名称],
            Sales[产品子类名称]
        ),
        ALL (
            Purchases[产品名称],
            Purchases[颜色名称],
            Purchases[生产商],
            Purchases[品牌名称],
            Purchases[产品类别名称],
            Purchases[产品子类名称]
        )
    )
)
```

这个计算表对来自 Sales 表和 Purchases 表的产品相关列执行 ALL 函数，以减少列的数量，并产生所需数据的不同组合。然后，它使用 UNION 函数将它们合并在一起。最后，使用 DISTINCT 函数删除 UNION 函数返回的表中的重复项。

> **注意** 是使用 M 还是使用 DAX 完全取决于你，这两种解决方案没有显著的区别。

同样，建模时正确的解决方案是将模型恢复成星形模型。“其他种类的模型都不如星形模型好”这个简单的概念需要经常被重复。如果你面对建模任务，在做任何其他事情之前，先问问自己是否可以重新构建模型，以便使模型更趋向于星形模型。如果这样做，你更可能朝着正确的方向迈进。

维度表的交叉筛选

在前面的示例中，我们学习了处理多维事实表的基础知识。当有两个过度反规范化的事实表的时候，为了使模型更好，必须将其还原为更简单的星形模型。在现在这个示例中，我们将再次使用 Sales 表和 Purchases 表分析不同的场景。

现在，我们来分析在一定时间段内的或更广泛的、满足某些特定筛选条件的产品采购情况。在上一节里，你有两张事实表，此时建模的最佳实践是将它们与维度表关联起来，这将使你能够使用单张维度表来筛选这两张事实表的信息。现在的场景如图 3-5 所示。

通过使用这个模型和两个基本度量值，你可以轻松构建图 3-6 所示的一个报告，你可以看到根据 Product[品牌名称]和 Date[公历年] 两个维度分别统计的[SalesAmount]度量值和[PurchaseAmount]度量值，具体实现代码如下。

```
[SalesAmount] : =SUMX ( Sales, Sales[数量] * Sales[含税单价] )
[PurchaseAmount] : = SUMX ( Purchases, Purchases[数量] * Purchases[单位成本] )
```

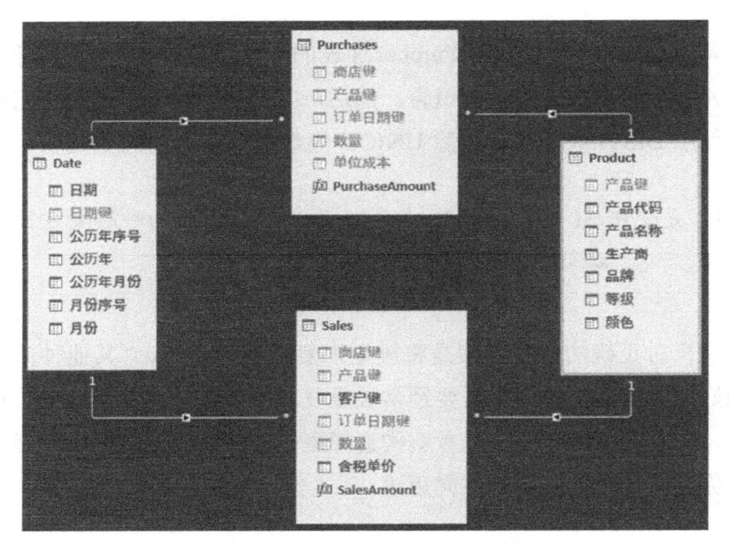

图 3-5　在这个模型中，两张事实表与两张维度表相关

	列标签					
	CY 2007		CY 2008		CY 2009	
行标签	PurchaseAmount	SalesAmount	PurchaseAmount	SalesAmount	PurchaseAmount	SalesAmount
A. Datum	377,595.04	172,402.30	198,535.71	49,041.20	155,342.88	63,833.30
Adventure Works	497,009.03	314,134.24	712,240.38	104,682.71	667,970.20	91,447.12
Contoso	1,305,738.32	386,632.02	1,261,663.37	203,720.91	1,037,721.10	286,950.54
Fabrikam	1,187,357.20	162,562.59	946,301.02	246,991.46	875,143.39	240,629.62
Litware	566,904.05	96,785.49	826,981.12	229,148.47	619,481.69	212,760.01
Northwind Traders	240,835.80	143,663.45	151,027.82	24,634.61	93,302.03	37,071.35
Proseware	618,920.68	121,561.23	523,853.01	97,117.49	560,833.66	143,423.69
Southridge Video	216,844.05	109,442.64	205,290.92	44,369.98	190,134.32	70,698.45
Tailspin Toys	48,775.54	9,773.60	58,749.03	8,725.16	99,833.60	19,065.02
The Phone Company	412,052.18	41,899.00	271,149.68	65,457.00	238,469.42	70,472.00
Wide World Importers	371,410.01	58,866.05	493,992.51	169,104.35	475,717.76	122,850.85
总计	5,843,441.90	1,617,722.61	5,649,784.57	1,242,993.34	5,013,950.05	1,359,201.95

图 3-6　在这个简单的星形模型中，很容易计算按照年份和品牌分布的销售金额和采购金额

一个更难的计算是只显示有销售记录的产品的采购金额。换句话说，你希望把 Sales 表当作筛选器，用来筛选 Purchases 表的产品的列表，如用 Sales 表中的销售日期筛选 Purchase 表中相关的采购金额。这个场景有许多种处理方法，我们将展示其中一些，并讨论每种解决方法的优缺点。

如果你的工具具有双向筛选功能（截至 2020 年 5 月，可以在 Power BI 和 SQL Server 分析服务中使用双向筛选功能，但是 Excel 不支持双向筛选功能），你可能会调整数据模型以便在 Sales 表和 Product 表之间构建双向筛选，然后从 Sales 表进行筛选。要执行此操作，必须先禁用 Product 表和 Purchases 表之间的关系，如图 3-7 所示，否则你将得到一个有歧义的模型，而分析引擎将拒绝使用所有的双向关系。

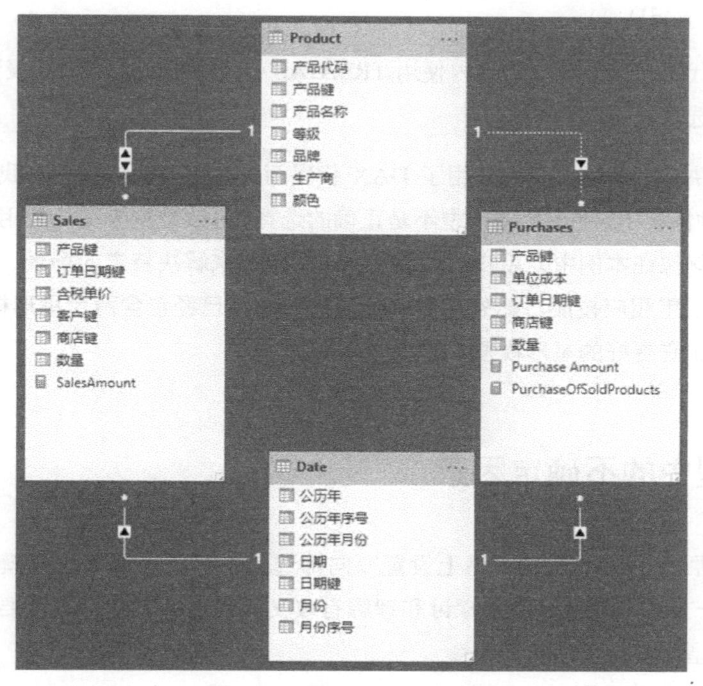

图 3-7　要启用 Sales 表和 Product 表之间的双向筛选，必须先禁用 Product 表和 purchase 表之间的双向关系（虚线表示关系已经被禁用）

如果遵循此数据模型的筛选链，你将很快发现它并不能解决问题。例如，你在 Date 表上放置一个筛选器，筛选器将先传递到 Sales 表，然后传递到 Product 表（因为启用了双向筛选），但是筛选将停在 Product 表，不会进一步筛选 Purchases 表。如果你也启用了对 Date 表的双向筛选，那么，数据模型将不会显示与 Sales 表的在售产品对应的 Purchases 表的采购情况。相反，它将显示所选产品在销售日期内被购买的信息，让结果更加不直观。双向筛选是一个强大的特性，但是在这种情况下，它不是一个合适的选择，因为你希望更好地控制筛选器的传递方式。

解决这个问题的关键是理解筛选器的传递流程。让我们从 Date 表开始，将模型恢复成图 3-5 所示的原始模型。当你在 Date 表中筛选指定的公历年时，筛选器将自动传递到 Sales 表和 Purchases 表。然而，由于关系方向的限制，它并没有达到 Product 表。而你希望计算 Sales 表中出现的产品信息，并在下一步中使用此产品信息作为 Purchases 表的筛选器。因此，正确的度量值公式应该如下。

```
PurchaseOfSoldProducts =
CALCULATE ( [Purchase Amount],KEEPFILTERS(TREATAS(VALUES(Sales[产品键]),
Purchases[产品键]) ))
```

在这段代码中，只在度量值内使用 TREATAS 函数临时激活 Sales 表到 Purchases 表的双向筛选器。

为了解决这个问题，我们只用了 DAX 代码而没有更改数据模型。我们希望强调一点：在这种情况下，更改数据模型不是正确的选择。更改数据模型是通用的好方法，但有时候（就像在本例中）用户必须编写 DAX 代码来解决特定的场景。这将有助于你理解何时使用相应技能。此外，本例中的数据模型已经包含两个星形模型，因此，很难构建出比它更好的星形模型。

理解模型中的不确定因素

上一节展示了为什么在关系上设置双向筛选器是行不通的（因为模型是有歧义的）。在这一节中，我们将深入探讨和理解有歧义的模型的概念，更重要的是了解为什么要在模型中禁止使用它们。

有歧义的模型是指至少在两张表之间存在多条关系的模型。当你试图在两张表之间构建多个关系时，就会出现最简单的歧义形式。如果你试图构建一个模型，其中相同的两张表通过多个关系连接，那么，将只有一个关系（默认情况下是你创建的第一个关系）保持活动状态，其他关系将被标记为非活动的，图 3-8 显示了这样一个模型。在三条关系线中，只有一条是实线（活动的），其余的都是虚线（非活动的）。

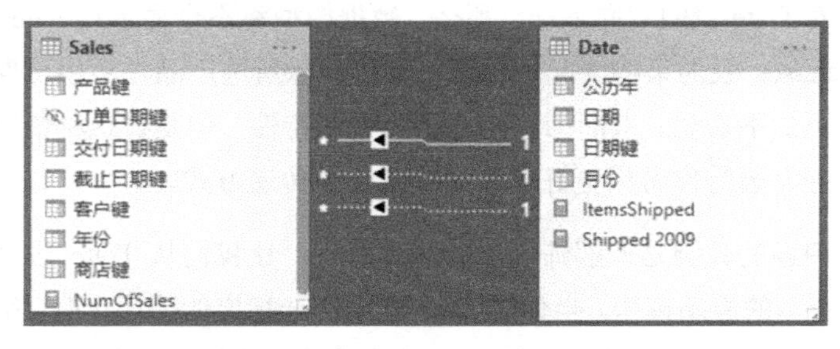

图 3-8　不能在两张表之间保持多个活动关系

为什么会有这种限制？原因很简单：DAX 语言提供了处理多种关系的函数。例如，你可以在 Sales 表中使用相关函数引用 Date 表的任意一列，具体代码如下。

```
Sales[年份] = RELATED('Date'[公历年])
```

创建计算列时不需要你指定要遵循哪个关系，DAX 语言会自动遵循唯一的活动关系，然后返回预期的年份值。在本例中，计算列是订单发生的年份，因为活动关系是基于 Sales[订单日期键]的。如果可以定义多个活动关系，则 RELATED 函数必须在多个活动关系中指定使用哪一个具体关系。当你通过使用 CALCULATE 函数定义筛选上下文时，传递的自动筛选上下文也会发生类似的行为。

下面的度量值计算了 2009 年度的销售额。

```
Sales2009 := CALCULATE ( [SalesAmount], 'Date'[公历年] = "CY 2009" )
```

你同样没有指定需要遵循的关系。在模型中，活动关系是指向 Sales[订单日期键]的关系。在第 4 章中，你将学习如何以一种有效的方式处理与日期表的多个关系。本节的目的仅仅是帮助你理解为什么要在表格中禁止使用有歧义的模型。

你可以为特定的计算激活特定的关系。比如，如果你对 2009 年交付的销售额感兴趣，可以利用 USERELATIONSHIP 函数计算这个值，具体代码如下。

```
Shipped 2009 :=
CALCULATE (
    [NumOfSales],
    USERELATIONSHIP( 'Date'[日期键], Sales[交付日期键]),
    'Date'[公历年] = "CY 2009"
    )
```

一般来说，只有在你非常有限地使用模型或者需要进行某些特殊计算时才会在模型中保留非活动关系。模型的使用者不必在浏览模型时去激活一个特定的关系。在一组关系中使用哪些键之类的技术细节应该是数据建模师而不是模型的使用者关心的事。在高级模型中，事实表中可能有数十亿行，或者计算非常复杂，数据建模人员需要决定在模型中保持哪些关系非活动以加快某些计算。然而，在我们介绍入门级的数据建模时，这种优化非活动关系的技术不是必需的。

现在让我们回到这个有歧义的模型。在大多数情况下，模型会因表之间存在多条关系路径而有歧义。另一种有歧义的模型的案例如图 3-9 所示。

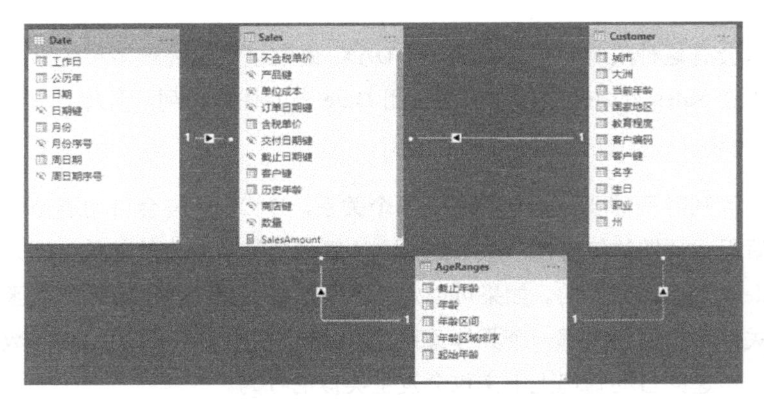

图 3-9　这个模型也是有歧义的，尽管原因不那么明显

在这个模型中，有两个不同的年龄列。一个是存储在事实表中的 Sales[历史年龄]；另一个是存储在维度表中的 Customer[当前年龄]。这两列都是 AgeRanges（年龄区间）表的外键，但是只允许其中一个关系保持活动，另一个关系为非活动的。在这种情况下，歧义虽然不明显，但确实存在。假设你构建了一个数据透视表，并按年龄区间对其进行切片。你是希望按照 Sales[历史年龄]（每个客户购买产品时的年龄）还是 Customer[当前年龄]（每个客户现在的年龄）来切片？如果两种关系都保持活动，这时的含义是有歧义的。因此，分析引擎禁止你构建这样的模型。它迫使你通过选择保持哪个关系为活动关系或复制其中一个表来消除歧义。这样，在你筛选 Customer[当前年龄]或 Sales[历史年龄]时，你可以指定一个唯一的传递路径来筛选数据。复制 AgeRanges 表之后，得到的模型如图 3-10 所示。

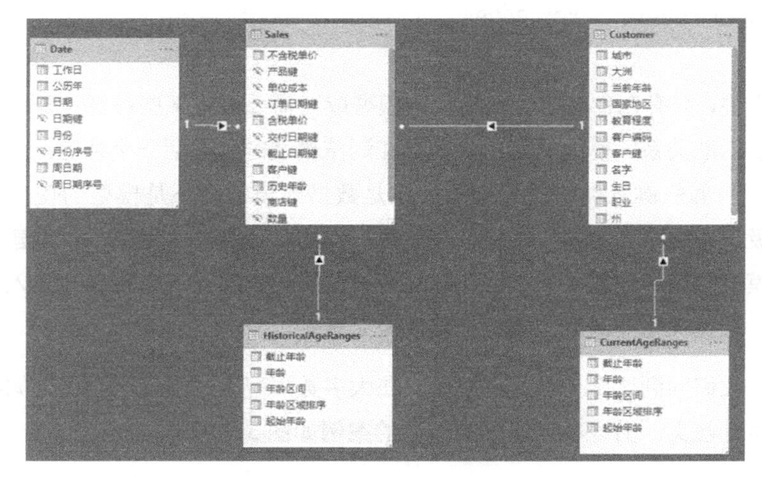

图 3-10　现在，在模型中有两张关于年龄区间的维度表

案例：订单表/发票表

你在日常工作中非常可能会遇到的一个实际案例是：你每月都会发好几票货给客户，但是，你每月只开一次发票给客户，发票上的金额是当月发货货款的总额，并没有将每张订单的金额一一列出。因此，你手上现有的模型也没有很清晰地表现出发票和每张订单之间的关系。这时我们需要做一些工作来重新创建关系。

先从一个数据模型开始，如图 3-11 所示。

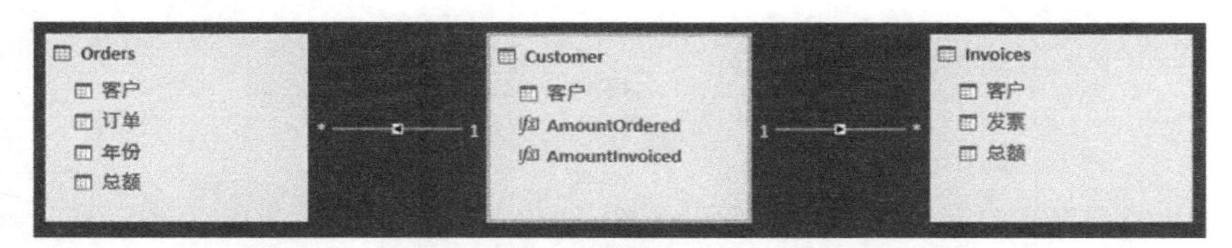

图 3-11　订单和发票的数据模型是一个简单的星形模型

初始的数据模型是一个星形模型，有两张事实表和一张维度表。在 Customer 维度表中，我们已经定义了以下两个度量值。

```
AmountOrdered := SUM ( Orders[总额] )
AmountInvoiced:= SUM ( Invoices[总额] )
```

有了这两个度量值，就可以轻松地构建一份报告来显示每位客户的[AmountOrdered]（订单金额）和[AmountInvoiced]（开票金额）。这使你很容易计算需要为每位客户开具多少发票，如图 3-12 所示。

行标签	AmountOrdered	AmountInvoiced
John	2000.00	1800.00
Melanie	3000.00	2000.00
Paul	4000.00	3600.00
总计	**9000.00**	**7400.00**

图 3-12　在报告中，每位客户订购产品的金额和开票金额都很容易统计

假如你只对这个数据透视表中的总计数字感兴趣，那么一切都很正常。但不幸的是，当你想深入了解细节时，就会遇到问题。比如：你如何确定哪些订单尚未开具发票？在深入之前，先花一些时间查看图 3-11 所示的数据模型，并尝试找出问题所在。查看完成后，再继续阅读。因为这个案例隐藏了一些复杂性，我们需要做一些尝试来识别问题。下面将展示几个错误的解决方案并分析导致错误的原因。

如果将 Orders[订单]字段也放入数据透视表中，并放在 Orders[客户] 的下方，得到的结果如图 3-13 所示。此时，模型很难被阅读和理解。

行标签	AmountOrdered	AmountInvoiced
John	**2000.00**	**1800.00**
1	100.00	1800.00
2		1800.00
3		1800.00
4	400.00	1800.00
5		1800.00
6		1800.00
7	500.00	1800.00
8		1800.00
9		1800.00
10	100.00	1800.00
11		1800.00
12		1800.00
13	400.00	1800.00
14		1800.00
15		1800.00
16	500.00	1800.00
17		1800.00
18		1800.00
Melanie	**3000.00**	**2000.00**
1		2000.00
2		2000.00
3	500.00	2000.00

图 3-13　透视表的[AmountInvoiced]计算列的结果是错误的

这个场景非常类似于本章开头包含两张完全反规范化的事实表的场景。Orders 表上的筛选器对 Invoices 表无效，因为 Invoices 表没有 Orders 表的相关信息。因此，[AmountInvoiced]度量值仅显示对 Customer 表应用筛选器后得到的值，即在每位客户对应的所有行上显示开票金额。

在此有必要重复一个重要的观念：数据透视表报告的数字按照 DAX 的逻辑是正确的。度量值结合模型中提供的信息，计算出来的结果是正确的。仔细考虑后你会发现分析引擎不能在不同的订单之间切片[AmountInvoiced]，因为在模型中缺失具体哪个订单开具了发票的信息。针对这个场景的解决方案是创建合适的数据模型：不仅需要包含发票的汇总信息，还需要包含哪些订单已经开具发票，以及哪些发票包含哪些订单等详细信息。这值得我们花一些时间尝试解决这个问题。

根据数据模型的复杂性，这个场景有多种解决方案。在详细介绍之前，让我们先看看图 3-14 所示的数据。

客户
John
Paul
Melanie

订单	客户	年份	总额
1	John	2015	100
2	Paul	2015	250
3	Melanie	2015	500
4	John	2015	400
5	Paul	2015	1000
6	Melanie	2015	500
7	John	2015	500
8	Paul	2015	750
9	Melanie	2015	500
10	John	2016	100
11	Paul	2016	250
12	Melanie	2016	500
13	John	2016	400
14	Paul	2016	1000
15	Melanie	2016	500
16	John	2016	500
17	Paul	2016	750
18	Melanie	2016	500

发票	客户	总额
1	John	1000
2	Paul	2000
3	Melanie	1500
4	John	800
5	Paul	1600
6	Melanie	500

图 3-14　该模型中使用的实际数据

如你所见，Orders（订单）表和 Invoices（发票）表都有一个客户列，其中包含客户名称。Customer 表处于从 Invoices 表和 Orders 表开始的两个多对一关系的一端。我们需要向模型中添加 Orders 表和 Invoices 表之间的新关系，该关系能表明哪个订单对应哪张发票。此时，我们面临如下两种可能的情况。

- 每个订单都与一张单独的发票相关。如果每个订单都是全额开票的，每个订单都与一张单独的发票相关。因此，一张发票可能包含多个订单，但是一个订单只能对应一张发票。在这种情况下，Invoices 表和 Orders 表之间是一对多关系。
- 每个订单开具多张发票。如果订单可以分批开发票，那么每个订单的信息可能在多张发票中出现。如果是这样，一个订单可能会对应多张发票。同时，一张发票又有可能对应多个订单。在这种情况下，你将面对订单和发票之间的多对多关系，这时场景稍微复杂一些。

第一个场景很容易应对，只需要增加一列将发票信息添加到 Orders 表中，就可以得到图 3-15 所示的数据。

虽然看起来是对模型的简单修改，但相关知识其实也不容易被掌握。事实上，当你加载了新模型并尝试构建关系时，你将体验到一个糟糕的情况：关系虽然被创建了，但它处于非活动状态，如图 3-16 所示。

客户
John
Paul
Melanie

订单	客户	年份	总额	发票
1	John	2015	100	1
2	Paul	2015	250	2
3	Melanie	2015	500	3
4	John	2015	400	1
5	Paul	2015	1000	2
6	Melanie	2015	500	3
7	John	2015	500	1
8	Paul	2015	750	2
9	Melanie	2015	500	3
10	John	2016	100	4
11	Paul	2016	250	5
12	Melanie	2016	500	6
13	John	2016	400	4
14	Paul	2016	1000	5
15	Melanie	2016	500	6
16	John	2016	500	4
17	Paul	2016	750	5
18	Melanie	2016	500	6

发票	客户	总额
1	John	1000
2	Paul	2000
3	Melanie	1500
4	John	800
5	Paul	1600
6	Melanie	500

发票	订单
1	1
1	4
1	7
2	2
2	5
2	8
3	3
3	6
3	9
4	10
4	13
4	16
5	11
5	14
5	17
6	12
6	15
6	18

图 3-15　突出显示的列包含每个给定订单对应的发票编号

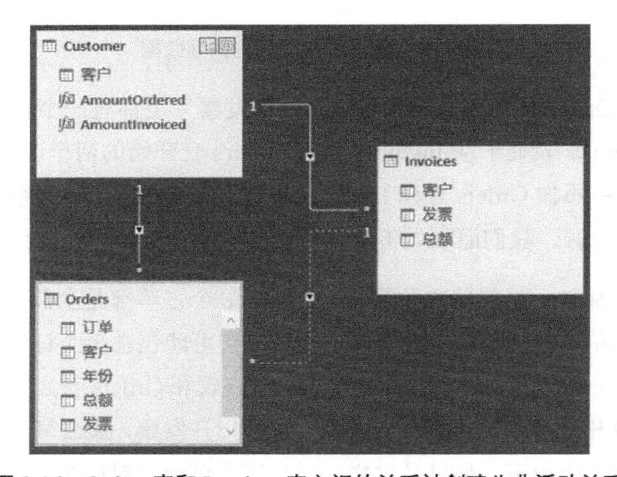

图 3-16　Orders 表和 Invoices 表之间的关系被创建为非活动关系

模型的歧义发生在哪里？如果 Orders 表和 Invoices 表之间的关系保持活动，那么你将有两条从 Orders 表到 Customer 表的关系：一条是直接从 Orders 表到 Customer 表，另一条是先从 Orders 表到 Invoices 表，再到 Customer 表。即使在这种情况下，逻辑上这两个关系表达的信息最终也都指向同一位客户。我们能清晰地看到这两个关系，但是模型引擎并不知道这一点。模型中没有任何内容可以防止你将 Orders 表指向的客户与 Invoices 表指向的不同的客户错误地关联起来。因此，这个模型本身是行不通的。

解决这个问题的方法比较简单。如果你仔细查看模型，就会发现 Customer 表和 Invoices 表之间存在一对多关系，Invoices 表和 Orders 表之间也存在一对多关系。使用 Invoices 表作为中间表可以安全地检索 Orders 表与 Customer 表。你可以删除 Customer 表和 Orders 表之间的关系，并依赖其他两个关系得到图 3-17 所示的模型。

图 3-17　删除 Orders 表与 Customer 表之间的关系后，模型会简单得多

图 3-17 中的模型看起来很熟悉，对吗？这与我们在第 2 章中讨论的包含汇总表/明细表的模型的模式完全相同。现在你有两张事实表：一张包含发票信息，另一张包含订单信息。Orders 表作为明细表，而 Invoices 表作为汇总表。

该模型继承了汇总表/明细表模式的所有优点和缺点。它在一定程度上解决了关系问题，但数据问题没有得到解决。如果你使用数据透视表浏览模型，就会得到与图 3-13 所示相同的结果，其中列出了所有客户的所有订单号。因为无论你选择什么订单，每个客户的开票总额总是相同。所以，尽管正确地设置了关系链，数据模型仍然是不正确的。

实际上，情况更为微妙。当你按客户名称和订单号浏览时，你希望报告什么样的数据呢？你需要检查以下度量值。

- 某个客户的开票总额。这是目前系统报告的数字，但看起来是错误的。
- 与某个客户的订单对应的开票金额。在这种情况下，出现在发票中的订单才需要被汇总，否则结果为空。
- 已开票订单的金额。在这种情况下，如果订单已经开票，则报告订单的全部金额，否则报告零。你可能计算出比实际开票金额更高的值，因为你计算的是完整的订单，而不仅仅是开票部分。

注意　这个列表到这里可能就计算完毕了，但是我们忘记了一个重要的部分：如果订单包含已经部分开票但没有完全开票的内容，该怎么办？可能有好几个原因会造成这样的状况，而且相关的计算会更加复杂。稍后我们将重点讨论这个场景。现在我们先满足前三个计算需求。

计算客户的开票总额

第一个需求已经存在（[AmountInvoiced]度量值）。因为开发票的金额并不依赖于 Order 表，所以可以对 Invoices[总额]字段进行求和并生成结果。这个解决方案的主要缺点是 Orders 表上的筛选器对 Invoices 表无效，因此，只能告诉客户已经开了多少钱的发票，但不能把对应的订单号告诉客户。

计算包含指定客户与指定订单的发票金额

要计算第二个需求，必须强制 Orders 表的筛选器在 Invoices 表上工作。这可以通过使用双向筛选模式来实现，具体代码如下。

```
AmountInvoicedFilteredbyOrders :=
CALCULATE (
    [AmountInvoiced],
    CROSSFILTER( Orders[发票] , 'Invoices'[发票] , BOTH)
)
```

这种计算是仅计算和已经选择的订单有关的开票金额。你可以在图 3-18 中看到得到的数据透视表。

客户	订单	发票	AmountOrdered	AmountInvoicedFilteredbyOrders
⊟John	⊟1	1	100.00	1000.00
	⊟4	1	400.00	1000.00
	⊟7	1	500.00	1000.00
	⊟10	4	100.00	800.00
	⊟13	4	400.00	800.00
	⊟16	4	500.00	800.00
John 汇总			**2000.00**	**1800.00**
⊟Melanie	⊟3	3	500.00	1500.00
	⊟6	3	500.00	1500.00
	⊟9	3	500.00	1500.00
	⊟12	6	500.00	500.00
	⊟15	6	500.00	500.00
	⊟18	6	500.00	500.00
Melanie 汇总			**3000.00**	**2000.00**
⊟Paul	⊟2	2	250.00	2000.00
	⊟5	2	1000.00	2000.00
	⊟8	2	750.00	2000.00
	⊟11	5	250.00	1600.00
	⊟14	5	1000.00	1600.00
	⊟17	5	750.00	1600.00
Paul 汇总			**4000.00**	**3600.00**

图 3-18 将筛选器从 Order 表移动到 Invoices 表会影响结果

计算已经开具发票的订单的金额

最后一个度量值是非可加性度量值。因为计算的是每个订单的开票总额，所以通常显示的值要比订单金额高得多。这很像上一章中的情况：聚合汇总表中的值和我们在详细信息上使用筛选器得到的计算结果在总计上是非可加性的。

如果要使这个度量值成为可加性的，你应该考虑每个订单的状况，以确定它是否已经开发票。如果是，那么开发票的金额就是订单的金额，否则就是零。这可以通过计算列或稍微复杂一点的度量值轻松完成，具体代码如下。

```
AmountInvoicedFilteredbyOrders :=
CALCULATE (
    SUMX (
        Orders,
        IF ( NOT ( ISBLANK ( Orders[发票] ) ), Orders[总额] )
    ),
    CROSSFILTER ( Orders[发票], Invoices[发票], BOTH )
)
```

如果单个订单总是全额开票，那么这个度量就可以很好地运行，但是如果订单不是全额开票，那么计算的就是错误的数值，因为返回的只是开票金额。图 3-19 显示了一个示例，它计算的发票总额和订单总额的值相同，但我们知道这两个数字应该不同，因为我们只是从订单角度而不是发票角度来计算开票金额的。

客户	订单	发票	AmountOrdered	AmountInvoicedFilteredbyOrders
⊟John	⊟1	1	100.00	100.00
	⊟4	1	400.00	400.00
	⊟7	1	500.00	500.00
	⊟10	4	100.00	100.00
	⊟13	4	400.00	400.00
	⊟16	4	500.00	500.00
John 汇总			**2000.00**	**2000.00**
⊟Melanie	⊟3	3	500.00	500.00
	⊟6	3	500.00	500.00
	⊟9	3	500.00	500.00
	⊟12	6	500.00	500.00
	⊟15	6	500.00	500.00
	⊟18	6	500.00	500.00
Melanie 汇总			**3000.00**	**3000.00**
⊟Paul	⊟2	2	250.00	250.00
	⊟5	2	1000.00	1000.00
	⊟8	2	750.00	750.00
	⊟11	5	250.00	250.00
	⊟14	5	1000.00	1000.00
	⊟17	5	750.00	750.00
Paul 汇总			**4000.00**	**4000.00**

图 3-19 如果一个订单没有完整开票，最后一个度量值将显示不正确的结果

没有一种简单的方法能够计算在模型中不存在的已经部分开票的订单的剩余金额。如果你在部分开票的情况下只针对每个订单存储包含该订单的发票号，那么你将丢失关于开票金额的重要信息。为了提供正确的结果，应该存储具体的开票金额，而不是前一个公式中的订单金额。

在处理这一点时，我们进一步构建一个完整的模型来解决这个问题。我们将构建一个模型，使你能够对一个订单开具不同的发票，并为每一张发票和每一个订单注明开票金额。模型需要更复杂一点：它将包含一张额外的表，表中注明发票、订单和总额，如图 3-20 所示。

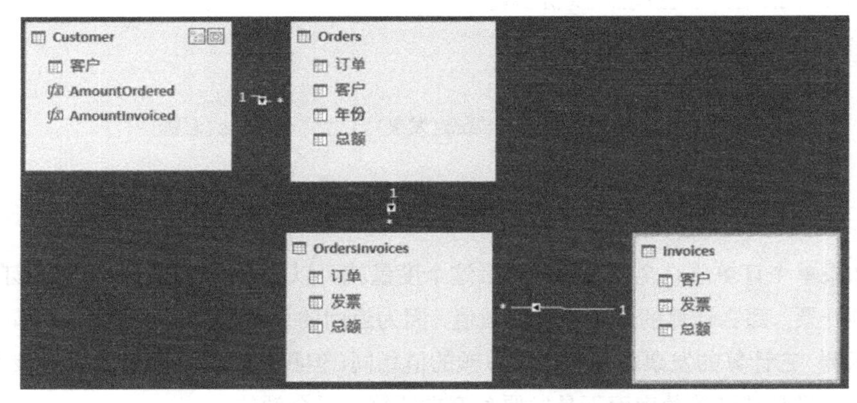

图 3-20　该结构构建了一个订单开具多张开票、一张发票包含了多个订单，以及订单和发票一一对应的表

该模型涉及订单和发票之间的多对多关系。一个订单可以开具多张发票，同时一张发票可以包含多个订单，每个订单的开票金额存储在 OrdersInvoices 表中。因此，每个订单可以在不同的发票中部分开票。

我们将在第 8 章中更详细地介绍如何处理多对多关系。对现在这个案例来说，用一个模型展示、处理发票和订单的正确关系是很有用的。在这里，我们故意违反星形模型的规则来构建正确的模型。事实上，OrdersInvoices 表既不是事实表，也不是维度表。它类似于事实表，因为它包含金额度量值，并且与发票维度相关，也与订单相关。Orders 表同时是事实表和维度表。从技术角度来说，OrdersInvoices 表被称为**桥接表**，因为它充当 Orders 表和 Invoices 表之间的桥梁。

现在，开票金额存储在桥接表中，计算被选定订单的开票金额的公式与前一个公式略有不同，具体代码如下。

```
AmountInvoiced := SUM ( OrdersInvoices[总额] )
```

你现在可以轻松确定每个订单的订单金额和开票金额，并且可以获得图 3-21 所示的报告。

客户	订单	AmountOrdered	AmountInvoiced
⊟John	1	100.00	100.00
	4	400.00	400.00
	7	500.00	500.00
	10	100.00	100.00
	13	400.00	400.00
	16	500.00	300.00
John 汇总		**2000.00**	**1800.00**
⊟Melanie	3	500.00	500.00
	6	500.00	500.00
	9	500.00	500.00
	12	500.00	250.00
	15	500.00	100.00
	18	500.00	150.00
Melanie 汇总		**3000.00**	**2000.00**
⊟Paul	2	250.00	250.00
	5	1000.00	1000.00
	8	750.00	750.00
	11	250.00	250.00
	14	1000.00	750.00
	17	750.00	600.00
Paul 汇总		**4000.00**	**3600.00**

图 3-21　你可以使用桥接表生成一个报告，显示所需的订单金额和开票金额

本章小结

在本章中，你学习了如何使用多张事实表应对不同的场景，这些事实表又通过维度表或桥接表相互关联。你在这一章学到的最重要的内容如下。

- 如果反规范化太严重，表就会达到过度反规范化的程度。在这种情况下，不可能同时筛选不同的事实表。你必须构建一组合适的维度表来纠正这一点，以便能够从不同的事实表中切片。
- 虽然可以利用 DAX 处理过度反规范化的场景，但是 DAX 代码会很快变得非常复杂且难以处理。优化数据模型可以使代码更加容易被编写。

- 维度表和事实表之间的复杂关系会导致模型存在歧义，DAX 引擎无法处理这些有歧义的模型。此时，用户必须通过复制一些表或对其列进行反规范化，在数据模型级别上解决歧义问题。
- 订单和发票等复杂模型涉及多张事实表。你必须以构建一张桥接表并以正确的方式对它们建模，以便信息与正确的实体相关。

第 4 章

处理日期和时间

在商业模型中，你经常需要计算年初至当日值（Year-To-Date，简称 YTD）、年同期比（Year-Over-Year，简称 YOY）和增长率。在科学的模型中，你可能需要根据以前的数据进行预测，或者检查往期数字的准确性。几乎所有这些模型都和时间有关。因此，我们专门设立了这一章来讨论日期和时间。

我们在专业术语中通常把时间称为时间维度，这代表你通常会使用日历表按年、月或日对数据进行切片。然而，时间不是一个普通的维度，而是一个非常特殊的维度，要想以正确的方式创建维度，你需要做一些特殊的考虑。

本章展示了一些场景，并为每个场景提供了一个数据模型。有些案例非常简单，有些则需要编写非常复杂的 DAX 代码才能解决。我们的目标是向你演示示例中的数据模型，并让你更好地了解如何正确地对日期和时间维度进行建模。

创建一张日期维度表

时间是一个维度，但仅靠事实表中包含事件的日期信息的简单列是不够的。例如，如果需要使用图 4-1 所示的模型来创建报告，你将很快发现仅使用自身的日期字段不足以生成有用的报告。

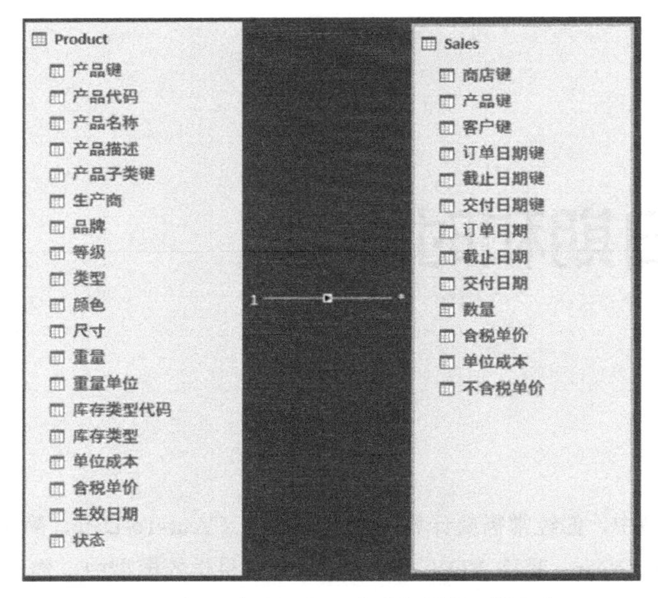

图 4-1 Sales[订单日期]列包含订单的日期信息

通过使用 Sales 表中的日期列，你可以按“天”聚合需要的信息。但是，当需要按“年”或按“月”聚合它们时，你需要额外的列。你可以通过在 Sales 表（事实表）中直接创建一组计算列轻松地解决这个问题（这不是最佳解决方案，因为这会阻碍你使用时间智能函数），也可以使用以下简单的公式创建一组包含 Sales[年] 、Sales[月]和 Sales[月份值]的计算列。

```
Sales[年] = YEAR('Sales'[订单日期])
Sales[月] = FORMAT('Sales'[订单日期],"MMMM")
Sales[月份值] = MONTH('Sales'[订单日期])
```

显然，Date[月份值]列对于以正确方式排序 Date[月]列非常有用。当你的数据模型包含这些列时，你就能使用 Power BI Desktop 和 Excel 数据模型中的按列排序功能了，如图 4-2 所示。这些列非常适合创建按时间切片销售金额之类的报告。

但这个模型有几个问题。例如，当你需要按日期切片 Purchases 表时，你最终会像在 Sales 表中一样需要创建计算列。而且，因为这些列归属各自的事实表，所以你不能使用 Sales[年]列来切片 Purchases 表。你应该还记得：在第 3 章中，你需要一张维度表来正确地同时切片两张事实表。通常，在日期维度表中还会有许多列——如财务年度列、财务月份列、假期列和工作日列等。将所有这些列存储在一个易于管理的日期维度表中有很多优点。

行标签	SalesAmount
⊟2007	
January	101,097.29
February	108,553.23
March	119,707.79
April	121,085.76
May	123,413.45
June	121,707.42
July	139,381.04
August	87,384.12
September	155,276.08
October	99,872.58
November	122,522.73
December	159,214.23
⊞2008	1,122,534.46
⊞2009	1,242,533.52
总计	3,824,283.70

图 4-2　该报告使用事实表中的计算列显示按日期维度划分的[SalesAmount]

增加维度表还有一个更重要的原因：以事实表中的时间列来实现 DAX 中的时间智能函数计算会十分复杂，而使用日期维度表则十分方便。（译者注：为了和其他介绍 DAX 的资料保持一致，后文开始将日期维度表统一简称为日期表。）

让我们用一个示例来详细说明这个概念。假设你想计算[SalesAmount]的 YTD 值。如果只依赖事实表中的时间列，公式会非常复杂，如下面所示。

```
SalesYTD :=
VAR CurrentYear = MAX ( Sales[年] )
VAR CurrentDate = MAX ( Sales[订单日期] )
RETURN
CALCULATE (
    [SalesAmount],
    Sales[订单日期] <= CurrentDate,
    Sales[年] = CurrentYear,
    ALL ( Sales[月] ),
    ALL ( Sales[月份值] )
)
```

这段代码需要完成以下具体工作。

1. 在订单日期上应用筛选器以筛选最后可见日期之前的日期。

2. 在年上应用筛选器，注意只显示最后一个可见的年，以防筛选器的上下文中有多个年。

3. 从 Sales[月]中清除所有筛选器。

4．从 Sales[月份值]中清除所有筛选器。

注意　如果你不熟悉 DAX 语言，那么深入了解这个公式的工作原理是一项很好的脑力训练，这可以帮助你更好地了解筛选上下文和变量一起工作的方式。

运行这段代码的结果如图 4-3 所示。然而，完全没必要把公式编写得这么复杂。这个公式最大的问题是无法使用为实现时间智能计算而专门内置的时间智能函数，因为时间智能函数必须依赖日期表。

行标签	SalesAmount	SalesYTD
⊟2007	1,459,215.72	1,459,215.72
January	101,097.29	101,097.29
February	108,553.23	209,650.52
March	119,707.79	329,358.31
April	121,085.76	450,444.07
May	123,413.45	573,857.52
June	121,707.42	695,564.94
July	139,381.04	834,945.98
August	87,384.12	922,330.10
September	155,276.08	1,077,606.18
October	99,872.58	1,177,478.76
November	122,522.73	1,300,001.49
December	159,214.23	1,459,215.72
⊞2008	1,122,534.46	1,122,534.46
⊞2009	1,242,533.52	1,242,533.52
总计	3,824,283.70	1,242,533.52

图 4-3　[SalesYTD]计算出了正确的值，但它的公式太复杂了

如果你通过添加一个日期表（如图 4-4 所示）来更新数据模型，则公式的编写将变得更加容易。

此时，你可以使用预定义的时间智能函数来编写[SalesYTD]的公式，具体内容如下。

```
SalesYTD :=
CALCULATE (
    [SalesAmount],
    DATESYTD ( 'Date'[日期] )
)
```

注意　这不仅适用于计算 YTD。在使用日期表时，计算所有时间智能度量值都很方便。

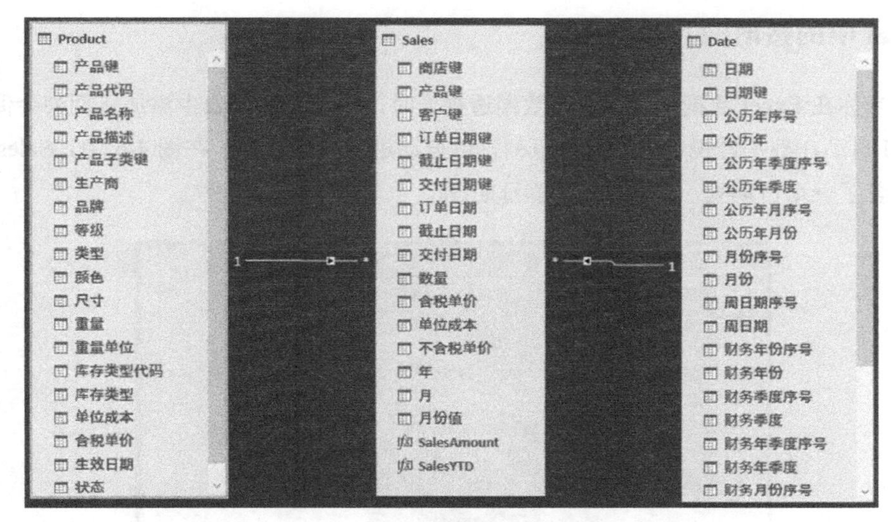

图 4-4　向模型中添加日期表使公式更加容易被编写

通过使用日期表，你能实现如下目标。

- 简化度量值的编写。
- 建立相关的报告所需要的日期与时间列都可以通过日期表来定义。
- 改善查询的性能。
- 使得查询更容易。

上面提到的都是优点，那缺点是什么呢？在这个案例里使用日期表没有缺点！在模型中加入日期表只会产生优势。你应该养成每当构建数据模型时就创建一张日期表的习惯，避免陷入单纯使用计算列的陷阱，不然，你迟早会为使用计算列而后悔。

使用时间维度自动分组

在 Excel 2016 和 Power BI Desktop 中，微软构建了两个自动化系统来实现时间智能，但这两个工具的实现机制不同。我们将在本节讨论两种具体的时间智能机制。

注意　你将在本节了解到为何不鼓励你使用这两种系统，因为它们不能给你的模型提供必要的灵活性和易用性。

Excel 中的按时间自动分组

当你在 Excel 数据模型上使用数据透视表时，向数据透视表中添加日期列会促使 Excel 自动在数据透视表中生成一组列，以自动进行日期计算。在图 4-5 中，Sales 表只包含了一个日期列，即 Sales[订单日期]列。

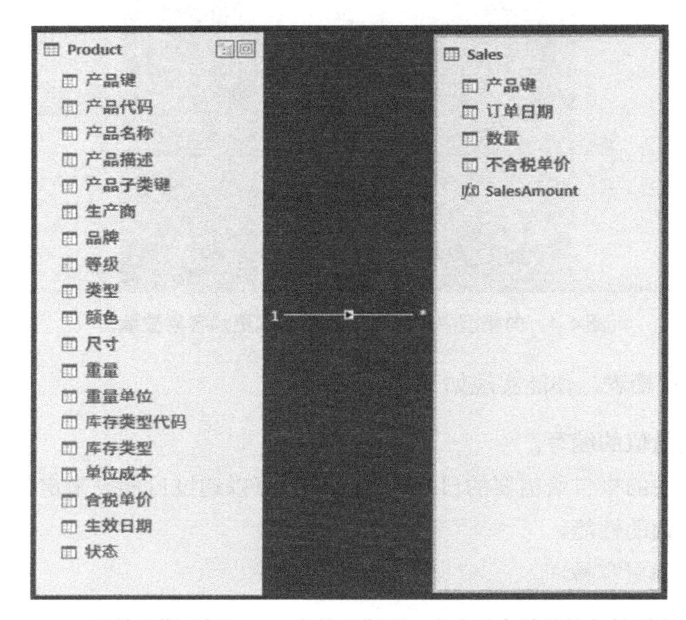

图 4-5　Sales[订单日期]列是 Sales 表的日期列，表中没有单独的年份列和月份列

如果你在数据透视表的值区域中放入 [SalesAmount] 度量值，并在行区域中放入 Sales[订单日期]列，你将注意到一个小延迟。然后，令人惊讶的是，你将看到图 4-6 所示的数据透视表，而不是直接的 Sales[订单日期]。（译者注：结果在 Excel 2013 和 Excel 2016 中可能不一样。）

为了按年切片这个透视表，Excel 向 Sales 表自动添加了按照年、季度和月等组合构成的列，如果重新打开数据模型就可以看到这些自动创建的计算列。结果如图 4-7 所示，其中突出显示了 Excel 添加的新列。

注意，Excel 所做的操作正是我们建议你避免的：为了切片需要而在表中创建一组与日期相关的列。如果对另一张事实表执行相同的操作，也将获得一组新的列，但这两个组列不能交叉筛选事实表。而且当这组列在大型数据集的事实表中被创建的话，会占用很多 Excel 文件的空间，在创建时也会消耗很多计算时间。

行标签	SalesAmount
⊟2007	1,459,215.72
⊞季度1	329,358.31
⊞季度2	366,206.63
⊞季度3	382,041.24
⊟季度4	381,609.54
⊞10 月	99,872.58
⊞11 月	122,522.73
⊞12 月	159,214.23
⊞2008	1,122,534.46
⊞2009	1,242,533.52
总计	3,824,283.70

图 4-6　数据透视表会自动按年和季度分组日期，即使模型中原本没有这些列（译者注：早期的版本的 Excel 会自动分组，如果对照操作没有自动分组，也可以使用透视表的分组功能手动分组以观察 Excel 的处理方式）

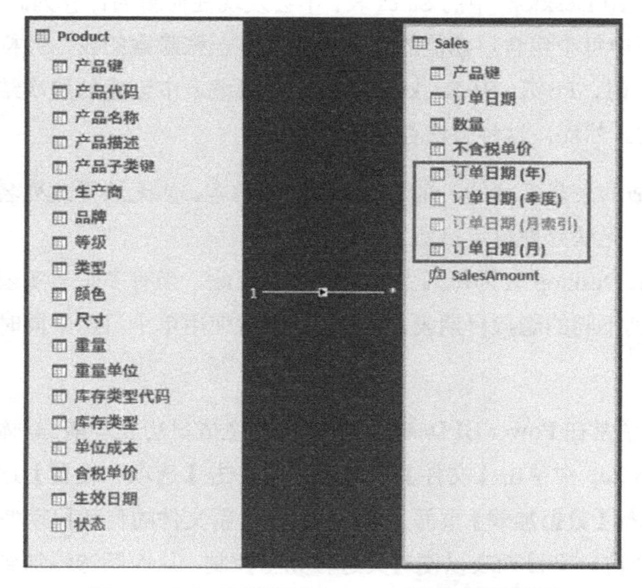

图 4-7　Sales 表出现了由 Excel 自动创建的新列

Power BI Desktop 中的按时间自动分组

Power BI Desktop 试图通过一些自动化步骤来简化时间智能计算。尽管 Power BI Desktop 的自动化程度略高于 Excel，但它仍不是针对时间智能的最佳解决方案。

如果在 Power BI Desktop 中使用图 4-7 所示的数据模型，并使用 Sales[订单日期]列构建一个矩阵，则会得到图 4-8 所示的可视化结果。

年	季度	月份	日	SalesAmount
2007	季度 1	January	2	29,314.61
			3	10,574.90
			4	550.12
			5	4,461.30
			7	3,028.63
			9	1,548.00
			10	1,043.05
			11	2,763.48
			12	649.26
			13	548.65
			15	7,233.71
			16	6,389.90

图 4-8 矩阵显示了年、季度和月份、日列，尽管这些列不在模型的表里面

与 Excel 类似，Power BI Desktop 自动生成日历层次结构，当然，技术是不同的。如果查看 Power BI Desktop 中的 Sales 表，不会发现任何新的计算列。其实，Power BI Desktop 为模型中每个包含日期值的列单独生成了一张隐藏的表，并构建了必要的关系。按日期切片时，Power BI Desktop 就使用在隐藏表中创建的层次结构。这种方法比 Excel 更聪明。然而，这种方法存在如下限制。

- 自动生成的表是隐藏的，你无法修改它的内容。如无法更改列名或数据的排序方式，也无法处理财年日历。
- Power BI Desktop 会为每列生成一张表。因此，当有多张事实表时，它们会各自连接到不同的隐藏日期表，这样，就不能使用单个日历来同时切片多张事实表。

因此，我们通常在 Power BI Desktop 禁用自动生成日历表功能。具体操作步骤为：在 Power BI Desktop 中单击【文件】选项卡，再单击【选项和设置】选项以打开【选项】对话框，选择【数据加载】页面，并取消选择【新文件的自动日期/时间】复选框。我们会配置一个自定义日期表以便对其进行完全控制，从而筛选添加到模型中的所有事实表，建议你也这样做。

处理多个日期维度

一张事实表可能包含多个日期列。例如，在 Contoso 数据库中，每个订单记录都有三个不同的日期：订单日期、截止日期和交付日期。此外，不同的事实表可能分别包含日期列。因此，数据模型中日期列的数量通常很多。当有多个日期时，创建模型

的正确方法是什么？答案非常简单：除一些非常特殊的场景之外，整个模型中应该只有一张日期表。本节将解释使用单张日期表的原因。

如前文所述，Sales 表中有三个日期字段可用于将 Sales 表与 Date 表关联起来。你可以尝试在两张表之间基于三个含有日期的列创建多个关系。你创建的第一个关系将被激活，而接下来的两个关系在被创建后将处于非活动状态，如图 4-9 所示。

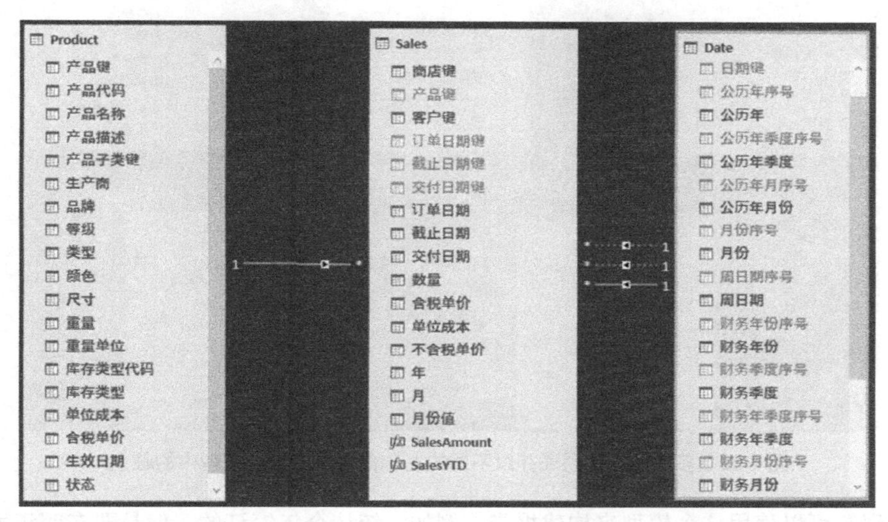

图 4-9　在 Sales 表和 Date 表之间的三个关系中，只有一个是活动的（一条实线），其他关系是非活动的（虚线）

可以在计算时使用 USERELATIONSHIP 函数临时激活非活动的关系，这是我们稍后将在一些公式中使用的技术。当你在数据透视表或报表中使用此数据模型时，任何公式都不会使用非活动关系。比如，用户无法在使用 Excel 数据透视表时指定激活某个特定关系。

注意　因为分析引擎不能创建包含歧义的数据模型，所以有些关系不能被激活。当有多条逻辑路径可以从一张表（本例中为 Sales 表）开始并到达另一张表（本例中为 Date 表）时，模型就会出现歧义。假如你希望在 Sales 表中创建一个包含传递关系（Date[公历年]）的计算列，如果关系都是活动的，DAX 就不知道该使用这三个关系中的哪一个。基于这个原因，活动的关系只能有一个。默认的活动关系可以对表进行关联并决定了相关的表和自动筛选上下文的传递行为。

因为使用非活动关系不可行，你需要通过复制维度表来修改数据模型。在我们的示例中，可以加载三次日期表：一次用于记录订单日期，一次用于记录截止日期，一次用于记录交付日期。这样，你应该能够获得图 4-10 所示的清晰模型。

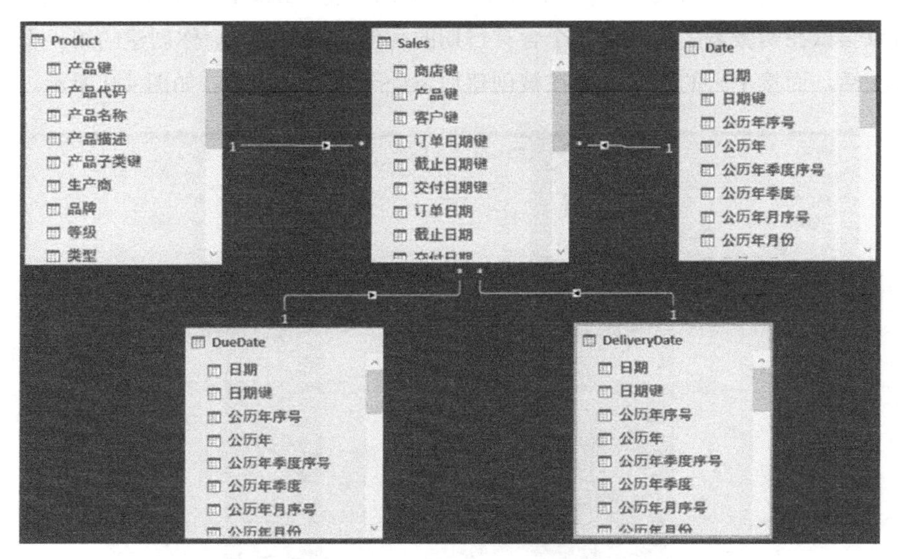

图 4-10　多次加载日期表并以不同的名称命名可以消除模型中的歧义

现在可以使用这个模型来构建报告，例如，统计今年签订的、但是要在明年才能交付的订单，如图 4-11 所示。

SalesAmount	列标签				
行标签	CY 2007	CY 2008	CY 2009	CY 2010	总计
2007	1,412,267.28	46,948.44			1,459,215.72
2008		1,092,619.69	29,914.77		1,122,534.46
2009			1,193,050.69	49,482.83	1,242,533.52
总计	1,412,267.28	1,139,568.13	1,222,965.46	49,482.83	3,824,283.70

图 4-11　报告显示了当年签订但第二年才交付的订单的金额、当年对应的销售额及后续年份的销售额

乍一看，图 4-11 中的数据透视表很难被阅读，要快速确认交付年份是行分布的还是列分布的非常困难。你可以通过分析数字推断出交付年份是按列分布的，因为交付行为总是在订单产生之后发生的。然而，这并不是一份设计良好的报告应有的效果。

通常，我们会用 OY 前缀表示订单年，DY 前缀表示交付年，如图 4-12 所示。这两个前缀能使报表更容易被理解。

SalesAmount	列标签				
行标签	DY 2007	DY 2008	DY 2009	DY 2010	总计
OY 2007	1,410,787.61	48,428.11			1,459,215.72
OY 2008		1,096,993.07	25,541.39		1,122,534.46
OY 2009			1,196,024.41	46,509.11	1,242,533.52
总计	1,410,787.61	1,145,421.18	1,221,565.80	46,509.11	3,824,283.70

图 4-12　更改订单年份和交付年份的前缀可以使报告更容易被理解

到目前为止，你似乎可以轻松处理多个日期。方法是根据需要多次复制 Date 表，向列名添加前缀来重命名列，以使报表易于被阅读。这在某种程度上是正确的做法，但这里更重要的是需要了解如何应对拥有多张事实表时可能发生的情况。当你向数据模型中添加其他事实表（如 Purchases 表）时，场景将变得非常复杂，如图 4-13 所示。

将 Purchases 表简单地添加到模型中会增加三个日期列，因为 Purchases 表也有订单日期、交付日期和截止日期信息。这时的场景对应的模型需要更多的技术来被正确地设计。实际上，你可以继续向模型添加三张额外的日期表，让一个模型中出现六张日期表。但过多的日期表会让用户感到疑惑。该模型虽然非常强大，但使用起来并不容易被理解，因而导致用户体验不佳。除此之外，你能想象当添加更多的事实表时会发生什么情况吗？这种维度表数量的爆炸式增长一点也不好。

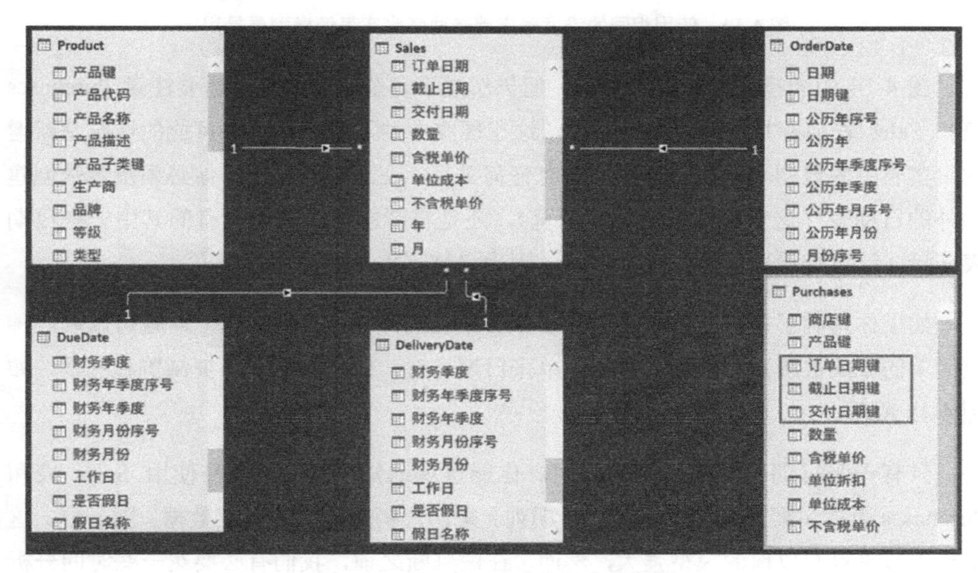

图 4-13　Purchase 表也有三个日期列

另一个选择是使用模型中已经存在的三张日期表同时连接 Sales 表和 Purchases

表。因为订单日期和另外两个日期都共存于 Sales 表和 Purchases 表中，所以数据模型如图 4-14 所示。

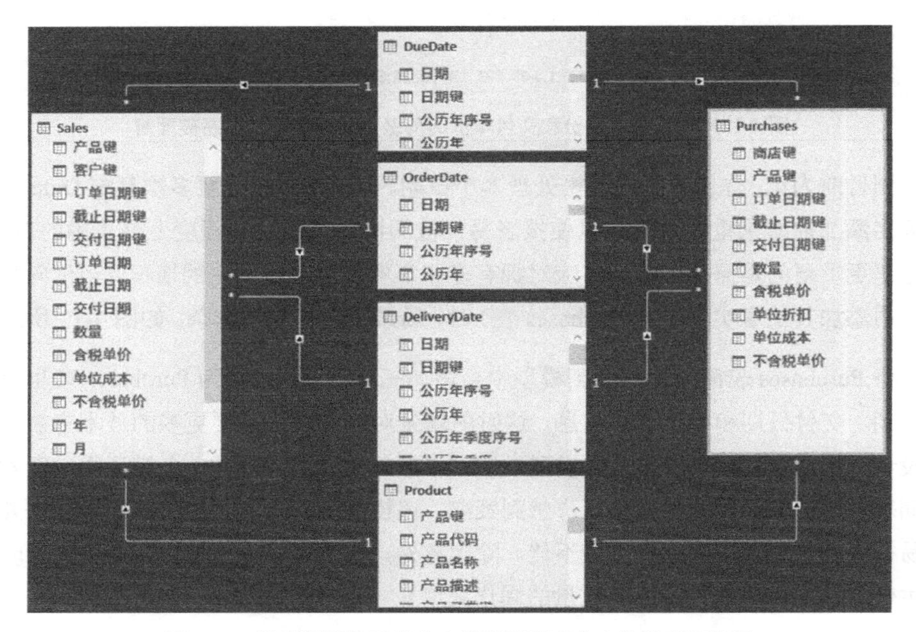

图 4-14 使用相同的维度表来筛选两张事实表使模型更易用

图 4-14 中的模型虽然更加易用，但仍然过于复杂。此外，还需要注意 Purchases 表和 Sales 表拥有共用的三张日期表，这在现实中并不常见。更多可能的情况是新增的事实表中的日期与前面的事实表没有任何关系。在这种情况下，你必须决定是创建额外的日期表（这使得模型更难被浏览），还是将新的事实表与现有的其中一张日期表连接（这可能导致不好的用户体验，因为名称不太可能完全匹配）。

如果你抑制了自己在模型中创建多张日期表的冲动，那么，这个问题可以以一种更简单的方式被解决。当你坚持使用单张日期表时，模型将更容易被浏览和理解，如图 4-15 所示。

只有一张日期表的模型非常好用。你能直观地知道 Date 表将使用 Sales 表和 Purchases 表的主要日期列（即订单日期列）来切片销售数据和购买数据。乍一看，这个模型似乎没有以前的模型强大，然而，在做判断之前，我们有必要花一些时间分析一下拥有多张日期表的模型和拥有单张日期表的模型在分析能力方面的差异。

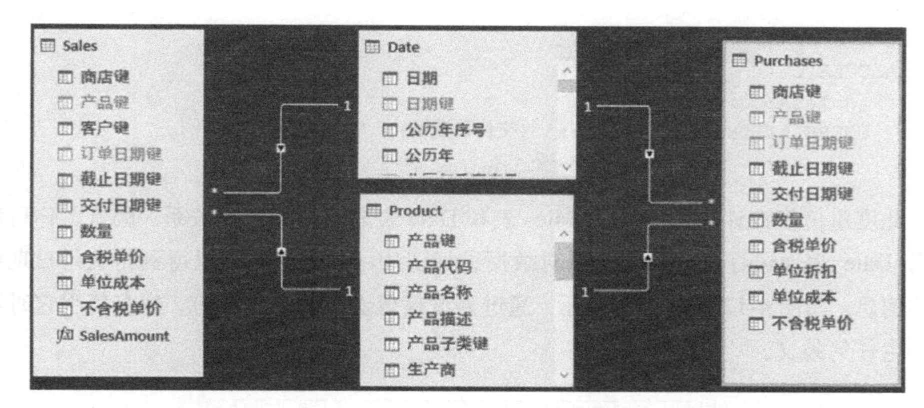

图 4-15　在这个简单的模型中只有一张日期表同时连接两张事实表的订单日期

向用户提供多张日期表从而使用多张日期表生成报告是一种可行的方案。在前面的示例中，这对于同时计算销售金额和发货金额可能很有用。但真正的问题是你是否必须使用多张日期表来显示这种数据？答案是否定的。你可以通过创建特定度量值来轻松解决这个问题，而不需要更改数据模型。

如果你想要比较销售金额和发货金额，可以在 Sales 表和 Date 表之间根据交付日期键创建非活动关系，然后，在具体的度量值中临时激活关系。在示例中，你可以在 Sales 表和 Date 表之间添加一个非活动的关系，得到图 4-16 所示的模型。

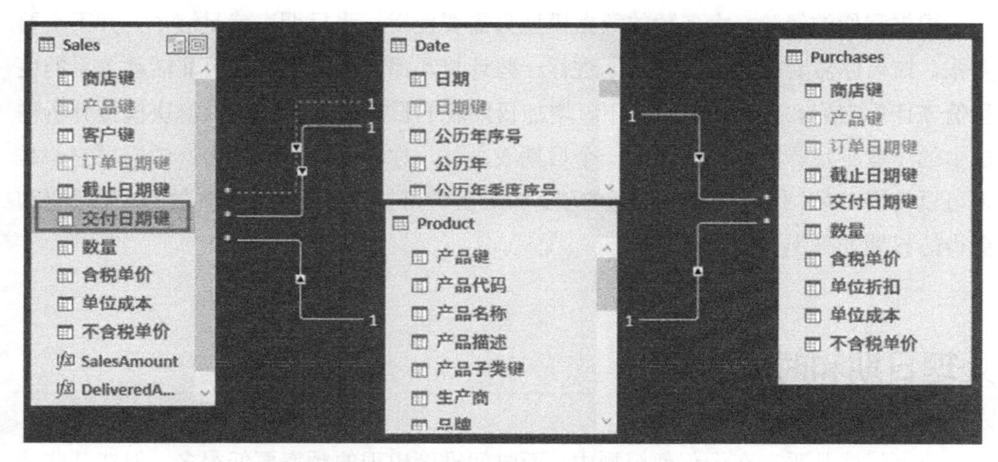

图 4-16　交付日期键和日期键之间的关系在模型中，但它是非活动的

一旦建立了这种关系，你就可以按照以下方式编写[DeliveredAmount]（交付金额）度量值。

```
DeliveredAmount :=
CALCULATE (
   [SalesAmount],
   USERELATIONSHIP ( 'Sales' [交付日期键], 'Date'[日期键] )
)
```

此度量值仅在计算期间激活 Sales 表和 Date 表之间的非活动关系。因此，你可以使用 Date 表通过订单日期的关系对数据进行切片，同时仍然可以得到与交付日期相关的信息，如图 4-17 中的报告所示。通过为度量值选择合适的名称，你在使用它时不会产生任何歧义。

行标签	SalesAmount	DeliveredAmount
CY 2007	1,459,215.72	1,410,787.61
CY 2008	1,122,534.46	1,145,421.18
CY 2009	1,242,533.52	1,221,565.80
CY 2010		46,509.11
总计	**3,824,283.70**	**3,824,283.70**

图 4-17　[DeliveredAmount]使用了基于交付日期列的关系，但它的逻辑隐藏在度量值中

因此，简单的原则就是为整个模型创建一张日期表。显然，这不是一个需要严格遵守的原则。在某些情况下，拥有多张日期表有它的意义，但这必须经过充分的论证来证明处理多张日期表的合理性。

根据我们的经验，大多数的数据模型只需要使用一张日期表就足够了，并不需要多张。如果你需要使用不同的日期进行一些计算，那你可以创建利用非活动关系的度量值来计算它们。在大多数情况下，增加日期表的日期维度属性可以解决模型分析需求中的一些不足。因此，在新增一个日期表之前，你需要问自己是否真的需要它，是否可以使用 DAX 代码计算出相同的值。如果后者可行，那么使用更多的 DAX 代码和更少的日期表是不错的选择。

处理日期和时间

日期维度几乎存在于任何模型中，而时间维度出现的频率要低得多。但在某些情况下，日期和时间都是重要的维度，此时你需要充分考虑如何处理它们。

首先，需要注意的是日期表通常不能包含时间信息。DAX 语言要求在使用任何时间智能函数前，先标记日期表。而标记为日期表的表中存储日期/时间值的列应该是

日期颗粒度的，而不是时间颗粒度的（译者注：即日期表的单行仅代表 1 天）。如果使用包含时间信息（小于天的时、分、秒等）的日期表，DAX 引擎虽然不会报错，但是会造成时间智能函数无法被正确使用。

如果你还需要处理时间维度，应该怎么做呢？最简单、最有效的解决方案是为日期创建一张维度表，再为时间创建一张单独的维度表。你可以通过在 Power Query 中使用一段简单的 M 代码轻松创建一张时间维度表，具体代码如下（译者注：你可以创建一个空查询，然后在高级编辑器中粘贴代码）。

```
let
    StartTime = #datetime(1900,1,1,0,0,0),
    Increment = #duration(0,0,1,0),
    Times = List.DateTimes(StartTime, 24*60, Increment),
    TimesAsTable = Table.FromList(Times,Splitter.SplitByNothing()),
    RenameTime = Table.RenameColumns(TimesAsTable,{{"Column1", "时间"}}),
    ChangedDataType = Table.TransformColumnTypes(RenameTime,{{"时间", type
        time}}),
    AddHour = Table.AddColumn(ChangedDataType, "小时", each Text.PadStart
      (Text.From(Time.Hour([时间])), 2, "0" )),
    AddMinute = Table.AddColumn(AddHour,"分钟", each
        Text.PadStart(Text.From(Time.Minute([时间])), 2, "0" )),
    AddHourMinute = Table.AddColumn(AddMinute, "小时分钟", each [小时] & ":"
        & [分钟] ),
    AddIndex = Table.AddColumn(AddHourMinute,"时间索引", each Time.Hour([时
      间]) * 60 + Time.Minute([时间])),
    Result = AddIndex,
    changedType = Table.TransformColumnTypes(Result,{{"小时", type text},
      {"分钟", type text}, {"小时分钟", type text}, {"时间索引", type text}})
in
    changedType
```

该 M 代码生成一个类似图 4-18 所示的表。该表包含一个时间索引列（数字从 0 到 1439），你可以使用它关联事实表来切片数据。如果你的表包含不同的时间列，你可以轻松修改前面的代码，以生成作为主键的时间。

Time[时间索引]列的值是通过将小时数乘以 60 并与分钟数求和来计算的，因此，在事实表中可以很容易地构建相应的外键。这些计算应在导入数据模型前完成。

使用单独的时间表可以按小时、分钟或可能添加到时间表中的不同列对数据进行切片。使用比较频繁的选项是时间段（上午、下午或晚上）或时间范围（如每小时），图 4-19 所示的报告使用的是时间范围。

时间	小时	分钟	小时分钟	时间索引
0:00:00	00	00	00:00	0
0:01:00	00	01	00:01	1
0:02:00	00	02	00:02	2
0:03:00	00	03	00:03	3
0:04:00	00	04	00:04	4
0:05:00	00	05	00:05	5
0:06:00	00	06	00:06	6
0:07:00	00	07	00:07	7
0:08:00	00	08	00:08	8
0:09:00	00	09	00:09	9
0:10:00	00	10	00:10	10
0:11:00	00	11	00:11	11
0:12:00	00	12	00:12	12

图 4-18　这是一张使用 Power Query 生成的简单的时间维度表

SalesAmount	列标签			
行标签	CY 2007	CY 2008	CY 2009	总计
From 06:00 to 07:00	79,518.53	47,981.24	67,825.27	195,325.04
From 07:00 to 08:00	27,692.08	39,036.72	37,788.84	104,517.64
From 08:00 to 09:00	54,368.18	52,602.78	56,441.82	163,412.78
From 09:00 to 10:00	69,017.29	55,524.41	55,657.80	180,199.50
From 10:00 to 11:00	63,355.03	49,343.91	44,823.35	157,522.29
From 11:00 to 12:00	51,625.52	49,563.17	42,184.84	143,373.53
From 12:00 to 13:00	52,189.07	29,557.31	45,532.98	127,279.36
From 13:00 to 14:00	47,517.61	35,557.72	46,450.41	129,525.74
From 14:00 to 15:00	74,327.69	52,080.08	45,249.42	171,657.19
From 15:00 to 16:00	48,098.39	46,725.39	37,985.18	132,808.96
From 16:00 to 17:00	43,919.22	36,328.45	53,859.32	134,106.99
From 17:00 to 18:00	62,586.59	47,388.07	47,082.16	157,056.82
From 18:00 to 19:00	64,856.59	40,480.25	74,347.63	179,684.47
From 19:00 to 20:00	68,391.55	32,012.34	52,723.13	153,127.02
From 20:00 to 21:00	49,009.46	48,286.46	64,093.74	161,389.66
总计	**856,472.80**	**662,468.30**	**772,045.89**	**2,290,986.99**

图 4-19　在示例中，时间维度对于生成按小时汇总销售额的报告很有用

但在有些情况下，你不需要按时间范围对数字进行汇总。有时你可能希望根据两个事件之间的小时差来计算数值；有时你需要计算两个时间记录之间发生的事件的数量，并且颗粒度级别低于天，如你可能想知道从 1 月 1 日上午 8 点到 1 月 7 日下午 1 点之间有多少客人进入商店。如何应对这些更高级的场景将在第 7 章中介绍。

实现时间智能的计算

如果你的数据模型是用正确的方式构建的，那么时间智能计算式将很容易被编写。

要实现时间智能的计算，你需要在日期表上应用一个可以筛选出你感兴趣的日期行的筛选器。你可以使用一组丰富的函数来获得这种筛选器，如使用一个简单的 YTD 计算。具体代码如下。

```
SalesYTD :=
CALCULATE (
    [SalesAmount],
    DATESYTD ( 'Date'[日期] )
)
```

DATESYTD 函数返回从当前选定时间段的 1 月 1 日开始到上下文中包含的最后一个日期之间的日期集。你可以通过组合其他有用的函数（如 SAMEPERIODLASTYEAR，PARALLELPERIOD 及 LASTDAY 等）来实现更复杂的聚合计算。例如，如果需要计算上一年度的 YTD，可以使用以下公式。

```
SalesPYTD :=
CALCULATE (
    [SalesAmount],
    DATESYTD ( SAMEPERIODLASTYEAR ( 'Date'[日期] ) )
)
```

另一个非常有用的时间智能函数是 DATESINPERIOD 函数，它返回给定时间段内的日期集，这对于计算平均值的移动非常有用。如在下面的案例中，DATESINPERIOD 函数返回以筛选上下文中的最后一个日期作为参考点回溯 12 个月的日期区间。

```
SalesAvg12M :=
CALCULATE (
    [SalesAmount] / COUNTROWS ( VALUES ( 'Date'[月份] ) ),
    DATESINPERIOD (
        'Date'[日期],
        MAX ( 'Date'[日期] ),
        -12,
        MONTH
    )
)
```

你可以在图 4-20 中看到这个平均值。

行标签	SalesAmount	SalesAvg12M
⊞2007	1,459,215.72	121,601.31
⊞2008	1,122,534.46	93,544.54
⊟2009	1,242,533.52	103,544.46
January	71,828.10	94,146.73
February	59,979.79	94,048.61
March	71,327.84	94,596.82
April	103,551.13	93,559.02
May	160,137.37	96,306.40
June	93,484.70	96,630.97
July	145,604.18	101,094.04
August	98,972.24	97,565.06
September	90,457.16	95,765.43
October	91,664.94	98,482.57
November	133,481.68	100,581.83
December	122,044.39	103,544.46
总计	3,824,283.70	

图 4-20 该度量值计算了过去 12 个月的平均值

处理财年日历

你应该创建自己的日历表的另一个重要的原因是：它可以让你更方便地使用自定义日历表里面的财年日历。在更极端的情况下，你甚至可以使用周日历或季日历等更复杂的日历。

在处理财年日历时，并不需要在事实表中添加计算列。相反，你只需向日期表中添加一组维度列就可以同时使用标准日历和财年日历进行切片分析。假设你需要将 7 月作为财年的第一个月，让财年日历从 7 月 1 日开始到下一年的 6 月 30 日结束。在这种情况下，你需要修改日期表的日历，使其显示财务月份，还需要修改一些与财务日历一起工作的度量值公式。

首先，你需要在日期表中添加一组合适的列来保存财务月份信息（如果还没有的话）。有些人喜欢将 July（7 月）作为第一个财务月份的名称，而其他人则喜欢避免使用月份名称而是使用数字。因为通过使用数字，他们可以将月份展现为财务月 01，而不是 July （7 月）。在示例中，我们使用标准名称表示月份。

无论你喜欢哪种命名规则，都需要一个用于辅助排序的新增列来保存财务月份名称的序列。在标准日历中，有一个月份名称列，它按月份序号排序，因此，January（1 月） 放在第一位，December（12 月） 放在最后一位。在使用财务日历时，你希望将 July （7 月）作为第 1 个月，而将 June（6 月）作为最后一个月。因为不能使用不同的排序器对同一列进行排序，所以，需要在财务月份列中复制月份名称，并创建一个新的排序列，以你希望的方式对财务月份进行排序。

完成这些步骤之后，你可以使用日历表中的字段浏览模型，并以正确的方式对月份进行排序。然而，一些计算并不像预期的那样有效。例如，查看数据透视表中的 SalesYTD 计算列时，结果如图 4-21 所示。

行标签	SalesAmount	SalesYTD
⊟FY 2007	695,564.94	695,564.94
January	101,097.29	101,097.29
February	108,553.23	209,650.52
March	119,707.79	329,358.31
April	121,085.76	450,444.07
May	123,413.45	573,857.52
June	121,707.42	695,564.94
⊟FY 2008	1,286,922.50	523,271.72
July	139,381.04	834,945.98
August	87,384.12	922,330.10
September	155,276.08	1,077,606.18
October	99,872.58	1,177,478.76
November	122,522.73	1,300,001.49
December	159,214.23	1,459,215.72
January	64,601.76	64,601.76
February	61,157.29	125,759.05
March	64,749.33	190,508.38
April	116,004.71	306,513.09
May	127,168.79	433,681.88
June	89,589.84	523,271.72
⊞FY 2009	1,159,571.67	560,308.93
⊞FY 2010	682,224.59	

图 4-21　YTD 结算列的计算结果与财年日历不匹配

如果仔细查看数据透视表就可以看到 YTD 的值在 2008 年 January （1 月）而不是 July（7 月）被重置。这是因为一般的时间智能函数被设计用于处理标准日历，而不是自定义日历。部分时间智能函数有一个额外的参数来指导自定义日历的使用，计算 YTD 的 DATESYTD 函数就是其中之一。要使用财年日历计算 YTD，可以向 DATESYTD 函数添加第二个参数，指定日历结束的日期和月份，具体代码如下。

```
SalesYTDFiscal := CALCULATE (
    [SalesAmount],
    DATESYTD ( 'Date'[日期], "06/30" )
)
```

图 4-22 并排显示了带有标准 YTD 和财务 YTD 的数据透视表。

行标签	SalesAmount	SalesYTD	SalesYTDFiscal
⊟FY 2007			
January	101,097.29	101,097.29	101,097.29
February	108,553.23	209,650.52	209,650.52
March	119,707.79	329,358.31	329,358.31
April	121,085.76	450,444.07	450,444.07
May	123,413.45	573,857.52	573,857.52
June	121,707.42	695,564.94	695,564.94
⊟FY 2008			
July	139,381.04	834,945.98	139,381.04
August	87,384.12	922,330.10	226,765.16
September	155,276.08	1,077,606.18	382,041.24
October	99,872.58	1,177,478.76	481,913.82
November	122,522.73	1,300,001.49	604,436.55
December	159,214.23	1,459,215.72	763,650.78
January	64,601.76	64,601.76	828,252.54
February	61,157.29	125,759.05	889,409.83
March	64,749.33	190,508.38	954,159.16
April	116,004.71	306,513.09	1,070,163.87
May	127,168.79	433,681.88	1,197,332.66
June	89,589.84	523,271.72	1,286,922.50
⊞FY 2009	**1,159,571.67**	**560,308.93**	**1,159,571.67**
⊞FY 2010	**682,224.59**		**682,224.59**

图 4-22　截至 7 月时，SalesYTDFiscal 的值恢复到了正常

显然，不同的计算需求可能需要不同的方法，但是，DAX 提供的标准时间智能函数可以很容易地配合财年日历使用。在本章的最后一部分中，我们将讨论日历的另一种有用变体：周日历。

本书的重点在于告诉你：并不需要额外的表来处理财年日历。如果日期表的设计和使用得当，那么处理不同的日历就非常简单——只需要调整日期表即可。

如果你使用 Power BI Desktop 或 Excel 内置的日期表，那么你就不能享受使用时间智能函数的便利，从而不得不自己编写正确但复杂的公式。

计算工作日

你在计算工作日时需要考虑：通常，并非每一天都是工作日。一个场景是你可能想计算两个工作日代表的日期的差异，或者你可能想计算给定时间段内工作日的天数。在本节中，我们将从数据建模的角度讨论处理工作日的选项。

首先（也是最重要的）要考虑的是：当前的日期是否总是一个工作日？是否还有其他影响因素？如果你与不同国家的人一起工作，那么，当前的日期很可能是这个国

家或地区的工作日，却是另一个国家或地区的假日。因此，当前的日期到底是不是工作日取决于你以哪个国家或地区为判定条件。你要明白，基于国家或地区的情况不同，你可能需要设计很复杂的假日模型。我们先从比较简单的模型开始，针对单个国家或地区来构建工作日模型。

针对单个国家或地区的工作日模型

我们将从一个包含 Date 表、Product 表和 Sales 表的简单的数据模型开始，不过，我们重点关注 Date 表，如图 4-23 所示。

日期	日期键	公历年	月份序号	月份	周日期序号	周日期	工作日
2005年1月1日	20050101	CY 2005	1	January	7	Saturday	WeekEnd
2005年1月2日	20050102	CY 2005	1	January	1	Sunday	WeekEnd
2005年1月3日	20050103	CY 2005	1	January	2	Monday	WorkDay
2005年1月4日	20050104	CY 2005	1	January	3	Tuesday	WorkDay
2005年1月5日	20050105	CY 2005	1	January	4	Wednesday	WorkDay
2005年1月6日	20050106	CY 2005	1	January	5	Thursday	WorkDay
2005年1月7日	20050107	CY 2005	1	January	6	Friday	WorkDay
2005年1月8日	20050108	CY 2005	1	January	7	Saturday	WeekEnd
2005年1月9日	20050109	CY 2005	1	January	1	Sunday	WeekEnd
2005年1月10日	20050110	CY 2005	1	January	2	Monday	WorkDay
2005年1月11日	20050111	CY 2005	1	January	3	Tuesday	WorkDay
2005年1月12日	20050112	CY 2005	1	January	4	Wednesday	WorkDay

图 4-23　从一个简单的 Date 表开始我们的工作日分析

该表并不包含判断一天是否为工作日的信息。在这个案例中，我们用 Date[工作日]字段来标识工作日，非工作日则包含 Weekends（周末）和 Holidays（假日）。如果在当前国家中，周末是指周六和周日，那么，你可以轻松地创建一个计算列来判断一个日期是否是周末，如下面的代码所示（如果周末在不同的日子，那么，你需要依据特定场景更改公式）。

```
'Date'[是否工作日] =
INT (
    AND (
        'Date'[周日期序号] <> 1,
        'Date'[周日期序号] <> 7
    )
)
```

我们将判断产生的布尔值转换为整数，这样就可以对其进行求和来计算工作日的数量。因此，一个时期内的工作日数很容易计算，方法如下。

```
NumOfWorkingDays = SUM ( 'Date'[是否工作日] )
```

这个度量值计算出了正确的结果，如图 4-24 所示。

公历年	月份	NumOfWorkingDays
CY 2005	April	21
	August	23
	December	22
	February	20
	January	21
	July	21
	June	22
	March	23
	May	22
	November	22
	October	21
	September	22
	总计	260

图 4-24　[NumOfWorkingDays]计算出了所选时间段的工作日数量

至此，我们已经考虑了星期六和星期日的情况。但现实中还有法定假日需要考虑，我们可以从权威机构获得假日的信息（译者注：为了保证案例的一致性，这里使用了原书中的 2009 年美国假日的信息），然后，使用 Power BI Desktop 中的查询编辑器生成图 4-25 所示的表。

日期	假日名称	假期类型	周几
2009年1月1日	New Year's Day	Federal Holiday	Thursday
2009年1月19日	Martin Luther King Day	Federal Holiday	Monday
2009年2月16日	Presidents' Day	Federal Holiday	Monday
2009年5月25日	Memorial Day	Federal Holiday	Monday
2009年7月3日	Independence Day observed	Federal Holiday	Friday
2009年7月4日	Independence Day	Federal Holiday	Saturday
2009年9月7日	Labor Day	Federal Holiday	Monday
2009年10月12日	Columbus Day	Federal Holiday	Monday
2009年11月11日	Veterans Day	Federal Holiday	Wednesday
2009年11月26日	Thanksgiving Day	Federal Holiday	Thursday
2009年12月25日	Christmas Day	Federal Holiday	Friday

图 4-25　Holidays 表显示了美国假日的信息

如果 Holidays[日期]列可以作为主键（唯一值），那么，可以在 Date 表和 Holidays 表之间创建一个关系，以生成图 4-26 所示的模型。

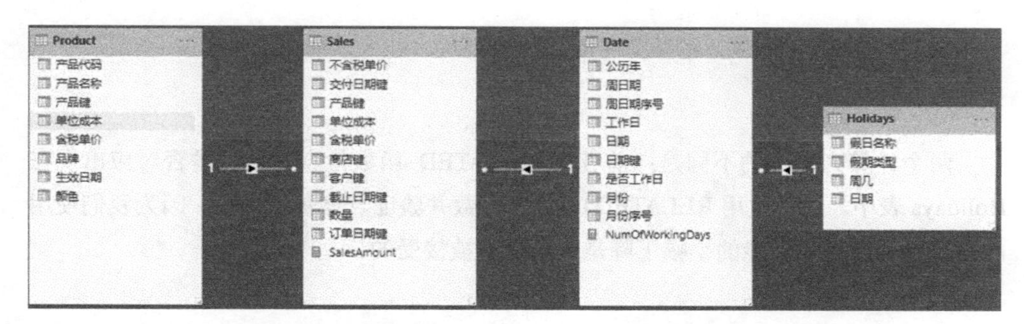

图 4-26 如果 Holidays[日期]列是主键，则 Holidays 表可以很容易地与模型关联

设置关系之后，你可以修改 Date[是否工作日]计算列的代码，以进一步判断相应的日期是否为工作日。这个计算列遵循以下规则。

如果某一天不是星期六或星期日，或不在假日表中，则该天为工作日，具体代码如下。

```
'Date'[是否工作日] =
INT (
   AND (
      AND (
         'Date'[周日期序号] <> 1,
         'Date'[周日期序号] <> 7
      ),
      ISBLANK ( RELATED ( Holidays[日期] ) )
   )
)
```

这个模型非常类似雪花模型，由于 Date 表和 Holidays 表的尺寸都很小，所以性能很不错。

如果 Holidays[日期]不能作为主键（如多个假日在同一天时），那么，假日表的某些日期将对应多行。在这种情况下，必须以一对多的形式修改关系，以 Date 表为目标，以 Holidays 表为源表（请记住：日期列必须是日期表中的主键），并更改代码如下。

```
'Date'[是否工作日] =
INT (
   AND (
```

```
        AND(
            'Date'[周日期序号] <> 1,
            'Date'[周日期序号] <> 7
        ),
        ISEMPTY( RELATEDTABLE(Holidays))
    )
)
```

两个计算列唯一的不同是：前者用 RELATED 函数检查日期值是否对应出现在 Holidays 表中，后者改用 RELATEDTABLE 函数并验证表格是否为空。因为我们使用的是计算列，所以性能的小幅下降是完全可以被接受的。

多个国家或地区的工作日模型

如前文所说，在你只需要管理一个国家或地区时，为假日建模是非常简单的。但如果需要处理不同国家或地区的假日时，事情会变得很复杂。因为你不能再依赖计算列去判断日期的属性。因为所选国家或地区的 Date[是否工作日]列可能有不同的值。

如果你只有两个国家或地区需要处理，那么，最简单的解决方案是在计算是否为假日时分别创建两个列（如 IsHolidayChina 和 IsHolidayUnitedStates），然后，在编写各种度量值时选择正确的列。但是，当你处理的国家的数量超过两个时，这种技术就不再可行。让我们先研究一下这个场景的复杂性。注意，Holidays 表的内容与前面不同。具体来说，Holidays 表包含一个新列（国家地区），该列标识定义假日的国家或地区。日期不再是一个主键，因为相同的日期在不同的国家或地区可能是假日，也可能是工作日，如图 4-27 所示。

日期	假日名称	假期类型	周几	国家地区
2009年1月1日	New Year's Day	National holiday	Thursday	China
2009年1月1日	New Year's Day	Federal Holiday	Thursday	United States
2009年1月1日	New Year's Day	National holiday	Thursday	Germany
2009年1月19日	Martin Luther King Day	Federal Holiday	Monday	United States
2009年1月25日	Spring Festival Eve	National holiday	Sunday	China
2009年1月26日	Chinese New Year	National holiday	Monday	China
2009年1月27日	Spring Festival Golden Week holiday	National holiday	Tuesday	China
2009年2月16日	Presidents' Day	Federal Holiday	Monday	United States
2009年4月5日	Qing Ming Jie	National holiday	Sunday	China
2009年4月13日	Easter Monday	National holiday	Monday	Germany

图 4-27　这个 Holidays 表包含了不同国家或地区的假日

这个数据模型与前一个模型略有不同，主要的区别是 Date 表和 Holidays 表之间的关系现在的方向与之前的方向相反，如图 4-28 所示。

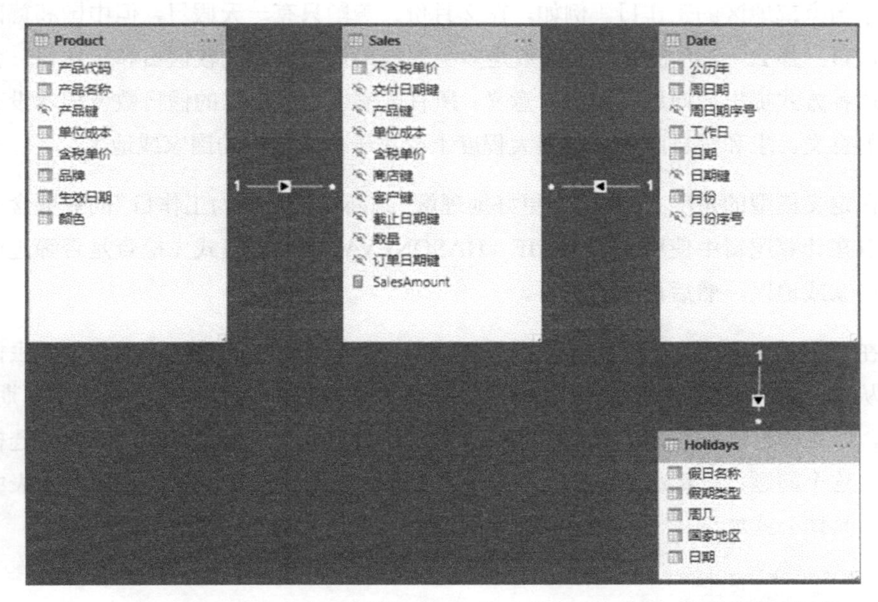

图 4-28 包含不同国家或地区的数据模型与针对单个国家或地区的数据模型相似

包含多个国家或地区的模型的问题在于：你需要更好地理解要具体计算出来的数字的意义。简单的问题（如 1 月有多少个工作日）可能具有不明确的含义。除非你指定了一个国家或地区，否则将无法简单地计算出工作日的数量。

为了更好地理解这个问题，请考虑图 4-29 中的报表。报表中的度量值只是对假日表的行进行计数，因此，它可以分别计算每个国家或地区假日的数量。

月份	China	Germany	United States	总计
January	4	1	2	**7**
February			1	**1**
April	1	1		**2**
May	2	2	1	**5**
June		1		**1**
July			2	**2**
September			1	**1**
October	4	1	1	**6**
November			2	**2**
December		2	1	**3**
总计	**11**	**8**	**11**	**30**

图 4-29 显示了各个国家或地区每个月假日的数量

这些数字对于每个给定的国家都是正确的，但是在每个月的汇总水平上，它们只是简单地进行了求和，这个总计没有考虑某一天可能是一个国家或地区的假日，却是另一个国家或地区的工作日。例如，在 2 月份，美国只有一天假日，但中国和德国都没有假日。那么，2 月份假日的总数是多少？如果你有兴趣比较假日和工作日，会发现以这种方式提出的问题几乎没有意义。所有国家或地区累计的假日数量根本没有业务上的意义。求和假日的含义在很大程度上取决于你所分析的国家或地区。

在定义模型的角度上，你需要更好地理解“判断一天是否为工作日”的业务含义。你可以在计算逻辑中使用 DAX 的 IF（HASONEVALUE()）模式先检查是否筛选出了某个国家或地区，然后再求和假日。

在写出最终公式之前，还有一点需要注意：你可能希望通过从总天数中减去假日数（从 Holidays 表中检索）来计算工作日数，但这样做并没有考虑星期六和星期日；而且，如果假日恰好是在周末，那么你只需考虑假日。你可以通过使用双向筛选模式来解决这个问题：计算既不是星期六也不是星期日，并且没有出现在 Holidays 表中的日期，具体公式如下。

```
NumOfWorkingDays :=
IF (
   OR (
      HASONEVALUE ( Holidays[国家地区] ),
      ISEMPTY ( Holidays )
   ),
   CALCULATE (
      COUNTROWS ( 'Date' ),
         AND ( 'Date'[周日期序号]<>1, 'Date'[周日期序号]<>7 ),
         EXCEPT ( VALUES ( 'Date'[日期] ), VALUES ( Holidays[日期] ) )
   )
)
```

在这个公式中有两个有趣的点。

- 你需要检查 Holidays[国家地区]是否只有一个值，以防在选择多个国家或地区时显示数字。同时，你需要检查 Holidays 表是否为空，因为在没有假日的月份中，Holidays[国家地区]列的值为零，HASONEVALUE 函数将返回 False。
- 作为 Calculate 函数的筛选器，你可以使用 EXCEPT 函数去获取非假日的日期。再将该集合与非周末的日期集合求交集，最终生成正确的结果。

但这个模型还不完美：我们假设周六和周日总是周末，但是有些国家或地区的周末是不一样的。如果你还需要考虑这一点，那么你必须使模型稍微复杂一些。你将需要一张额外的表，其中包含按国家或地区划分的周末工作日。因为有两个不同的表需要按国家或地区进行筛选，所以需要将国家或地区本身转换为维度。完整的模型如图 4-30 所示。

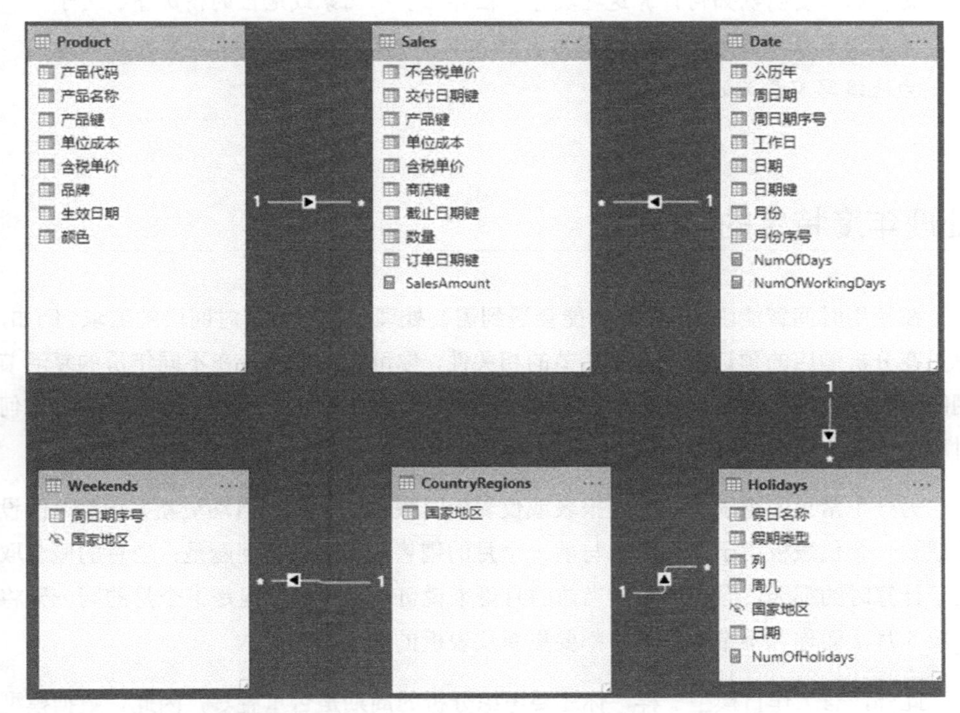

图 4-30　完整的模型包含一张专用的 Weekends 表和一张 CountryRegions 维度表

尽管可能有点难理解，但该代码其实比较简单，具体代码如下。

```
NumOfWorkingDays :=
IF (
   OR (
      HASONEVALUE ( Holidays[国家地区] ),
      ISEMPTY ( Holidays )
   ),
   CALCULATE (
      COUNTROWS ( 'Date' ),
      EXCEPT ( VALUES ( 'Date'[周日期序号] ), VALUES ( Weekends[周日期序号] ) ),
      EXCEPT ( VALUES ( 'Date'[日期] ), VALUES ( Holidays[日期] ) )
   )
)
```

后一个公式使用与 EXCEPT 函数相同的模式计算假日及工作日的数量。它考虑了在指定的国家或地区需要被视为非工作日的工作日的数量。

> **注意**　当模型变得更复杂时，你需要编写更复杂的 DAX 公式。更重要的是，你需要明确如何计算这些数字。在存在多个国家或地区的情况下，用于单个国家或地区的简单公式不再有效。作为一名数据建模师，你需要更加努力地编写有意义的公式。

处理年度特定的时间段

在使用时间智能函数时，你可能会遇到需要处理一年中特定时间段的需求。例如，你正在分析酒店的预订情况与复活节的相关性，你可能还想比较在不同年份的复活节期间酒店的表现。但是，复活节的具体日期在每年都不一样，因此，你需要确定如何对年份中的不同时期进行比较。

另一个常见的需求是在构建报表或仪表板时根据刷新日期自动更新其内容。假设你想要一个仪表板用于比较当月与前一个月的销售额，这时的问题是：当月的概念取决于计算时的那天，而当天对于当前的月份来说可能是 4 月，但是下个月的同一天将对应 5 月，而你并不希望每个月都要更新仪表板的筛选器。

此外，与工作日模型一样，你还要考虑分析的周期是否重叠等，因此，数据模型也会存在差异。

处理非重叠日期区间

如果你想要分析的日期区间是非重叠的，那么，数据模型就比较容易构建。与前几节中处理假日的方法类似：首先，你需要一个参数表来存储要分析的日期区间。在我们的示例中，我们创建了一个包含 2008 年、2009 年和 2010 年的 Easter（复活节）和 Christmas（圣诞节）的表，因为我们希望它们是一个时间段，而不是单个日期（就像假日一样），所以，参数表如图 4-31 所示。

日期	后几天	前几天	描述
2009年4月12日	4	3	Easter
2008年3月23日	4	3	Easter
2010年4月4日	4	3	Easter
2009年12月25日	2	1	Christmas
2008年12月25日	2	1	Christmas
2010年12月25日	2	1	Christmas

图 4-31 SpecialPeriods 表中的特殊日期

每个复活节都是以某个日期为参考点前后跨越的时期，是一个持续多天的假日。即使 SpecialPeriods 表中包含用作主键的 SpecialPeriods[日期]列，构建关系也没有任何意义。实际上，在 SpecialPeriods 中唯一相关的信息就是我们要分析的区间名称 SpecialPeriods[描述]，最好将 SpecialPeriods[描述]反规范化成 Date 表中的计算列。为此，可以使用以下代码。

```
'Date'[特别区间] =
CALCULATE (
    VALUES ( SpecialPeriods[描述] ),
    FILTER (
        SpecialPeriods,
        AND (
            SpecialPeriods[日期] - SpecialPeriods[前几天] <= 'Date'[日期],
            SpecialPeriods[日期] + SpecialPeriods[后几天] > 'Date'[日期]
        )
    )
)
```

如果当前日期位于下列日期之间，则计算列将存储特殊日期区间的名称。

- 特殊日期值减去对应向前的天数后小于或等于 Date[日期]。
- 特殊日期值加上对应向后的天数后大于 Date[日期]。

你可以在图 4-32 中看到针对 2008 年复活节的计算列的结果。

一旦计算列就位，它将筛选不同年份中的不同时期。这样就可以比较不同年份同一特殊时期的销售情况，而不用担心它是什么时候发生的。你可以在图 4-33 中看到这一点。

日期	日期键	公历年	月份序号	月份	周日期序号	周日期	特别区间
2009年4月6日	20090406	CY 2009	4	April	2	Monday	
2009年4月7日	20090407	CY 2009	4	April	3	Tuesday	
2009年4月8日	20090408	CY 2009	4	April	4	Wednesday	
2009年4月9日	20090409	CY 2009	4	April	5	Thursday	Easter
2009年4月10日	20090410	CY 2009	4	April	6	Friday	Easter
2009年4月11日	20090411	CY 2009	4	April	7	Saturday	Easter
2009年4月12日	20090412	CY 2009	4	April	1	Sunday	Easter
2009年4月13日	20090413	CY 2009	4	April	2	Monday	Easter
2009年4月14日	20090414	CY 2009	4	April	3	Tuesday	Easter
2009年4月15日	20090415	CY 2009	4	April	4	Wednesday	Easter
2009年4月16日	20090416	CY 2009	4	April	5	Thursday	
2009年4月17日	20090417	CY 2009	4	April	6	Friday	
2009年4月18日	20090418	CY 2009	4	April	7	Saturday	

图 4-32　当一个日期落在一个特殊的时期内时，它被标记上时期名称

特别区间	CY 2008	CY 2009	总计
Christmas	6,436.23	36,346.27	**42,782.50**
Easter	18,267.02	35,058.58	**53,325.60**
总计	**24,703.25**	**71,404.85**	**96,108.10**

图 4-33　这份报告显示了 2008 年和 2009 年复活节与圣诞节的销售额

这个系统运行良好，并且很容易被实现，但是它有一个严重的限制：日期区间不能重叠。如果你在参数表中存储重叠的日期区间，将导致问题。在不重叠的情况下，这是处理特殊时期最简单的方法。在本章后面的“使用重叠的日期区间”中，我们将学习如何处理重叠的日期区间。

截至今天的相对周期

现在，假设你希望构建一个如图 4-34 所示的仪表板，以显示不同品牌在不同时期的销售情况，以及一个比较今天的销售情况与昨天的销售情况的指标。

SalesOfToday 和 SalesOfYesterday

2.57 千

0.00 千　4.93 千

品牌	Today	Yesterday	Last 7 days	Last 30 days	Older	总计
A. Datum			241.20	1,800.00	176,431.26	**178,472.46**
Adventure Works				2,819.82	345,706.28	**348,526.10**
Contoso	25.11	1,327.50	5,353.06	10,887.94	432,935.15	**450,528.76**
Fabrikam		3,604.50	10,015.20	568.80	276,106.96	**290,295.46**
Litware				5,700.86	160,370.34	**166,071.20**
Northwind Traders				9,822.06	133,477.34	**143,299.40**
Proseware	2,548.80			7,058.99	164,721.00	**174,328.79**
Southridge Video			198.77	4,121.94	116,785.89	**121,106.60**
Tailspin Toys			67.35	1,069.48	14,273.24	**15,410.07**
The Phone Company				6,012.00	59,671.20	**65,683.20**
Wide World Importers			2,483.88	20,291.25	128,311.73	**151,086.86**
总计	**2,573.91**	**4,932.00**	**18,359.46**	**70,153.14**	**2,008,790.39**	**2,104,808.90**

图 4-34　该报告包含一个被称为“仪表”的图表，显示[SalesOfToday]与[SalesOfYesterday]

"当天"的概念通常取决于报告最后一次刷新的时间。因而你不希望将固定的日期写入公式中，而是在每次刷新模型时自动检查模型中最后一个可用的日期，并相应地调整其内容。在这种情况下，你可以使用上一个数据模型的变体，在这个变体中，时间周期以一种动态的方式被计算。

首先，你需要准备一个参数表，如图 4-35 所示，其中存储了与今天相关的期间和相应的描述。

描述	XX日截止	XX日开始	订单序号
Today	0	-1	1
Yesterday	1	0	2
Last 7 days	7	1	3
Last 30 days	30	7	4
Older	99999999	30	5

图 4-35　RelativePeriods 参数表显示相对于当前日期的特殊时间段

RelativePeriods[xx 日截止]和 RelativePeriods[xx 日开始]之间的天数是相对于今天这个概念的天数，并有对应的 RelativePeriods[描述]。RelativePeriods[订单序号]字段主要用于排序。当参数表就位时，就可以轻松完成 Date 表中的两个计算列。第一个计算相对周期的计算列如下。

```
RelPeriodCode =
VAR LastSalesDateKey =
   MAX ( Sales[订单日期键] )
VAR LastSaleDate =
   LOOKUPVALUE ( 'Date'[日期], 'Date'[日期键], LastSalesDateKey )
VAR DeltaDays =
   INT ( LastSaleDate - 'Date'[日期] )
VAR ValidPeriod =
   CALCULATETABLE (
      RelativePeriods,
      RelativePeriods[XX 日截止] >= DeltaDays,
      RelativePeriods[XX 日开始] < DeltaDays
   )
VAR PeriodCode =
   CALCULATE ( VALUES ( RelativePeriods[订单序号] ), ValidPeriod )
RETURN
   PeriodCode
-- IF ( ISEMPTY ( ValidPeriods ), 0, FirstValidPeriod )
```

这段代码通过定义变量来执行所有步骤。首先，从 Sales 表检索最后一个订单日期键（OrderDateKey）以获取最后一个可用日期键——我们今天讨论的这个日期。一旦有了键，它就使用 LOOKUPVALUE 函数计算与键关联的日期。Date 表的[DeltaDays]列表示今天和当前日期之间的差异。在 ValidPeriod 中用 CALCULATETABLE 函数计算 RelativePeriods 表中唯一的行——该行包含 FirstValidPeriod [XX 日开始]和 FirstValidPeriod [XX 日截止]之间的 DeltaPeriod。

运行这个公式的结果是给定表示日期所属的相对周期的代码。一旦有了包含代码的计算列，就可以计算相对周期内符合描述的内容，具体代码如下。

```
'Date'[RelPeriod] =
VAR RelPeriod = LOOKUPVALUE( RelativePeriods[描述], RelativePeriods[订单序号], 'Date'[RelPeriodCode] )
RETURN IF ( ISBLANK ( RelPeriod ), "Future", RelPeriod )
```

这两列（RelPeriodCode 和 RelPeriod）显示在图 4-36 所示的日期表中。

日期	日期键	公历年	月份序号	月份	周日期序号	周日期	RelPeriod	RelPeriodCode
2008/7/1	20080701	CY 2008	7	July	3	Tuesday	Older	5
2008/7/2	20080702	CY 2008	7	July	4	Wednesday	Older	5
2008/7/3	20080703	CY 2008	7	July	5	Thursday	Older	5
2008/7/4	20080704	CY 2008	7	July	6	Friday	Older	5
2008/7/7	20080707	CY 2008	7	July	2	Monday	Older	5
2008/7/8	20080708	CY 2008	7	July	3	Tuesday	Older	5
2008/7/9	20080709	CY 2008	7	July	4	Wednesday	Older	5
2008/7/10	20080710	CY 2008	7	July	5	Thursday	Older	5
2008/7/11	20080711	CY 2008	7	July	6	Friday	Older	5
2008/7/14	20080714	CY 2008	7	July	2	Monday	Last 30 days	4

图 4-36 最后两个计算列使用前面各段中描述的计算公式

两个计算列在每次刷新数据模型时都会重新计算，通过这种方式来重新计算日期的标签。你不再需要调整报告，因为它总显示最后处理的日期，如当天、前天及后天等。

处理重叠的日期区间

你在前几节中看到的系统都运行良好，但是它们都有一个巨大的限制：相关日期区间不能重叠。因为你将定义时间段的属性存储在计算列中，所以只能为该列分配一个值。

但是也有完全不同的情况。假设你在一年的不同时期销售一定类别的产品时，很有可能会出现在同一时期内不止一种产品在销售的情况。同时，同一种产品也可能在多个不同的时间段里被销售。在这种情况下，你不能在 Product 表或 Date 表中存储销售期间。

许多行（类别）需要与许多行（日期）保持关系的模型被称为多对多模型。多对多模型并不容易被管理，但是它们提供了极其有用的分析方法并且值得描述。你将在第 8 章中找到关于多对多模型的更完整的讨论。在本节中，我们只想说明：当涉及多对多关系时，公式往往更难被编写。

这个示例的 Discounts（折扣）参数表如图 4-37 所示。

描述	起始日期	终止日期	类别
January Sales	2007/1/1	2007/1/31	Computers
January Sales	2008/1/1	2008/1/31	Computers
Start with Audio	2007/1/1	2007/1/15	Audio
Start with Audio	2008/1/1	2008/1/15	Audio
Summer Music	2007/8/1	2007/8/15	Audio
Summer Music	2008/8/1	2008/8/15	Audio
Holidays calls home	2007/7/15	2007/8/15	Cell phones
Holidays calls home	2007/7/15	2007/8/15	Cell phones

图 4-37　不同类别的产品的不同的销售周期被存储在 Discounts 参数表中

通过查看 Discounts 参数表，你可以看到在 2007 年 1 月和 2008 年 1 月的第一周，有多个类别的产品（Computers 和 Audio）在销售。同样的情况也适用于 8 月的前两周（Audio 和 Cell phones 在销售）。在这种情况下，你需要编写 DAX 代码，从销售期间获取当前筛选器，并将其与已经存在的筛选器合并，具体代码如下。

```
SalesInPeriod :=
SUMX (
    Discounts,
    CALCULATE (
        [SalesAmount],
        INTERSECT (
            VALUES ( 'Date'[日期] ),
            DATESBETWEEN ( 'Date'[日期], Discounts[起始日期], Discounts[终
            止日期] )
        ),
        INTERSECT (
            VALUES ( 'Product'[类别] ),
            CALCULATETABLE ( VALUES ( Discounts[类别] ) )
        )
```

```
        )
)
```

使用这个公式，你可以构建图 4-38 所示的报告。

图 4-38 所示的报告展示了在区间重叠时，依然可以按照不同年份、不同类别统计销售情况。在这种情况下，模型已经相当简单，因此，我们不能依赖更改模型来降低编写代码的难度。你将在第 7 章中看到几个类似的示例，但是在第 7 章中我们将创建不同的数据模型，以展示如何编写更简单（可能也更快）的代码。通常，多对多关系功能强大且易于使用，但是编写使其工作的公式有时比较困难（如本例所示）。

类别	描述	CY 2007	CY 2008	总计
Computers	January Sales	9842	20451	**30293**
	总计	**9842**	**20451**	**30293**
Cell phones	Holidays calls home	1557		**1557**
	总计	**1557**		**1557**
Audio	Start with Audio	492		**492**
	Summer Music	35		**35**
	总计	**527**		**527**
总计		**11926**	**20451**	**32377**

图 4-38　当使用重叠的时间段后，你还是可以在同一年份中浏览不同时间段的销售情况

这里想向你展示这个示例的原因不是为了吓唬你，也不是为了向你展示一个模型无法简化代码的场景。我们只是想告诉你：当你需要生成复杂的报告时，你迟早需要面对编写复杂的 DAX 代码的情况。

按照周日历计算

你只要使用标准日历就可以轻松地计算出诸如 YTD 的值、月初至当日（Month-To-Date，简称 MTD）的值和 YOY 的值等度量值，因为 DAX 提供了一组预定义的函数来精确地执行这些类型的计算。但当你需要处理非标准日历时，情况就变得复杂了。

什么是非标准日历呢？它是一种不遵循 12 个月的划分标准、每个月有不同的天数的日历。例如，许多企业需要以周为单位安排工作，而不是以月为单位。不幸的是，周不能和月或年对齐。事实上，我们的月和年都是由可变的周数组成的。虽然在处理以周为单位的年份时有一些常见的技巧，但在 DAX 中并没有一种正式、通用的标准

可以遵守。因此，DAX 不提供任何处理非标准日历的功能。你只能自己管理非标准日历。

虽然没有预先定义的处理非标准日历的函数，你还是可以利用某些建模技巧在非标准日历上实现时间智能的。但本章并不介绍这种技巧，这里先向你展示一些示例供你参考，你需要根据特定需求进行相应的调整。

你将学习如何使用 ISO 8601 标准处理基于周计算的非标准日历。

第一步是构建一个合适的 ISO 日历表。有很多种方法可以构建它，你的数据库中可能已经有了定义良好的 ISO 日历。对于本案例，我们将使用标准的 DAX 公式构建 ISO 日历，以帮你学习更多的建模技巧。

我们使用的日历以星期为基础。一个星期总是从星期一开始的，一年也总是从第一周开始的时候开始的。正因为如此，一年很有可能开始于前一个日历年的 12 月 29 日或当前日历年的 1 月 2 日。

要处理此问题，可以将计算列添加到标准日历表中，以计算 ISO 周数和 ISO 年数。通过使用以下代码，你将能够创建一个包含日历周、ISO 周和 ISO 年的表，结果如图 4-39 所示。

```
'Date'[日历周] = WEEKNUM ( 'Date'[日期], 2 )

'Date'[ISO周] = WEEKNUM ('Date'[日期], 21 )

'Date'[ISO 年] =
CONCATENATE (
   "ISO ",
   IF (
      AND ( 'Date'[ISO周] < 5, 'Date'[日历周] > 50 ),
      YEAR ( 'Date'[日期] ) + 1,
      IF (
         AND ( 'Date'[ISO周] > 50, 'Date'[日历周] < 5 ),
         YEAR ( 'Date'[日期] ) - 1,
         YEAR ( 'Date'[日期] )
      )
   )
```

虽然可以通过简单的计算列轻松计算周数和月数，但是还需要关心 Date[ISO 月]的计算。因为使用 ISO 标准时，计算月数有多种不同的办法。一种是首先把一年区分为四季度：每个季度有三个月，每个月使用三个分组标准（445、454 或 544）中的一个来构建。这些数字代表每个月要包含的周数。例如，在分组标准 445 中，一个季度的前两个月包含四个星期，而最后一个月包含五个星期。同样的概念也适用于其他技巧。这里不需要使用复杂的数学公式来计算不同标准下一周所属的月份，我们可以很容易地通过构建一个简单的查询表来计算，如图 4-40 所示。

日期	日期键	公历年	月份序号	月份	周日期序号	周日期	ISO周	日历周	ISO年
2008/7/1	20080701	CY 2008	7	July	3	Tuesday	27	27	ISO 2008
2008/7/2	20080702	CY 2008	7	July	4	Wednesday	27	27	ISO 2008
2008/7/3	20080703	CY 2008	7	July	5	Thursday	27	27	ISO 2008
2008/7/4	20080704	CY 2008	7	July	6	Friday	27	27	ISO 2008
2008/7/7	20080707	CY 2008	7	July	2	Monday	28	28	ISO 2008
2008/7/8	20080708	CY 2008	7	July	3	Tuesday	28	28	ISO 2008
2008/7/9	20080709	CY 2008	7	July	4	Wednesday	28	28	ISO 2008
2008/7/10	20080710	CY 2008	7	July	5	Thursday	28	28	ISO 2008
2008/7/11	20080711	CY 2008	7	July	6	Friday	28	28	ISO 2008
2008/7/14	20080714	CY 2008	7	July	2	Monday	29	29	ISO 2008
2008/7/15	20080715	CY 2008	7	July	3	Tuesday	29	29	ISO 2008
2008/7/16	20080716	CY 2008	7	July	4	Wednesday	29	29	ISO 2008
2008/7/17	20080717	CY 2008	7	July	5	Thursday	29	29	ISO 2008

图 4-39　ISO 年与日历年不同，ISO 年总是从周一开始的

周	445区间	454区间	544区间
1	1	1	1
2	1	1	1
3	1	1	1
4	1	1	1
5	2	2	1
6	2	2	2
7	2	2	2
8	2	2	2
9	3	2	2
10	3	3	3
11	3	3	3
12	3	3	3
13	3	3	3

图 4-40　WeeksToMonths 表使用三列（每种标准各一列）将周编号映射到月

当这个从周到月的查询表就位时，可以使用 LOOKUPVALUE 函数，具体代码如下。

```
'Date'[ISO 月] =
"ISO M" &
   RIGHT (
         "00"&
```

```
            LOOKUPVALUE (
                'WeksToMonths'[445 区间],
                'WeksToMonths'[周],
                'Date'[ISO 周]
            ),
        2
    )
```

包含 ISO 年和 ISO 月的结果表如图 4-41 所示。

日期	日期键	公历年	月份序号	月份	周日期序号	周日期	ISO周	日历周	ISO年	ISO月
2008年7月1日	20080701	CY 2008	7	July	3	Tuesday	27	27	ISO 2008	ISO M07
2008年7月2日	20080702	CY 2008	7	July	4	Wednesday	27	27	ISO 2008	ISO M07
2008年7月3日	20080703	CY 2008	7	July	5	Thursday	27	27	ISO 2008	ISO M07
2008年7月4日	20080704	CY 2008	7	July	6	Friday	27	27	ISO 2008	ISO M07
2008年7月7日	20080707	CY 2008	7	July	2	Monday	28	28	ISO 2008	ISO M07
2008年7月8日	20080708	CY 2008	7	July	3	Tuesday	28	28	ISO 2008	ISO M07
2008年7月9日	20080709	CY 2008	7	July	4	Wednesday	28	28	ISO 2008	ISO M07
2008年7月10日	20080710	CY 2008	7	July	5	Thursday	28	28	ISO 2008	ISO M07
2008年7月11日	20080711	CY 2008	7	July	6	Friday	28	28	ISO 2008	ISO M07
2008年7月14日	20080714	CY 2008	7	July	2	Monday	29	29	ISO 2008	ISO M07
2008年7月15日	20080715	CY 2008	7	July	3	Tuesday	29	29	ISO 2008	ISO M07
2008年7月16日	20080716	CY 2008	7	July	4	Wednesday	29	29	ISO 2008	ISO M07
2008年7月17日	20080717	CY 2008	7	July	5	Thursday	29	29	ISO 2008	ISO M07

图 4-41　使用查找表可以轻松计算 ISO 月

现在，所有的列都准备好了，你可以轻松构建一个层次结构，并开始按 ISO 年、ISO 月和 ISO 周浏览并切片你的模型。然而，在这样的日历上，计算 YTD、MTD 和其他使用时间智能计算的值将被证明更具挑战性。事实上，规范的 DAX 时间智能函数只适用于标准公历。如果你的日历是非标准的，那么它们是无用的。

这要求你以不同的方式构建时间智能计算，而不利用预定义的函数。例如，要计算 ISO YTD，你可以使用以下方法。

```
SalesISOYTD :=
IF (
    HASONEVALUE ( 'Date'[ISO 年] ),
    CALCULATE(
        [SalesAmount],
        ALL ('Date' ),
        FILTER ( ALL ( 'Date'[日期] ), 'Date'[日期] <= MAX ( 'Date'[日期] ) ),
        VALUES ( 'Date'[ISO 年] )
    )
)
```

如你所见，度量值的核心是你需要应用日历表的筛选器集，以找到组成 YTD 的正确的日期集，图 4-42 显示了结果。

ISO年	ISO月	SalesAmount	SalesISOYTD
ISO 2007	ISO M01	97,104.98	97,104.98
ISO 2007	ISO M02	97,133.79	194,238.77
ISO 2007	ISO M03	144,911.03	339,149.80
ISO 2007	ISO M04	106,741.51	445,891.31
ISO 2007	ISO M05	118,319.03	564,210.34
ISO 2007	ISO M06	131,504.45	695,714.79
ISO 2007	ISO M07	115,924.77	811,639.56
ISO 2007	ISO M08	96,647.08	908,286.64
ISO 2007	ISO M09	169,319.54	1,077,606.18
ISO 2007	ISO M10	91,261.51	1,168,867.69
ISO 2007	ISO M11	117,902.02	1,286,769.71
ISO 2007	ISO M12	169,009.51	1,455,779.22
总计		**3,824,283.70**	

图 4-42　[SalesISOYTD]度量值使用 ISO 日历（非标准日历）计算 YTD

使用类似的模式还可以计算 MTD、本季度至当日（Quarter-To-Date，简称 QTD）等相似的度量值。但如果你想像计算去年同期值那样计算，事情就变得有点复杂了。由于不能依赖 SAMEPERIODLASTYEAR 函数，所以需要对数据模型和 DAX 代码进行更多的研究。

要计算去年同一时期的值，你需要确定筛选器上下文中当前选择的日期，然后找到上一年中的同一组日期。不能为此使用日期列，因为 ISO 日期的结构与标准日历的日期结构完全不同。因此，第一步是向日历表添加两个新列，其中包含年份中的 ISO 日数值和 ISO 年份值。这可以很容易地以下计算列来完成。

```
Date[ISO 日数值] = ( 'Date'[ISO 周] - 1 ) * 7 + WEEKDAY( 'Date'[日期], 2 )

Date[ISO 年份值] =
IF (
      AND ( 'Date'[ISO 周] < 5, 'Date'[日历周]> 50 ),
      YEAR ( 'Date'[日期] ) + 1,
      IF (
         AND ( 'Date'[ISO 周] > 50, 'Date'[日历周] < 5 ),
         YEAR ( 'Date'[日期] ) - 1,
         YEAR ( 'Date'[日期] )
      )
   )
```

你可以看到图 4-43 中的列包含了结果。

日期	日期键	公历年	月份序号	月份	周日期序号	周日期	ISO周	日历周	ISO年	ISO月	ISO年份值	ISO日数值
2008年7月1日	20080701	CY 2008	7	July	3	Tuesday	27	27	ISO 2008	ISO M07	2008	184
2008年7月2日	20080702	CY 2008	7	July	4	Wednesday	27	27	ISO 2008	ISO M07	2008	185
2008年7月3日	20080703	CY 2008	7	July	5	Thursday	27	27	ISO 2008	ISO M07	2008	186
2008年7月4日	20080704	CY 2008	7	July	6	Friday	27	27	ISO 2008	ISO M07	2008	187
2008年7月7日	20080707	CY 2008	7	July	2	Monday	28	28	ISO 2008	ISO M07	2008	190
2008年7月8日	20080708	CY 2008	7	July	3	Tuesday	28	28	ISO 2008	ISO M07	2008	191
2008年7月9日	20080709	CY 2008	7	July	4	Wednesday	28	28	ISO 2008	ISO M07	2008	192
2008年7月10日	20080710	CY 2008	7	July	5	Thursday	28	28	ISO 2008	ISO M07	2008	193
2008年7月11日	20080711	CY 2008	7	July	6	Friday	28	28	ISO 2008	ISO M07	2008	194
2008年7月14日	20080714	CY 2008	7	July	2	Monday	29	29	ISO 2008	ISO M07	2008	197
2008年7月15日	20080715	CY 2008	7	July	3	Tuesday	29	29	ISO 2008	ISO M07	2008	198

图 4-43　新增了 Date[ISO 日数值]和 Date[ISO 年份值]计算列后的结果

这些计算列非常有用，有了它以后，如果要找到去年选定的相同时间段，可以使用以下代码。

```
SalesSPLY :=
IF (
    HASONEVALUE( 'Date'[ISO 年份值] ),
    CALCULATE (
        [SalesAmount],
        ALL ( 'Date' ),
        VALUES ( 'Date'[ISO 日数值] ),
        'Date'[ISO 年份值] = VALUES ( 'Date'[ISO 年份值] ) - 1
    )
)
```

上面的公式移除了 Date 表中所有的筛选器，并用两个新条件替换它们。

- Date[ISO 年份值]应该只有一个值时才能被计算。
- Date[ISO 日数值]需要是相同的。

这样，无论你在当前筛选的上下文中选择了什么（一天、一周还是一个月），筛选的日期都将向后移动一年。

在图 4-44 中，你可以看到使用[SalesSPLY]度量值按年和按月划分的报表。

你可以使用非常类似的技术编写类似的度量值，比如上个月和去年同期的增长率。在现在这种情况下，向模型中添加一个简单的辅助列就可以非常容易地计算度量值。如果没有 Date[ISO 日数值]列，执行相同操作的计算公式几乎是不可能被编写出来的。

ISO年	ISO月	SalesAmount	SalesSPLY
ISO 2007	ISO M01	97,104.98	
ISO 2007	ISO M02	97,133.79	
ISO 2007	ISO M03	144,911.03	
ISO 2007	ISO M04	106,741.51	
ISO 2007	ISO M05	118,319.03	
ISO 2007	ISO M06	131,504.45	
ISO 2007	ISO M07	115,924.77	
ISO 2007	ISO M08	96,647.08	
ISO 2007	ISO M09	169,319.54	
ISO 2007	ISO M10	91,261.51	
ISO 2007	ISO M11	117,902.02	
ISO 2007	ISO M12	169,009.51	
ISO 2008	ISO M01	67,106.87	97,104.98
ISO 2008	ISO M02	49,376.12	97,133.79
ISO 2008	ISO M03	72,586.49	144,911.03
ISO 2008	ISO M04	111,633.67	106,741.51
总计		**3,824,283.70**	

图 4-44　在 ISO 2008 年，[SalesSPLY]度量值可以计算出 IOS 2007 年同期的销售情况

本章小结

时间智能是一个非常宽泛和有趣的话题。你编写的任何 BI 解决方案都可能包含一些时间智能方面的内容。本章最重要的主题如下。

- 大多数时间智能的计算都需要模型中存在日期表。
- 创建日期表时需要注意诸如月份排列顺序之类的细节。
- 如果你有多个日期列在模型中，这并不意味着你需要多张日期表。在模型中使用一张日期表可以使所有的计算更加简单。如果需要多个日期，则可能需要多次加载日期表。
- 出于提高计算性能和建模的需要，日期维度必须和时间维度分开。

剩余的章节将致力于介绍与时间有关的不同场景，如计算一个或多个国家或地区的工作日，通过使用日期表中的新列或模型中的新表来计算特殊时期的数值，最后处理与 ISO 日历有关的计算。

由于时间智能计算具有丰富的多样性，因此，我们所展示的案例可能不能完全适合你的特定场景。不过，你可以使用这些场景激发自己设计计算过程的灵感，这通常需要在日期表中创建一些特殊的列，并编写中等复杂度的 DAX 代码。

第 5 章

跟踪历史属性

数据通常会随时间而变化。但对于某些模型和报告而言，同时跟踪某些维度的属性的当前值和历史值非常有用。例如：你可能要分析一位客户在不同场所时的消费行为；可能有一种产品的规格发生了变动，你希望对不同规格的产品的销售额和利润进行分析；你可能需要跟踪一个产品或服务在不同价格时的销售额。所有这些都是非常常见的场景，也都有一些标准的技巧来处理。

每当需要管理不断变化的维度时，需要处理维度的历史属性，用更专业的语言来说是处理渐变维度（译者注：很多著作也称其为“缓慢变化的维度”）。处理渐变维度并不是一件困难的事，但在处理上隐含一些复杂性。

在本章中，我们将分析几个模型，并说明在构建报表系统时，为什么处理渐变维度是一个需要重点考虑的方面。这些模型还展示了该如何管理不同的场景。

渐变维度简介

你通常需要跟踪维度的属性。例如，你可能需要知道客户以前的住址，以便分析他在新住址时的购买情况。或者，你可能需要了解你的部分产品的前供应商，以分析其所供应的产品的质量和可靠性。因为这些属性属于维度，而且它们通常随时间变化而缓慢地变化，所以被称为渐变维度（Slow Changing Dimensions，简称 SCD）。

在深入讨论更多技术细节之前，我们先简要讨论一下何时以及为什么需要使用渐变维度。假设你的每位客户都有一名分配给他的销售经理，那么，存储此信息最简单的方法是将销售经理的名字添加为客户的属性。但随着时间的推移，销售经理和客户之间的关系可能会发生变化，比如，将现有客户分配给了不同的销售经理。例如，一个客户（Nicholas）可能在去年及以前一直让 Paul 担任他的销售经理，但后来 Nicholas 把自己的销售经理换成了 Louise。如果你只是在 Customer 表中更新销售经理的名字，那么，当你分析 Louise 的销售记录时，就会发现 Louise 似乎负责所有的销售，包括 Paul 过去负责时发生的销售。因此，这些计算是不正确的。你需要一个能正确地将销售记录分配给销售行为发生时对应的销售经理的数据模型。

虽然 SCD 在数据仓库专业内根据处理变化的方式的不同被分为不同的类型，但这种划分目前并没有统一的标准。除了非常基本的场景，处理更复杂的场景通常需要一些创造力，当有人找到处理 SCD 的新方法时，通常会为它创建一个新名称。在命名事物时，数据建模师喜欢为所有事物找到新名称。

在本书中我们将继续根据 SCD 的原始定义进行分类，以避免在 SCD 分类这个主题上产生更多的混淆，具体的分类如下。

- **1 型渐变维度。**1 型渐变维度的值总是存储在一个维度表中。如果你发现在处理模型的过程中维度信息发生了更改，那么只需用新值覆盖旧值。模型的维度表只存储最新的值，你实际上无法通过此时的维度表跟踪任何历史属性，所以 1 型渐变维度并不是真正的渐变维度。
- **2 型渐变维度。**2 型渐变维度才是真正的渐变维度。在 2 型渐变维度中可以多次存储维度的变化信息，每个版本被存储成一行。例如，如果客户更改了他的地址，那么你将为该客户存储两行记录：一行使用旧地址，另一行使用新地址。事实表中的记录会指向正确的客户地址，当按客户名进行切片时，你将依旧只看到一行信息；但当你按国家或地区进行切片时，这些数据将能被正确分配给事件发生时客户所居住的国家或地区。

注意　1 型渐变维度非常简单，它们不跟踪任何历史信息。因此，我们在本章中将只讨论 2 型渐变维度，在后边的内容中将用渐变维度专指 2 型渐变维度。

作为渐变维度的一个案例，让我们考虑前面讨论的更改销售经理的场景，并了解如何在 Contoso 数据库中处理它。在 Contoso 公司，有多位负责不同国家或地区的经

理。一位经理也可以处理多个国家或地区的订单，信息存储在包含[国家地区]和[经理人]两列的表中，如图 5-1 所示。

国家地区	经理人
Australia	Louise
Germany	Raoul
United Kingdom	Paul
France	Mark
the Netherlands	Louise
Greece	Raoul
Switzerland	Paul
Ireland	Mark
Portugal	Louise
Spain	Raoul
Italy	Paul

图 5-1　CountryManagers 表存储了[国家地区]与负责的[经理人]之间的关系

很容易使用这张表来建立模型。你可以在 Customer[国家地区]和 CountryManagers[国家地区]之间创建关系。有了这些关系，你就可以得到图 5-2 所示的模型。

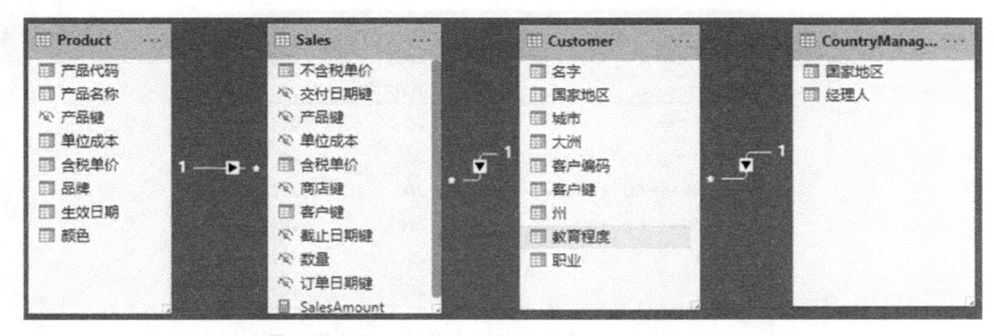

图 5-2　你可以在 Customer 和 CountryManagers 表之间创建关系

当完成模型后，你可以构建一个按[经理人]和[大洲]显示的销售报告，如图 5-3 所示。

但当某个国家或地区的经理人随着时间的推移而发生变化时，我们现在使用的模型就不能正确地处理这些信息。例如，美国分部的管理在 2007 年由 Louise 负责，在 2008 年则由 Paul 负责，在 2009 年又变成了由 Mark 负责。但在这份报告中，这些不同年份的销售似乎都是由 Mark 创造的，因为他是负责美国的最后一位经理人。

经理人	大洲	CY 2007	CY 2008	CY 2009	总计
Louise	North America	61,577.23	39,782.85	11,658.93	**113,019.01**
	Europe		21,331.60	70,311.43	**91,643.03**
	Asia	488,792.80	419,827.94	131,572.22	**1,040,192.96**
	总计	**550,370.03**	**480,942.39**	**213,542.58**	**1,244,855.00**
Mark	North America	457,710.60	444,308.46	405,745.31	**1,307,764.37**
	Europe	53,587.52	40,480.87	66,078.80	**160,147.19**
	Asia			65,381.24	**65,381.24**
	总计	**511,298.12**	**484,789.33**	**537,205.35**	**1,533,292.80**
Paul	Europe	249,495.56	101,363.45	168,773.19	**519,632.20**
	Asia			60,640.05	**60,640.05**
	总计	**249,495.56**	**101,363.45**	**229,413.24**	**580,272.25**
Raoul	Europe	148,052.01	55,439.29	56,815.07	**260,306.37**
	Asia			205,557.28	**205,557.28**
	总计	**148,052.01**	**55,439.29**	**262,372.35**	**465,863.65**
总计		**1,459,215.72**	**1,122,534.46**	**1,242,533.52**	**3,824,283.70**

图 5-3　这份报告显示了按[经理人]和[大洲]划分的销售

假设在 CountryManagers 表中[经理人]与[国家地区]是被一种时间关系关联起来的，如图 5-4 所示。这时，每行记录存储了关系的开始年份和结束年份。有了这些新信息，你就不能再使用[国家地区]列来创建客户和经理人之间的关系，因为[国家地区]不再是 CountryManagers 表中的键。现在，同一个[国家地区]可以出现多次，并分配给负责它的每位经理人一次。

国家地区	经理人	开始年份	结束年份
United States	Mark	2009	2010
United States	Paul	2008	2009
United States	Louise	2007	2008
United Kingdom	Paul	2007	2010
Turkmenistan	Raoul	2007	2010
the Netherlands	Louise	2007	2010
Thailand	Paul	2007	2010
Taiwan	Mark	2007	2010
Syria	Paul	2007	2010

图 5-4　United States 对应的经理人随着时间的推移而变化

这个场景突然变得很复杂，但是有多种方法可以处理这个问题。我们将在本章展示一些方法，以帮助读者构建一个分析报告，并可以正确展现销售发生时的经理人是谁。假设模型已经由管理数据仓库的 IT 部门创建完成并提交给你，如果操作正确，你收到的 Customer 表将包含以下两列。

- Customer[历任经理]：这列记录的是曾经管理过某位客户的经理人。
- Customer[现任经理]：这列记录的是某位客户当前的经理人。

有了这个数据结构，你就可以创建图 5-5 所示的分析报告，该报告使用[历任经理]而不是[现任经理]报告销售情况。

大洲	历任经理	CY 2007	CY 2008	CY 2009	总计
Asia	Louise			131,572.22	**131,572.22**
	Mark		419,827.94	65,381.24	**485,209.18**
	Paul	488,792.80		60,640.05	**549,432.85**
	Raoul			205,557.28	**205,557.28**
	总计	**488,792.80**	**419,827.94**	**463,150.79**	**1,371,771.53**
Europe	Louise		21,331.60	70,311.43	**91,643.03**
	Mark	53,587.52	40,480.87	66,078.80	**160,147.19**
	Paul	249,495.56	101,363.45	168,773.19	**519,632.20**
	Raoul	148,052.01	55,439.29	56,815.07	**260,306.37**
	总计	**451,135.09**	**218,615.21**	**361,978.49**	**1,031,728.79**
North America	Louise	519,287.83			**519,287.83**
	Mark			405,745.31	**405,745.31**
	Paul		444,308.46		**444,308.46**
	Raoul		39,782.85	11,658.93	**51,441.78**
	总计	**519,287.83**	**484,091.31**	**417,404.24**	**1,420,783.38**
总计		**1,459,215.72**	**1,122,534.46**	**1,242,533.52**	**3,824,283.70**

图 5-5　销售数据根据[历任经理]字段正确地把北美洲 2007 年的数据划分给了 Louise

此外，你还可以构建同时显示[现任经理]和[历任经理]的报告，如图 5-6 所示。这份报告显示了北美洲的销售情况，并按[现任经理]和[历任经理]进行了划分。

大洲	历任经理	CY 2007	CY 2008	CY 2009	总计
North America	Louise	519,287.83			**519,287.83**
	Mark			405,745.31	**405,745.31**
	Paul		444,308.46		**444,308.46**
	Raoul		39,782.85	11,658.93	**51,441.78**
	总计	**519,287.83**	**484,091.31**	**417,404.24**	**1,420,783.38**
总计		**519,287.83**	**484,091.31**	**417,404.24**	**1,420,783.38**

大洲
☐ Asia
☐ Europe
■ North America

国家地区
☐ Canada
☐ United States

图 5-6　使用当前的和历史的属性，你可以生成非常详细的报告

✔ 小技巧　在报告中使用渐变维度并不容易。我们建议你仔细查看前面的数据以了解正在阅读的数据的含义，以便更好地理解分配给当前属性和历史属性的数字。

你可以按[现任经理]或[历任经理]来划分销售额并对报告中的数据差异进行分析。例如，你可以很容易地看到由 Raoul 管理后，销售额出现了急剧下降。2007 年，当由 Louise 管理时，北美洲的销售表现要好得多。

这个报表中按[现任经理]划分的业绩有助于用户理解不同经理人在管理客户方面

的潜力。根据历史属性进行切片，可以评估经理人在一段时间内的业绩。在报告中，我们展示了历史属性和当前属性，因此，用户能够评估不同经理人的销售业绩。

你依旧可以使用当前属性和历史属性生成非常强大的报告。但它们可能在视觉上难以阅读。为了避免出现这种情况，重要的是要花时间调整这些值的布局和可视化，并慎重选择要包括在报表中的列。必要的时候加上数字的注解可以帮助别人更好地阅读报告。

在最初的介绍中，我们讨论了关于渐变维度的一些最重要的注意事项。

- 当前值和历史值都是重要的。如何选择分析的视角取决于你希望通过查询模型检索哪种类型的见解。渐变维度的最佳实践应该同时保留每条记录的历史值和当前值。
- 虽然被称为渐变维度，但维度信息本身实际上并没有改变。只是维度的一个或多个属性发生了变化。

目前你已经了解了维度的历史变化的相关性以及在报告中使用渐变维度的复杂性，为了优雅地处理渐变维度，是时候开始处理不同类型的数据模型了。

使用渐变维度

在向你展示了什么是渐变维度之后，我们现在将讨论使用它的一些注意事项。首先，使用渐变维度会使模型的一些计算变得更加复杂。标准维度表的每个主体都被存储在维度表的一行中。例如：同一位客户总是占用 Customer 表的一行，即一行一位客户。但是，如果将客户作为渐变维度处理，那么，同一位客户在维度表中可能会被存储在了好几行中。当发生地址变更、联系人变更等事件时，客户与行之间就不再是简单的一对一关系，统计客户数量等看似简单的操作将会变得相当复杂。

在前面的示例中，我们决定将Customer[现任经理]存储为Customer表的一个属性。因此，同一位客户产生了多个维度属性，具体数量取决于该客户在一段时间内对应多少位不同的经理人。实际上，在本书使用的示例数据库中，有 18 869 位客户，但是，由于经理人的数量随着时间的变化而变化，客户表中的行数是 56 607。如果你简单定义了一个由下面的代码建立的度量值来计算客户数，那么，得到的结果将是错误的。

```
NumOfCustomers = COUNTROWS ( Customer )
```

你可以在图 5-7 中看到这个错误的结果，图 5-7 显示了按实际经理人划分的客户的数量。

现任经理	NumOfCustomers
Louise	10917
Mark	29730
Paul	5811
Raoul	10149
总计	**56607**

图 5-7 如果从按照渐变维度设计的维度表中计数，则计算行数不能正确地计算客户数

该报告显示的是客户状况的量（客户经历的经理人的总数量），这显然不是实际的客户数量。为了正确地计算客户数量，需要对客户代码执行非重复计数，具体代码如下。

```
NumOfCustomers := DISTINCTCOUNT ( Customer[客户编码] )
```

使用 DISTINCTCOUNT 函数后得出了正确的数字，如图 5-8 所示。

现任经理	NumOfCustomers
Louise	3639
Mark	9910
Paul	1937
Raoul	3383
总计	**18869**

图 5-8 使用 DISTINCTCOUNT 函数计算客户代码的非重复计数的值，并给出正确的总计值

如果你希望按客户的某个属性进行切片，那么，使用 DISTINCTCOUNT 函数替换 COUNTROWS 函数是一个很好的解决方案。但如果希望按不属于客户维度的不同属性进行切片，则问题会变得更复杂。一个常见的应用场景是计算购买某一类产品的客户的数量。如果你使用的是标准的客户维度，而不是渐变维度，那么你可以通过简单地在事实表中执行客户键的非重复计数来获得这个数字。在我们的案例中，具体代码如下。

```
NumOfBuyingCustomers := DISTINCTCOUNT ( Sales[客户键] )
```

如果你在带有渐变维度的模型中使用此方法，你将得到一个看似合理但仍然不正确的结果，结果如图 5-9 所示。

品牌	NumOfBuyingCustomers
A. Datum	189
Adventure Works	392
Contoso	820
Fabrikam	173
Litware	201
Northwind Traders	151
Proseware	127
Southridge Video	862
Tailspin Toys	594
The Phone Company	76
Wide World Importers	133
总计	**2395**

图 5-9 使用 DISTINCTCOUNT 函数计算的[NumOfBuyingCustomers]看似正确，但实际上是错误的

上述代码对 Sales[客户键]的非重复计数将同一位客户的多行代码一并计算进去了，返回的值不是 Customer 表中实际的客户数量。如果需要计算正确的值，必须使用双向模式计算 Customer 表中客户的数量。你可以将 Customer 表和 Sales 表之间的关系标记为双向，或者使用以下代码来计算。

```
NumOfBuyingCustomersCorrect :=
CALCULATE (
    DISTINCTCOUNT ( Customer[客户编码] ),
    Sales
)
```

图 5-10 显示了使用了新的度量值后的报告。这个报告和图 5-9 的大多数数字是相同的，部分不同的数字也很接近。因此，需要注意：人们很容易被错误的计算结果所误导。

品牌	NumOfBuyingCustomers	NumOfBuyingCustomersCorrect
A. Datum	189	189
Adventure Works	392	392
Contoso	820	815
Fabrikam	173	173
Litware	201	199
Northwind Traders	151	151
Proseware	127	125
Southridge Video	862	855
Tailspin Toys	594	594
The Phone Company	76	76
Wide World Importers	133	133
总计	**2395**	**2353**

图 5-10 将正确计算和错误计算并列显示之后可以观察二者之间细微的差别

你可能已经注意到这里使用 Sales 表作为筛选器，而不是在 Sales 表和 Customer

表之间创建双向关系。因为如果你在这里使用 Sales 表和 Customer 表之间的双向关系来做筛选，那么总金额将是不正确的。如果你使用下面的代码编写度量值，那么总计（如图 5-11 所示）将包含全部的客户，而不仅仅是购买了某样东西的客户。

```
NumOfBuyingCustomersCorrectCrossFilter :=
CALCULATE (
    DISTINCTCOUNT ( Customer[客户编码] ),
    CROSSFILTER ( Sales[客户键], Customer[客户键], BOTH ) )
```

品牌	NumOfBuyingCustomers	NumOfBuyingCustomersCorrect	NumOfBuyingCustomersCorrectCrossFilter
A. Datum	189	189	189
Adventure Works	392	392	392
Contoso	820	815	815
Fabrikam	173	173	173
Litware	201	199	199
Northwind Traders	151	151	151
Proseware	127	125	125
Southridge Video	862	855	855
Tailspin Toys	594	594	594
The Phone Company	76	76	76
Wide World Importers	133	133	133
总计	**2395**	**2353**	**18869**

图 5-11 仅仅依靠在模型中对关系设置双向筛选得到的总计并不正确

[NumOfBuyingCustomersCorrectCrossFilter]度量的总销售额不同的原因是 Sales 表没有在总计行上被筛选。因此，引擎没有把筛选器传递到 Customer 表。但如果将 Sales 表作为筛选器使用完整的双向模式，则计算时将始终应用筛选器，即总计行显示的是出现在 Sales 表中的客户。在这两种方法中，带有 CROSSFILTER 函数的方案在不需要使用切片时性能更好。只有在处理渐变维度时，这两个方案的差异才会如此明显。

从定义上来说，渐变维度中的维度属性变化缓慢。因此，在给定的时间内同一位客户通常只有一个版本。不过，如果时间跨度足够大，如涉及很多年，就可能会发生同一位客户有多个版本的情况。

了解如何计算客户数和客户版本数之间的这些细微差别有助于你在把控数据建模的细节方面有所提升，还可以帮助你识别数字中包含的错误。

加载渐变维度表

本章概述了如何使用 Power BI Desktop 的查询编辑器加载渐变维度表。原始数据模型中可能并不包含渐变维度表的结构，因此，有时可能需要你在处理特定模型时构建和加载它们。例如，在本章使用的演示数据库中，原始模型不包含渐变维度表。如果你需要加载渐变维度表来跟踪经理人的原始信息和历史信息，你会发现这些信息在仓库中原本是不存在的。

为了应对处理渐变维度的挑战，我们必须重新讨论在第 1 章中介绍的一个重要概念：颗粒度。渐变维度表的存在会改变维度表和事实表的颗粒度。

如果没有渐变维度表，演示示例的事实表的颗粒度仅保持在客户级别。当你引入渐变维度时，每位客户的属性都被保存成多个版本，事实表也要增加颗粒度，即根据销售发生的时间把同一位客户不同时期的版本与不同的销售记录相关联。

需要几个操作和细节才能构建正确的模型去改变颗粒度，你还需要更改维度表和事实表的查询，以便使它们的颗粒度相匹配。

这需要在关系的两端（事实表和维度表）更新颗粒度，否则关系将无法正常工作。

我们先分析以下场景：数据库有一个不是渐变维度表的 Customer 表，还有一个 CountryManagers 表，其中包含每个国家或地区的经理人及他们的任期。一个国家或地区的经理人并不是每年都一样。因为一个国家或地区的经理人可能每年都要更换，因此，我们不希望完全把颗粒度增加到客户/年份的级别，因为这将造成一些不必要的重复。在这个场景中，我们理想的颗粒度介于客户（太低而不能涵盖更换经理人的情况）和客户/年（太高而不能涵盖经理人保持不变的年份）之间。这个表的颗粒度取决于客户所在国家或地区的经理人变更了多少次。

我们首先构建最坏情况下的颗粒度，然后逐步确认正确的颗粒度是什么。图 5-12 显示了原始表，其中包含各个国家或地区的经理人（通过打开查询查看 HistoricalCountryManagers 查询）。

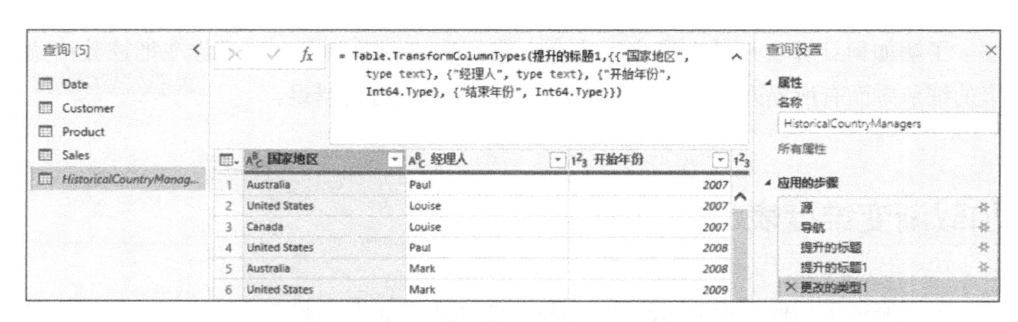

图 5-12　CountryManagers 表包含每个国家或地区的经理人何时在职的列

为了找到合适的颗粒度，你将把这个模型调整为一个更简单的模型，其中包含[国家地区]、[经理人]、[开始年份]和[结束年份]，具体方法是将[开始年份]和[结束年份]替换为仅指示年份的单列。通过这样做，表将产生许多冗余的行——用于显示多个不同的年份对应相同的经理人的情况（我们将在后面介绍如何删除这些多余的行）。

首先，在添加列选项卡中使用自定义列功能添加一个新列，该列包含[开始年份]和[结束年份]之间的年份，如图 5-13 所示。

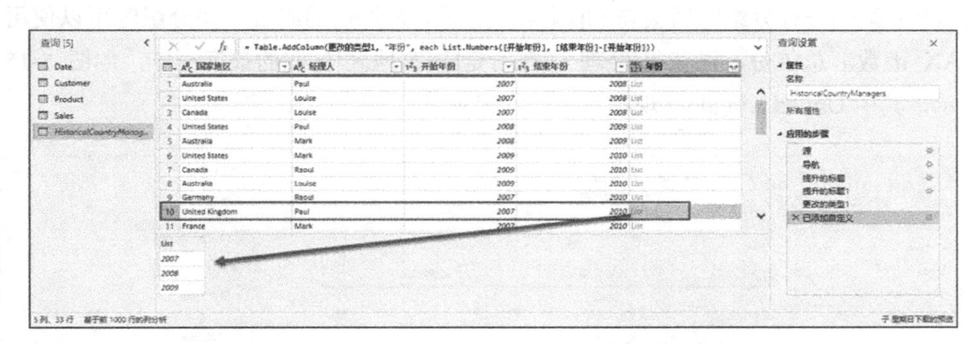

图 5-13　[年份]列包含了[开始年份]和[结束年份]之间的年份

图 5-13 显示了列（仅在用户界面中作为列表出现）和列的内容（通过单击单元格可以在查询编辑器中看到）。可以看到，Paul 从 2007 年到 2010 年是 United Kingdom 的经理，所以列表里面包含了 2007、2008 和 2009 这三年。

现在你已经生成了年份列表，可以通过单击列名称右侧的按钮展开列表。你还可以删除现在已经没用的[开始年份]列和[结束年份]列。这将得到图 5-14 所示的结果。

	国家地区	经理人	年份
1	Australia	Paul	2007
2	United States	Louise	2007
3	Canada	Louise	2007
4	United States	Paul	2008
5	Australia	Mark	2008
6	United States	Mark	2009
7	Canada	Raoul	2009
8	Australia	Louise	2009
9	Germany	Raoul	2007
10	Germany	Raoul	2008
11	Germany	Raoul	2009
12	United Kingdom	Paul	2007
13	United Kingdom	Paul	2008
14	United Kingdom	Paul	2009
15	France	Mark	2007

图 5-14　在这张表中，United Kingdom 对应了同一位经理人的 3 条记录

这张表现在包含了[国家地区]最细（也是最差）的颗粒度——每年一个版本。很多按[国家地区]和[经理人]两个条件组合的行是重复的，只是年份不同。当然，这张表在调整事实表的颗粒度时仍然很有用，你将使用这张表作为查询表。该表包含[国家地区]对应的[经理人]的历史信息，故被命名为 HistoricalCountryManagers。

需要的第二张表包含[国家地区]对应的现任[经理人]。我们从 HistoricalCountryManagers 查询开始构建比较容易，只需要按[国家地区]和[经理人]对历任[经理人]进行分组，就会得到[国家地区]和[经理人]的组合。在分组时可以使用 MAX 函数汇总年份，以获得[经理人]在给定[国家地区]任职的最后一年，如图 5-15 所示，其中 United Kingdom 现在只有一行记录。

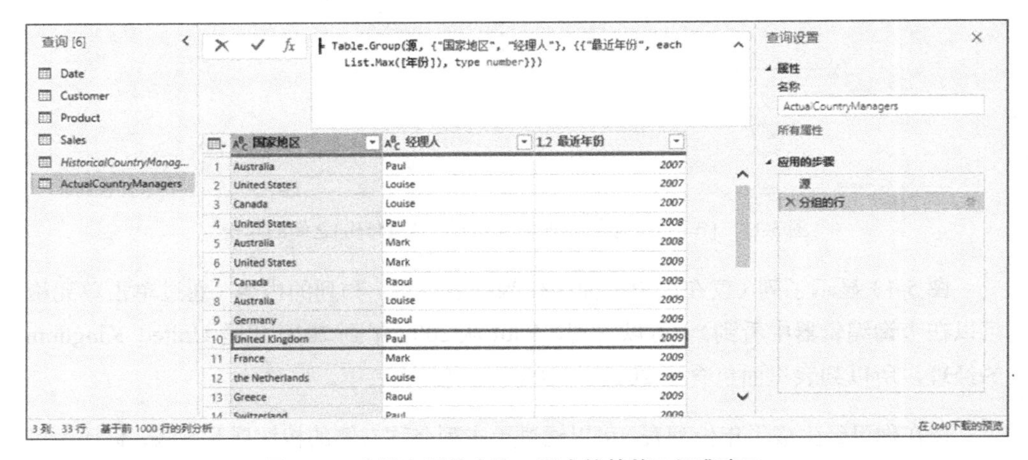

图 5-15　分组之后的查询，现在的基数已经准确了

这个查询现在包含[国家地区]和[经理人]的不同组合，以及[经理人]在某个[国家地区]在职的最后一年的销售信息。要将这个表转换为只包含现任经理人的表，只需在[最近年份]列中筛选掉不包含当前年度值的行即可（在本例中，当前年份是 2009 年，这也是我们拥有的数据的最后一年）。图 5-16 显示了第二个查询的结果，我们将其命名为 ActualCountryManagers。

此时，你有以下两张表。

- ActualCountryManagers 表，包含每个[国家地区]现任的经理人。
- HistoricalCountryManagers 表，包含每个[国家地区]历任的经理人。

下一步将使用这两张表来更新 Customer 表和 Sales 表。

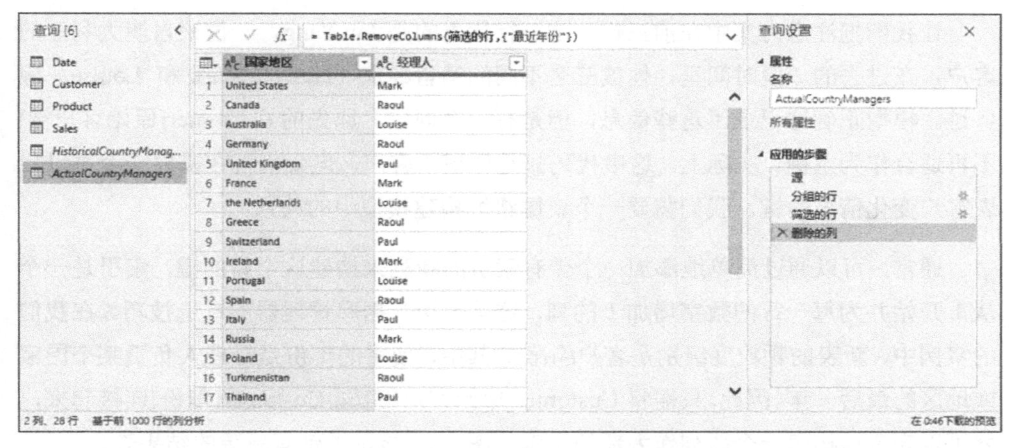

图 5-16　ActualCountryManagers 只包含每个[国家地区]的当前的经理人

确定维度表中的颗粒度

下面将使用这两张表在 Customer 表和 Sales 表上设置匹配的颗粒度。首先，需要将原始的 Customer 表与 HistoricalCountryManagers 表合并来增加 Customer 表的颗粒度。Customer 表包含[国家地区]列，如果此时将 Customer[国家地区]列与 HistoricalCountryManagers 表进行合并查询，将导致增加很多行，每一行对应一个给定客户的不同经理人。和对每位客户的每个年份都增加一行相比，这并不是太糟糕的颗粒度。相反，由于在 HistoricalCountryManagers 表上执行了分组，可以直接生成每位客户应该被分配的行数。

完成这两项操作之后，数据集如图 5-17 所示，[原始客户键]列按升序排列。

图 5-17　调整后的 Customer 表的现任经理人和历任经理人被反规范化

让我们把注意力集中在前三行。这三行代表的是 Jon Yang，一位来自澳大利亚的客户，在过去的一段时间里，他被三名不同的销售经理（Paul、 Mark 和 Louise）服务过。模型正确地记录了这些信息，但是有一个问题。原先的 Customer[原始客户键]不再适合作为主键。实际上，这串代码只是标识了客户，但我们现在需要一个可以代表客户变化情况的键。我们需要一个新键帮忙构建模型中的关系。

通常，可以通过简单地添加一个带有索引的新列来构建这个新的键，索引是一个从 1 开始并为每一行的数字增加 1 的列，这是使用数据库管理器的首选技巧。在我们的案例中，新表的颗粒度级别是客户/年份，其中，使用的年份是经理人负责某个国家或地区的最后一年。因此，只需将 Customer[原始客户键]与 Customer[年份]连接起来，就可以安全地构建一个新列作为新的主键。图 5-18 显示了带有新键的结果表。

至此，我们已经将客户表中的颗粒度从原先的颗粒度（即客户级别）移动到最细的颗粒度（即客户/年份级别）。这张表不是最后的结果，但确实是一张有用的中间步骤表。我们将其重命名为 CustomerBase（取消加载，新建其他查询并指向这个 CustomerBase 表，然后进行后续操作）。

最后一步是修正另一张表的的颗粒度。这一步类似于处理各个[国家地区]的经理人。从 CustomerBase 表开始，删除颗粒度列之外的所有列，并按原始客户键、现任经理和历任经理执行分组。然后取原始客户键的最大值并将其命名为新客户键，结果如图 5-19 所示。

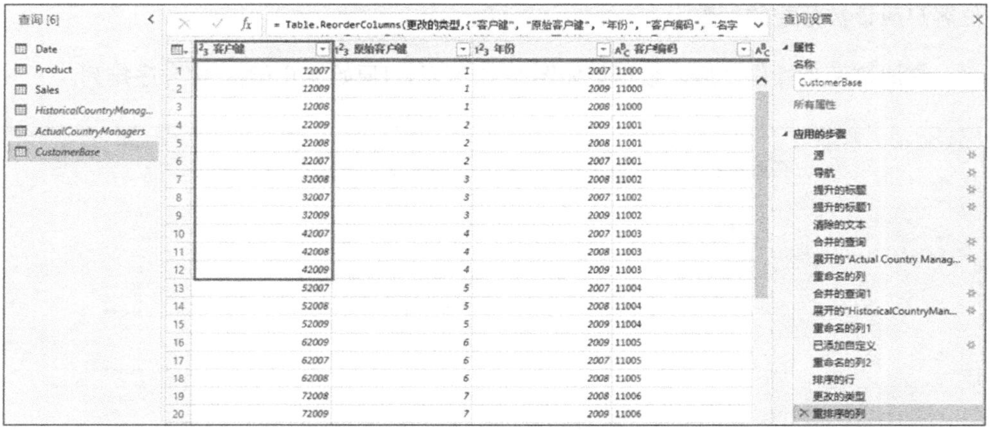

= Table.ReorderColumns(更改的类型,{"客户键", "原始客户键", "年份", "客户编码", "名字

	客户键	原始客户键	年份	客户编码
1	12007	1	2007	11000
2	12009	1	2009	11000
3	12008	1	2008	11000
4	22009	2	2009	11001
5	22008	2	2008	11001
6	22007	2	2007	11001
7	32008	3	2008	11002
8	32007	3	2007	11002
9	32009	3	2009	11002
10	42007	4	2007	11003
11	42008	4	2008	11003
12	42009	4	2009	11003
13	52007	5	2007	11004
14	52008	5	2008	11004
15	52009	5	2009	11004
16	62009	6	2009	11005
17	62007	6	2007	11005
18	62008	6	2008	11005
19	72008	7	2008	11006
20	72009	7	2009	11006

图 5-18 原始客户键不再适合做主键，最好使用包含年份的新的客户键

	原始客户键	现任经理	历任经理	新客户键
1	1	Louise	Louise	12009
2	1	Louise	Paul	12007
3	1	Louise	Mark	12008
4	2	Louise	Louise	22009
5	2	Louise	Mark	22008
6	2	Louise	Paul	22007
7	3	Louise	Louise	32009
8	3	Louise	Mark	32008
9	3	Louise	Paul	32007
10	4	Louise	Paul	42007
11	4	Louise	Mark	42008
12	4	Louise	Louise	42009

图 5-19　表的颗粒度已经正确了

这个分组操作对于构建正确的颗粒度非常有用，但是在执行它时必须先从原始 Customer 表中删除所有无关的列，然后恢复所需的列。

首先，从表中删除所有列，只维护[新客户键]列，如图 5-20 所示。

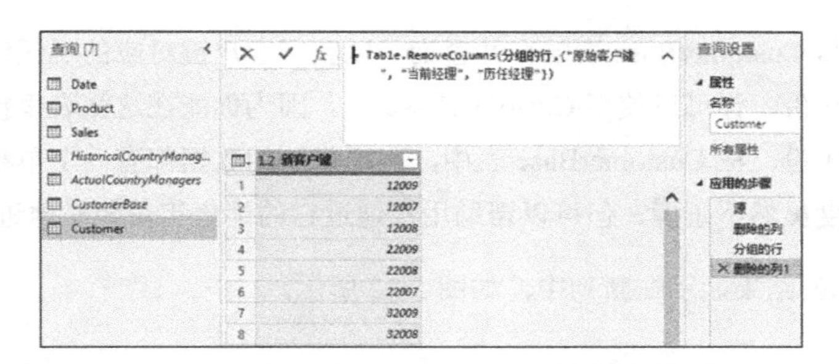

	新客户键
1	12009
2	12007
3	12008
4	22009
5	22008
6	22007
7	32009
8	32008

图 5-20　虽然这张表只包含新客户键，但是现在它的颗粒度是正确的

然后，根据客户键将此表与 CustomerBase 表合并，并检索所需的所有列，结果如图 5-21 所示。在图 5-21 中，可以很容易地发现客户在版本数量上的差异，这取决于客户对应的经理人的数量。

	原始客户键	客户键	名字	国家地区	现任经理
1	16	162007	Young, Chloe	United States	Mark
2	16	162008	Young, Chloe	United States	Mark
3	16	162009	Young, Chloe	United States	Mark
4	17	172007	Hill, Wyatt	United States	Mark
5	17	172008	Hill, Wyatt	United States	Mark
6	17	172009	Hill, Wyatt	United States	Mark
7	24	242007	Edwards, Seth	United States	Mark
8	24	242008	Edwards, Seth	United States	Mark
9	24	242009	Edwards, Seth	United States	Mark
10	25	252007	Xie, Russell	United States	Mark
11	25	252008	Xie, Russell	United States	Mark
12	25	252009	Xie, Russell	United States	Mark
13	37	372007	Russell, Jennifer	United States	Mark
14	37	372008	Russell, Jennifer	United States	Mark
15	37	372009	Russell, Jennifer	United States	Mark

图 5-21　最终的 Customer 表具有正确的颗粒度和所有相关列

接下来，对 Sales 表执行类似的操作（注意：由于更改了 Customer 表的键，所以原有的 Sales[客户键]列不再是一个合适的键，它也是需要被调整的）。

在事实表中固定颗粒度

但在 Sales 表中，不能根据销售发生的年份来计算新的键。如果一个[国家地区]的经理人没有改变，那么，销售年份和现任经理人的入职年份就不符，你就需要通过搜索来得到新的键。维度新的基数取决于客户、历任经理和现任经理。你可以在新的 Customer 维度表中搜索这三个值。在那里，你将找到新的客户键。

你需要在 Sales 表上执行以下步骤来修正颗粒度。

1. 在原始的 Sales 表中添加原有客户键和订单年份对应的客户键 Lookup 列。

2. 执行与 CustomerBase 表的合并查询，以获得客户键对应的现任经理、历任经理和年份。你可以使用 CustomerBase 表，因为你能在这张表里搜索到销售发生的年份。在 CustomerBase 表中，客户每年的数据都有一个单独的行。这个颗粒度虽然不正确，但可以帮助用户通过它的销售年份轻易地进行搜索。

合并操作的结果显示在新列中，如图 5-22 所示。

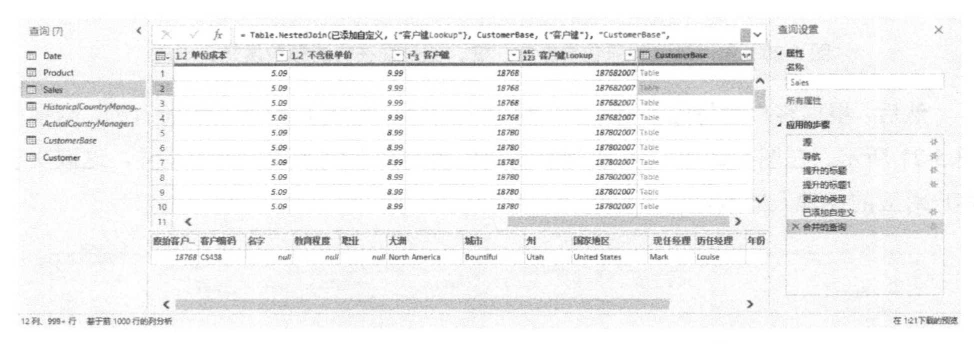

图 5-22　你需要将 Sales 表与 CustomerBase 表合并查询以检索现任经理、历任经理

你现在可以展开得到现任经理和历任经理。首先，你可以使用它们执行与 Customer 表的第二次合并查询，这时的 Customer 表具有正确的颗粒度。然后，你可以搜索具有相同原始客户键、现任经理和历任经理的客户。最后一次查找将允许你检索新的客户键，并解决事实表的颗粒度问题。

图 5-23 显示了 Sales 表被处理后的片段。第一行突出显示的内容是某位客户的第一任经理人是 Louise，然后变成了 Mark。因此，该客户将拥有不同版本的记录，而单独的行（与 2007 年相关，当时经理人仍然是 Mark）指向该客户 2007 年的版本。在第二行中，客户的经理人从未更改，因此客户只有一行记录（标记为持续到最后一年——2009 年）。此外，即使销售发生在 2007 年，系统也会指向 2009 年对应的客户。在最终版本的 Sales 表中，客户键 Lookup 列将不再出现，这里截图的只是处理过程中的一个步骤。

图 5-23　两行突出显示了更改经理人的客户与未更改经理人的客户的不同处理结果

加载渐变维度需要非常仔细。以下是到目前为止你所执行的步骤的简要描述。

1. 你定义了渐变维度新的颗粒度。新的颗粒度依赖于随时间变化的维度的属性。

2. 你调整了维度表，使其适配正确的颗粒度。这需要复杂的查询调整，最重要的是需要定义新的客户键作为关系的基础。

3. 你调整了事实表，以应用新的客户键。由于无法轻松实现对客户键的调整，因此，必须通过执行合并查询在新的维度表中搜索新的客户键。所有渐变维度的属性都用于定义表的颗粒度。

我们用 Power BI Desktop 的查询编辑器展示了处理渐变维度的整个过程（你可以在 Excel 2016 中执行相同的步骤）。我们希望展示处理渐变维度所涉及的复杂性级别。在下一节中，你将会发现管理快变维度要比管理渐变维度简单得多。但从存储和性能的角度来看，使用快变维度并不是最佳解决方案。仅当你的数据模型比较小（在几百万行范围内）时，你才可以安全地使用更简单的快变维度模式来处理渐变维度。

快变维度

就如名字所指的，渐变维度通常指变化非常缓慢，不会生成过多版本的对应维度实体的维度。我们故意使用不同经理人管理同一位客户作为渐变维度的案例，这是因为这样的话，渐变维度可能每年都会发生变化。当这种变更属性为所有客户共有时，所创建的新版本的数量就有点多了。渐变维度的一个更传统的示例可能是跟踪客户的当前地址和历史地址，但客户通常不会每年都更新其地址，所以，我们选择使用经理人示例而不是地址示例，用来展示 Excel 或 Power BI Desktop 都可以轻松创建的模型。

当你感兴趣的维度是客户的年龄（这维度的属性每年都在变化）时，假设你希望按年龄区间分析销售数据，那么，如果不将客户的年龄作为渐变维度进行处理，则无法将其存储到客户维度中。当客户的年龄发生变化时，你需要跟踪销售发生时的年龄，而不是当前年龄。你可以使用上一节的模式。

假设模型中有 10 年的数据，那么，如果你使用渐变维度，你的表中可能有一位客户 10 个版本的记录。如果必须监视维度更多的属性，这个数量可能会很容易增加，直到处理起来很麻烦。你的注意力应当关注在：整个维度本身没有变化，变化的是维度的一个属性。这可以帮助解决问题。如果属性变化得过于频繁，最好的选择是将属性单独存储成维度表，从而从客户维度表中移除该属性。

模型启动后的效果如图 5-24 所示，其中，客户的当前年龄被保存在 Customer 表中。

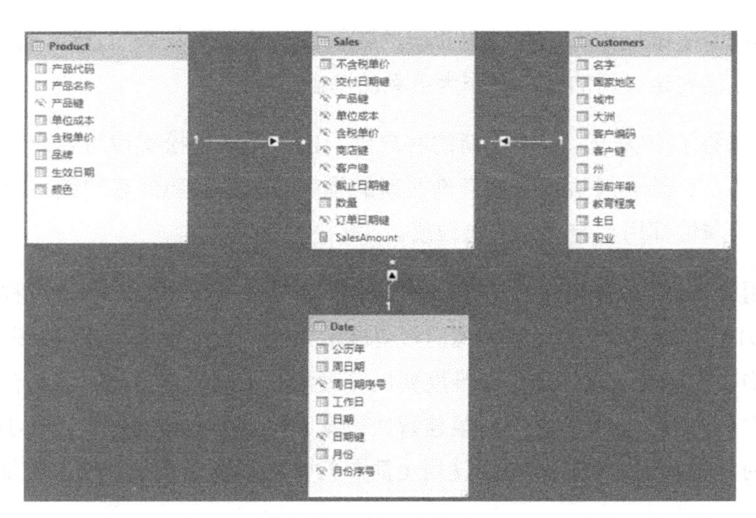

图 5-24　Customer[当前年龄]目前被存储为 Customer 表的一个属性

存储在 Customer 表中的 Customer[当前年龄]是每位客户的当前年龄。它们会根据当前日期而每天更新。但是该怎么处理客户的历史年龄（即他在销售发生时的年龄）呢？由于客户的年龄变化得很快，对其建模的一种好方法是使用计算列在事实表中存储历史年龄，这时，可以试试下面的代码。

```
Sales[HistoricalAge] =
DATEDIFF(
    RELATED( Customers[生日] ),
    RELATED( 'Date'[日期]),
    YEAR
    )
```

这一列计算客户的出生日期和销售发生日期之间的差值。由此列计算出来的值以一种非常简单、方便的方式储存了历史年龄。如果将数据存储在事实表（Sales 表）中并在那里对其进行反规范化，则不需要额外创建维度表。这种方法在没有使用渐变维度模式所需的数据转换过程的情况下对年龄进行了建模。

仅这一列就可以构建图表，例如，图 5-25 显示了针对不同年龄区间的客户的销售额直方图。

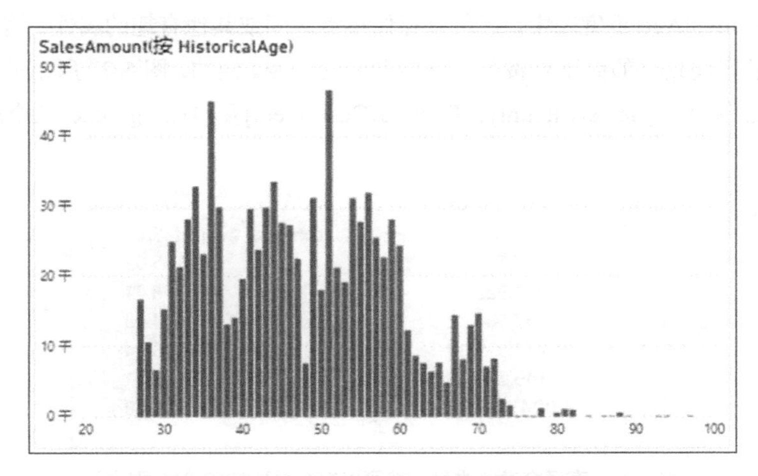

图 5-25　按年龄区间分布可以使用直方图进行展示

年龄作为一个数值，非常适用于使用图表进行展示。但是，你也可能对把年龄划分成不同的区间来获得不同的见解感兴趣。在这种情况下，最好的选择是创建一个真实的维度表，并使用事实表中的年龄值作为指向该维度的外键。这将产生图 5-26 所示的数据模型。

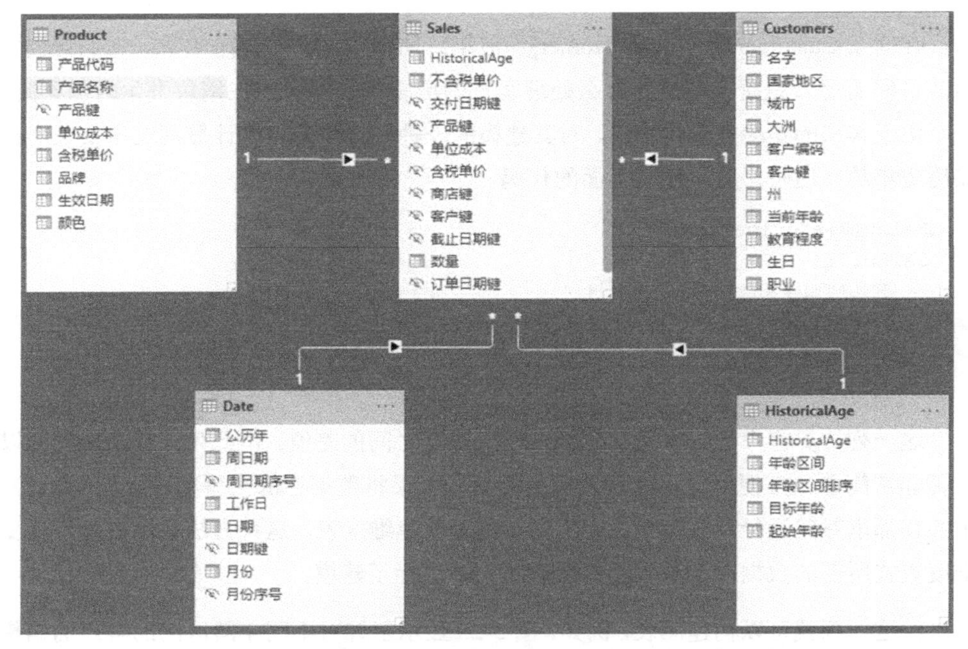

图 5-26 可以将历史年龄转换为外键，构建合适的年龄维度

在 HistoricalAge 维度表中，还可以存储年龄区间或其他有趣的属性。这使你能够构建按年龄区间划分的而不是按单个年龄划分的报表。例如，图 5-27 所示的报告显示了各个年龄区间的[SalesAmount]、[NumOfCustomers]及[AverageSale]三个度量值的结果。

年龄区间	SalesAmount	NumOfCustomers	AverageSale
	2,870,568.10	352	8,155.02
25-40	281,923.97	615	458.41
40-50	252,664.72	556	454.43
50-60	272,339.13	525	518.74
Over 60	146,787.78	310	473.51
总计	**3,824,283.70**	**2353**	**1,625.28**

图 5-27 有了合适的维度，就可以很容易地按年龄区间划分

通过将快速变化的属性与原始维度分离并将其作为值存储在事实表中，或者在需要时在属性的上一级构建适当的维度，你可以获得良好的数据模型。由此产生的加载过程要比使用功能齐全的渐变维度模式容易得多，数据模型也简单得多。

选择正确的建模技巧

在本章中，我们展示了两种不同的方法来处理维度的属性变化。规范的方法是使用相当复杂的 ETL（数据获取、转换及加载）过程创建功能齐全的渐变维度模式。更简单的方法是将变化缓慢的属性作为列存储在事实表中，如果需要，还可以在属性的上一级构建适当的维度。

后一种解决方案开发起来要简单得多，因此有时这是处理渐变维度的最佳方法，特别适用于可以轻松地区分一个缓慢变化的属性时。但如果属性的数目较多，则可能会导致维度列过多，从而使数据模型难以浏览。在数据建模中经常发生的情况是：在选择解决方案之前，你应该仔细考虑。如果你希望跟踪客户的一些历史属性，如年龄、完整地址（大洲、国家或地区、州）、国家或地区对应的经理人及其他属性，那么，你最终可以构建多个维度表来跟踪所有这些属性。但无论维度表中有多少变化的属性，如果你使用功能齐全的渐变维度模式，你只需维护一张维度表。

让我们回到贯穿本章的示例，着手处理现任经理和历任经理。如果你不关注维度，而只关注属性，那么你可以使用图 5-28 所示的模型轻松地解决该问题。

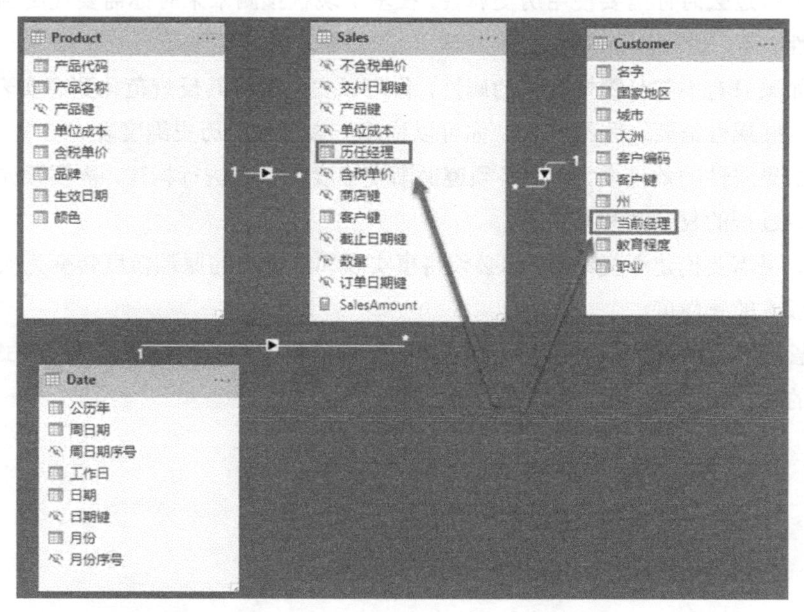

图 5-28　在事实表中取消[历任经理]字段的规范化将获得一个简单的模型

构建模型很简单，只需要计算每次销售发生时分配给客户所在的国家或地区的经理人。你可以通过几个合并操作来获得它。需要强调的是，此时不需要更新事实表或维度表的颗粒度。

关于渐变维度模式，有一个简单的经验法则：尝试尽可能隔离缓慢变化的属性（或一组属性），并为这些属性构建单独的维度表，这样你就不需要更新颗粒度。如果属性的数量太多，那么，最好的选择是构建功能完整的渐变维度模式。

本章小结

渐变维度模式并不容易被管理。然而，在很多情况下，当你想要跟踪一段关系中发生了什么，并试图预测未来可能发生什么时，使用渐变维度模式就很重要了。以下是本章需要记住的要点。

- 维度本身并没有改变，改变的是维度的一组属性。因此，正确表达数据不断变化的本质的方法是理解缓慢变化的属性是什么。
- 分析过去时你需要使用历史属性，在基于现状预测未来时你需要使用当前的属性。
- 如果只有小部分缓慢变化的属性，你可以安全地将其反规范化到事实表。如果这些属性需要一张维度表，你可以构建一张单独的历史维度表。
- 如果属性的数量太大，你必须遵循渐变维度的模式进行构建，需要预先了解加载过程的复杂性和易错性。
- 如果需要构建渐变维度，你必须将事实表和维度表的原颗粒度转变为实体对应版本的颗粒度。
- 管理渐变维度模型时，在大部分的计算中需要按照新的颗粒度调整公式，典型的包括使用非重复计数代替一般计数。

第 6 章

使用快照表

目前，你已经熟悉了在模型中区分事实表和维度表，下面将介绍**快照表**，快照表也是在数据建模中经常被使用的一种表。你在第 1 章中了解了一种常见的事实——事件（发生的事情）。然后，通过使用聚合函数（如 SUM、COUNT 或 DISTINCTCOUNT 等）来聚合事实表中的值。但有时记录的并不是一个具体的事件，有的信息表存储的是已经测量过的信息：比如引擎的温度、每个月平均每天进入商店的顾客数量或产品的库存数量。在这些情况下，你存储的是在某个时间点进行测量得到的值，而非事件的记录。所有这些场景通常都被建模为快照表。另一种常见的快照表是存储账户余额信息的表。事实表会包含账户中的个人交易信息，快照表记录在给定的时间点上的余额是多少。

快照表不同于一般的事实表。它是在一些时间点上记录的度量过的信息。当涉及快照表时，时间是计算式中非常重要的一部分。当事实表的颗粒度过细导致信息太多或不可用时，快照表就可能出现在你的模型中。

在这一章中我们将分析一些快照表，以帮助你更好地理解该如何处理它们。你通常遇到的模型可能与我们给出的标准模式的模型存在差异，你可以根据具体需求来调整你在书中所学内容，并在开发模型时有创造性地进行拓展、应用。

处理不能随时间累积的数据

假设你定期记录商店的库存信息。那么，库存表本来应该是事实表，然而，这一次并没有生成事实表，因为该记录只在特定时间点才成立。你在事实表中应该陈述的是：这个商店在这个日期可用的产品数量是多少。但在下个月，当你执行同样的操作后，库存表却是一张快照表——存储仅在当时可用的数据。从操作的角度来说，该表属于事实表，因为你很可能需要对表做汇总计算，并且该表可与维度表相关联。事实表和快照表的区别更多的在于事实信息的具体含义而不是结构形式。

快照表的另一个典型案例是存储汇率的表。你可以将货币的汇率存储在包含日期、货币及其与参考货币（如美元）的比值的表中。这是一个与维度相关的事实记录表，并且包含可被聚合的数字。但它不存储已发生的事件而是存储在给定时间点上度量过的值。我们将在第 11 章中完整介绍如何管理汇率，就本章而言，我们只需要了解汇率表是一种快照表就足够了。

快照表分为两种类型。

- **自然快照表。** 这些数据表在结构上天然就是数据快照表，如一张测量每日引擎中水温的事实表就是一张自然快照表，事实就是测量（译者注：通常可以有意义地聚合，如求和、求平均值等），事件则是测量的信息值。
- **派生快照表。** 这些数据表看起来像快照表，且我们倾向于认定它们为快照表，如一个包含账户每月余额的事实表。每个月需要度量的是余额信息，但实际上，账户的余额是之前发生的所有交易（正数或负数）的总和。因此，数据以快照表的形式存在，但也可以通过原始交易的简单聚合来计算。

学会区分表的类型很重要。在本章中，你将学到以快照表的方式处理模型既有优点也有缺点，你必须在它们之间找到正确的平衡，以便选择最佳的数据表现形式。有时最好是以存储余额的形式，有时则最好是以存储交易的形式。在派生快照表的情况下，你有做出正确选择的自由和责任。但是，对于自然快照表的选择是有限的，因为数据是以快照形式自然获得的。

快照表的聚合方式

学习分析数据表，先从学习如何从快照表中正确地聚合数据开始。我们先考虑一个记录库存的事实表，其中包含每种产品在商店中每周的库存数量的快照。完整的模型如图 6-1 所示。

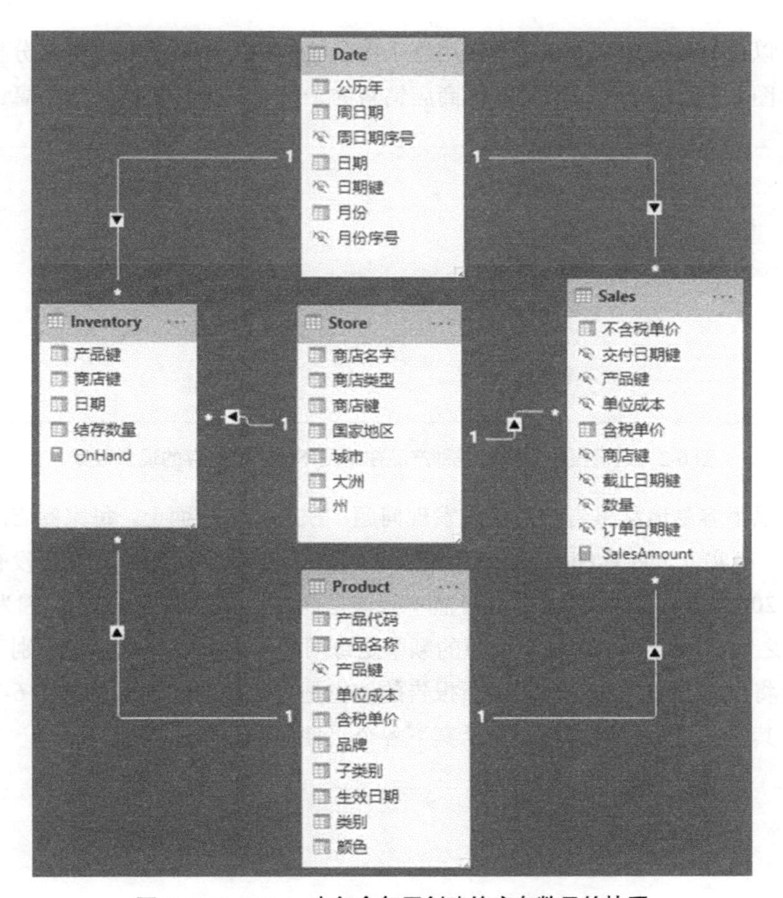

图 6-1　Inventory 表包含每周创建的库存数量的快照

初看起来模型像一个包含两张事实表（Sales 表和 Inventory 表）的简单的星形模型，没有任何问题。的确，两张事实表具有相同的日期、产品和商店颗粒度。这两张表的最大区别在于：Inventory（库存）表是一张快照表而 Sales 表是一张常规事实表。

注意　你将在本节了解到为什么在快照表上计算值会隐藏一些复杂性。在学习建立正确公式的过程中，我们会进行很多次试错，并一起分析原因。

现在，我们先关注一下 Inventory 表。如前文所述，Inventory 表包含每种产品在每家商店的每周库存数量的快照。你可以使用以下公式轻松创建一个聚合[结存数量]列的度量值。

```
OnHand = SUM ( Inventory[结存数量] )
```

你可以在 Power BI Desktop 中使用这个度量值构建一个矩阵式报告来分析单个产品的值。图 6-2 显示了在德国的不同商店销售的一种立体声耳机的详细信息。

公历年	月份	Contoso Giebelstadt Store	Contoso Munich Store	Contoso obamberg Store	总计
CY 2009	November			20	20
	December			27	27
	总计			47	47
CY 2008	May		34		34
	June	18	63		81
	July	42	42		84
	总计	60	139		199
CY 2007	January		6		6
	February		18		18
	March			8	8
	April	8	8	24	40
	May	24	18		42
	June			6	6
	July			20	20
	October	6	6	6	18
	November	18	18	18	54
	总计	56	74	82	212
总计		116	213	129	458

图 6-2　这份报告显示了一种产品在德国不同商店结存的现货数量

你可以很容易地从报告的总数中发现问题：在公历年层面上，每家商店的总数都是错误的。事实上，如果 Giebelstadt 商店在 11 月有 18 副耳机，到了 12 月没有库存，那么，在 2007 年年末时，耳机总数显然不应该是 56，正确的值应该是 0，因为在 2007 年 11 月之后就没结存了。由于快照的频率是每周一次，如果你从月份级别下钻到日级别，你将注意到原先在月份级别所报告的值也是不正确的。你可以在图 6-3 中看到这一点，其中，月份级别的总计显示其下各个日期的结存数量的和。

公历年	月份	日期	Contoso Giebelstadt Store	Contoso Munich Store	Contoso obam
CY 2009	November	2009年11月28日			
		总计			
	December	2009年12月5日			
		2009年12月12日			
		2009年12月19日			
		总计			
	总计				
CY 2008	May	2008年5月3日		16	
		2008年5月24日		18	
		总计		34	
	June	2008年6月7日		24	
		2008年6月14日		15	
		2008年6月21日	18		
		2008年6月28日		24	
		总计	18	63	
	July	2008年7月5日	14	14	
		2008年7月12日	14		
		2008年7月19日		14	
		2008年7月26日	14	14	
		总计	42	42	

图 6-3　月份级别的总数是通过对各个日期的记录求和生成的，结果也不正确

请记住：在处理快照表时不应该使用累加度量。对于快照表而言，即使对某些字段（如商店）的计算必须使用 SUM 函数进行聚合，也不能直接使用 SUM 函数在时间维度上进行聚合。快照表通常包含在特定时间点上有意义的信息集。但在总体级别上，你通常不会通过使用 SUM 函数对日期维度进行汇总，如显示所有单个日期的记录的总和。相反，你应该考虑最后一个有效值、平均值或其他类型的聚合值来获得有意义的结果。

在这种典型的场景下，你必须使用半累加模式计算含有一些信息的上一阶段的值。例如，如果你关注 4 月，有数据的最后日期是 4 月 28 日，此时，有多种使用 DAX 进行计算的方式，我们需要探索一下合适的方式。

规范的半累加模式使用 LASTDATE 函数检索周期中的最后一个日期。

这个函数在本例中没有用处，因为当你选择 4 月份的时候，LASTDATE 函数将返回 4 月 30 日的信息，而该日没有数据。事实上，如果你用下面的公式修改现有的度量值，结果将会清除每月的总数。

```
OnHand :=
CALCULATE (
    SUM ( Inventory[结存数量] ),
    LASTDATE ( 'Date'[日期] )
)
```

你可以在图 6-4 中看到这一点，其中，月份级别的总数为空。

公历年	月份	日期	Contoso Giebelstadt Store	Contoso Munich Store	Contoso obamberg Store	总
CY 2007	January	2007/1/27		6		6
		总计				
	February	2007/2/3		6		6
		2007/2/10		6		6
		2007/2/17		6		6
		总计				
	March	2007/3/3			8	8
		总计				
	April	2007/4/7			6	6
		2007/4/14			6	6
		2007/4/21	8	8	6	22
		2007/4/28			6	6
		总计				
	May	2007/5/5	8	6		14
		2007/5/12	8	6		14
		2007/5/26	8	6		14
		总计				

图 6-4　如果使用 LASTDATE 函数检索某个时间段的最后一个日期，总计的值将消失

你需要使用的日期是有数据记录的最后一个日期，但这个日期可能不对应于这个自然月的最后一个日期。在这种情况下，你可以尝试使用其他函数来处理 Inventory 表中的日期键。与其在包含所有日期的 Date 表上使用 LASTDATE 函数，还不如在仅包含可用日期的 Inventory[日期]列上使用 LASTDATE 函数。但是这种方法会导致不正确的总数。因为它违反了 DAX 的最佳实践原则之一：对关系两端中的维度表（Date 表）的列应用筛选器，而不是在事实表（Inventory 表）上应用筛选器。让我们通过查看图 6-5 中的结果来分析这种行为（在图 6-5 中使用以下代码修改了度量值）。

```
OnHand :=
CALCULATE (
    SUM ( Inventory[结存数量] ),
    LASTDATE ( Inventory[日期] )
)
```

公历年	月份	日期	Contoso Giebelstadt Store	Contoso Munich Store	Contoso obamberg Store	总计
CY 2007	January	2007/1/27		6		6
		总计		6		6
	February	2007/2/3		6		6
		2007/2/10		6		6
		2007/2/17		6		6
		总计		6		6
	March	2007/3/3			8	8
		总计			8	8
	April	2007/4/7			6	6
		2007/4/14			6	6
		2007/4/21	8	8	6	22
		2007/4/28			6	6
		总计	8	8	6	6
	May	2007/5/5	8	6		14
		2007/5/12	8	6		14
		2007/5/26	8	6		14
		总计	8	6		14

图 6-5　在 Inventory[日期]列上使用 LASTDATE 函数仍然会得到错误的数值

再来看看 4 月份的总数。注意，在 Giebelstadt 和 Munich 商店下数值对应的是 4 月 21 日，而对于 Obamberg 商店，数值对应的是 4 月 28 日。但是，这三家店的总计数值只有 6，这与 28 日这三家店的总计数值相匹配（译者注：此时对应 2 个空记录和 1 个记录为 6，直观的计算应该是 6），但这和业务事实不吻合，其中发生了什么事情呢？

正确的符合业务场景的计算应该是只计算最后一天的库存而不是去汇总 Munich 和 Giebelstadt 商店最后一天（4 月 21 日）和 Obamberg 商店（4 月 28 日）的库存值。此时他们的期末为 28 日，因为这才是“最后一天”。换句话说，给定的值（即 6）不是总体的总数，而是商店级别的部分总数。事实上，因为在 28 号没有 Giebelstadt 和 Munich 商店的存货量记录，所以，它们的月总计被按照零来计算了，而不是最后的可用值。因此，一个正确的计算总计的公式应该在每个商店下搜索至少一个有价值的最后日期。该模式的标准解决方案如下。

```
OnHand1 := CALCULATE (
    SUM ( Inventory[结存数量] ),
    CALCULATETABLE (
        LASTNONBLANK ( 'Date'[日期], NOT ( ISEMPTY ( Inventory ) ) ),
        ALL ( Store )
    )
)
```

在上述这种特殊情况下，公式也可以被写成如下形式。

```
OnHand2 := CALCULATE (
    SUM ( Inventory[结存数量] ),
    LASTDATE (
        CALCULATETABLE (
            VALUES ( Inventory[日期] ),
            ALL ( Store )
        )
    )
)
```

两个版本的代码都可以很好地工作。你可以根据数据分布和模型的一些特性来决定使用哪一个，这些特性在这里不值得研究。关键内容是使用上述库存计算代码，你将获得所需的结果，如图 6-6 所示。

公历年 ▲	月份	日期	Contoso Giebelstadt Store	Contoso Munich Store	Contoso obamberg Store	总计
CY 2007	January	2007年1月27日		6		6
		总计		6		6
	February	2007年2月3日		6		6
		2007年2月10日		6		6
		2007年2月17日		6		6
		总计				
	March	2007年3月3日			8	8
		总计				
	April	2007年4月7日			6	6
		2007年4月14日			6	6
		2007年4月21日	8	8	6	22
		2007年4月28日			6	6
		总计			6	6

图 6-6 最后一个公式在总计上给出了正确的结果

代码能正常运行，但有一个主要缺点：每当搜索有数据的最后日期时，必须扫描整个 Inventory 表。根据表中日期的数量及其分布状态消耗一些时间，并可能导致较差的性能。在这种情况下，一个不错的解决方案是在内存中加载数据时，预测哪些日期将被视为库存的有效日期。你可以在日期表中创建一个计算列，该列指示给定日期是否存在于 Inventory 表中，具体代码如下。

```
Date[RowsInInventory] := CALCULATE ( NOT ISEMPTY ( Inventory ) )
```

该列是一个得到布尔值的列，结果包含 TRUE 或 FALSE。而且它存储在日期表中，而日期表总是一个很小的表。（即使你有 10 年的数据，日期表也只占大约 3 650 行）。这样做的结果是，扫描一个小表始终是一个快速的操作，而扫描可能包含数百万行的事实表可能不是这样。在列就位后，你可以更改现有值的计算方法如下。

```
On Hand := CALCULATE (
    SUM ( Inventory[OnHandQuantity] ),
    LASTDATE (
        CALCULATETABLE (
            VALUES ( 'Date'[Date] ),
            'Date'[RowsInInventory] = TRUE
        )
    )
)
```

虽然代码看起来更复杂，但运行速度会更快，因为它只需要在日期表中通过得到布尔值的列筛选搜索很少的库存日期。

本书是关于数据建模而不是关于 DAX 语言的，我们为什么要花这么多时间分析 DAX 代码来计算一个半累加的度量值呢？原因是我们希望你注意以下与数据建模相关的细节。

- **快照表的值不像普通事实表的值那样可以直接聚合。**计算它们必须使用半累加公式（通常是 LASTDATE）。
- **快照颗粒度很少是日期级别的。**如果每天快照每个产品的信息，记录数量的表将很快变得很夸张，这种快照表会非常大，而且性能会非常差。
- **在计算半累加度量值混合颗粒度变化的相关公式往往很难写。**如果你不注意细节，模型的性能会受到影响。非常容易写出不能正确计算总数的公式。因此，在考虑所有的数字是否正确之前，反复检查它们总是好的。
- **优化代码。你可以使用计算列预先把执行日期的信息存在快照的日期表中。**这个小变化会带来更好的性能。

你在本节中学到的知识几乎适用于所有类型的快照表。你可能需要处理股票的价格、引擎的温度或任何类型的度量值，它们都属于同一类别。有时你需要在周期开始时使用该值，但在其他时候，它是最后一个有效的值。无论如何，你很少能够使用简单的 SUM 函数来聚合快照表中的值。

理解派生的快照表

派生快照表是包含值的简化结果的预聚合表。派生快照表在大多数情况下是出于优化性能原因被创建的。当计算需要聚合数十亿行时，最好预先计算出值并生成一张快照表以减少模型的计算工作量。

这通常是一个好办法，但是在为模型创建派生快照表前，你必须仔细权衡利弊。假设你必须构建一个显示每月客户数量的报告，并将客户划分为新客户和老客户。你可以利用一张预先计算的派生快照表，如图 6-7 所示，NewCustomers 表包含每月所需的三个值。

日期键	客户总数	新客户数	返回客户数
20070131	182	182	0
20080131	40	27	13
20090131	21	10	11
20070228	154	147	7
20080229	54	40	14
20090731	54	46	8
20090228	47	39	8

图 6-7　此表以快照表的形式包含[新客户数]和[返回客户数]

这张可以添加到模型中的预聚合表的名称是 NewCustomers，并通过关系与 Date 表进行连接。这将使你能够在其上构建报告，图 6-8 显示了结果模型。

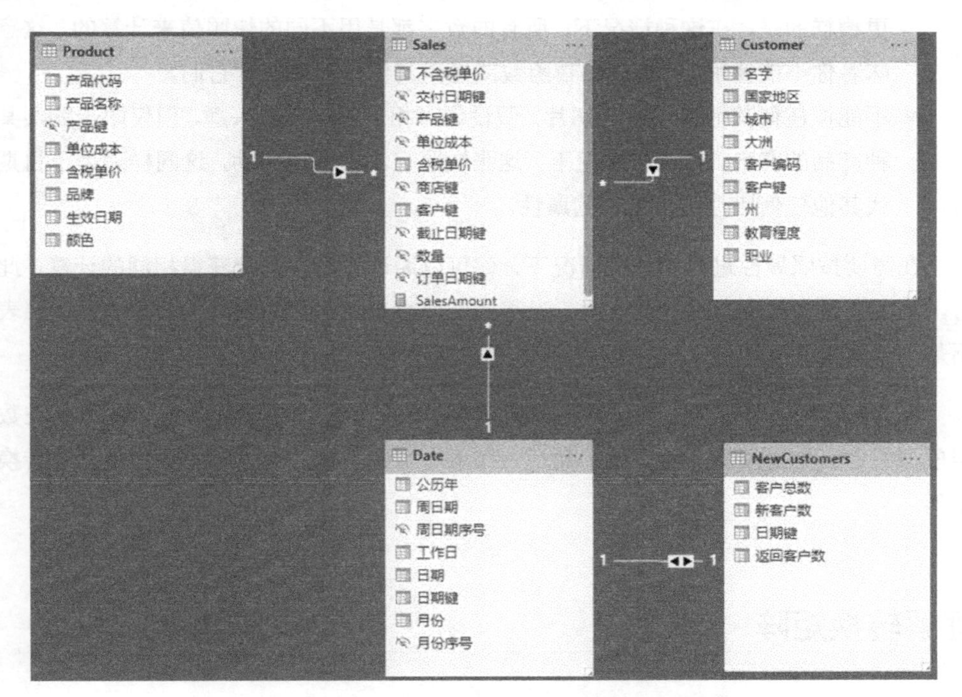

图 6-8　NewCustomers 表作为一张快照表被连接到模型

这张快照表把每月的信息快照成 1 行，总共有 36 行。与事实表中的数百万行相比，这看起来非常棒。你也可以很容易地构建一个显示销售额的报告，如图 6-9 所示。

公历年	月份	SalesAmount	客户总数	新客户数	返回客户数
CY 2007	January	101,097.29	182	182	0
CY 2007	February	108,553.23	154	147	7
CY 2007	March	119,707.79	152	148	4
CY 2007	April	121,085.76	185	177	8
CY 2007	May	123,413.45	153	143	10
CY 2007	June	121,707.42	86	75	11
CY 2007	July	139,381.04	113	106	7
CY 2007	August	87,384.12	119	114	5
CY 2007	September	155,276.08	81	73	8
CY 2007	October	99,872.58	70	60	10

图 6-9 使用快照表很容易生成月报

这个报告从性能的角度来看非常棒，因为所有的数字都是预先计算的并且在几毫秒内就可以被调用。然而，在这种情况下，加快速度是有代价的。事实上，该报告存在以下问题。

- **无法生成小计**。与前一节所示的快照表相似，你不能通过聚合生成小计金额。更糟糕的是，在这种情况下，所有的数字都是用不同的快照值来计算的，这意味着你不能使用 LASTDATE 函数或任何其他技术来聚合它们。
- **不能按任何其他属性进行切片**。假设你对相同的报告感兴趣，但仅限于购买某种产品的客户。在这种情况下，这张快照表没有任何帮助，这同样适用于日期或其他任何比月份更精细的属性。

在需要按照属性进行切片的情况下，你可以通过编写度量值获得相同的计算，此时，派生快照表就不再是最佳选择。当需要处理小于数亿行的表时，创建派生快照表不是一个非常好的选择，DAX 动态计算通常能提供良好的性能和更大的灵活性。

但在某些情况下，你并不需要灵活性或需要避免灵活性时，派生快照表会在数据模型的定义中扮演着非常重要的角色。在下一节中我们将分析其中一个场景：**转换矩阵**。

理解转换矩阵

转换矩阵是一种非常有用的建模技术，它广泛使用快照表来创建强大的分析模型。

这不是一项简单的技术，但是我们认为理解转换矩阵的基本概念是很重要的。它将是你的建模工具"锦囊"中的一个有用的工具。

假设你根据客户在一个月内的购买量为其分配了一个排名。此时，你有了三类客户（低、中、高）和一张 RatingConfiguration（排名参数）表，用于存储每个类别的边界，如图 6-10 所示。

等级	销售下限	销售上限
Low	0	100
Medium	100	500
High	500	999999999

图 6-10 用于确定客户等级的排名参数表

根据这张参数表，你可以使用以下代码在模型中构建一张每月对每位客户进行排名的计算表。

```
CustomerRanked = SELECTCOLUMNS (
   ADDCOLUMNS (
      SUMMARIZE ( Sales, 'Date'[公历年], 'Date'[月份], Sales[客户代码] ),
      "Sales", [SalesAmount],
      "Rating", CALCULATE (
         VALUES ( 'RatingConfiguration'[等级] ),
         FILTER (
            'RatingConfiguration',
            AND (
               'RatingConfiguration'[销售下限] < [SalesAmount],
               'RatingConfiguration'[销售上限] >= [SalesAmount]
            )
         )
      ),
      "DateKey", CALCULATE ( MAX ( 'Date'[日期键] ) )
   ),
   "客户键", [客户键],
   "日期键", [DateKey],
   "销售", [Sales],
   "等级", [Rating]
)
```

这个查询看起来相当复杂，但其实它的结构很简单。它生成**客户键**、**日期键**、**销售**的组合表，然后，根据参数表，它为每位客户分配每月的**等级**。CustomerRanked 表如图 6-11 所示。

1 CustomerRanked = SELECTCOLUMNS (

客户键	日期键	销售	等级
842	20070131	8.54	Low
843	20070131	8.54	Low
844	20070131	8.54	Low
847	20070131	8.54	Low
849	20070131	8.54	Low
850	20070131	8.54	Low
851	20070131	8.54	Low
852	20070131	8.54	Low
15783	20070131	32.3	Low

字段
搜索
Customer
CustomerRanked
客户键
日期键
等级
销售

图 6-11　CustomerRranked 表按月存储客户的等级

由于购买的数量不同，客户可能在不同的月份处于不同的等级，也可能在几个月内根本没有等级（这意味着客户在那几个月里什么也没买）。如果你将该表添加到模型中并构建适当的关系集，你将获得图 6-12 所示的数据模型。如果此时你认为我们正在构建派生快照表，那么你是对的。CustomerRanked 表就是一张派生快照表，它根据实际存储的销售额预先计算度量值。

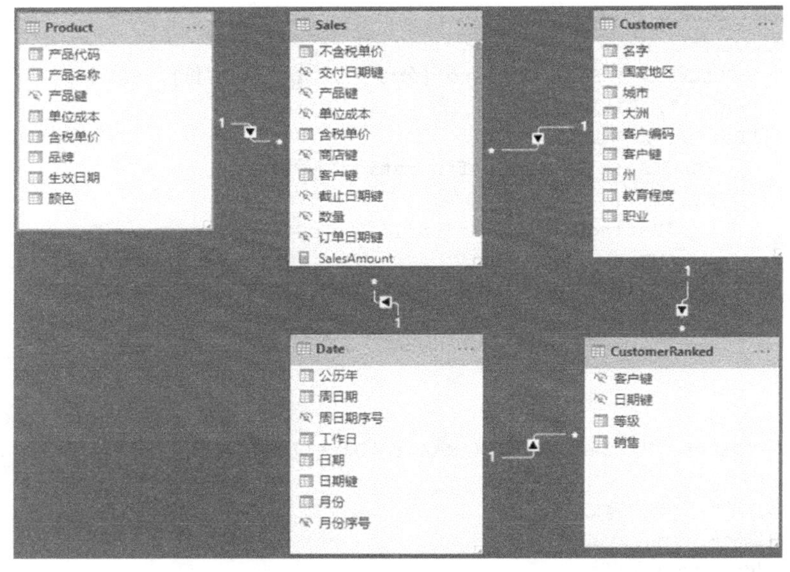

图 6-12　快照表可以与模型中的事实表一样连接维度表

你可以使用此表构建一个简单的报告来显示在不同月份和不同年份中被排名的客户的数量。值得注意的是，这张快照表必须通过使用不重复的计数进行聚合，以便在整个级别上只考虑每位客户一次。下面的公式用于生成图 6-13 所示的报告中的度量值。

```
NumOfRankedCustomers :=
CALCULATE (
    DISTINCTCOUNT ( CustomerRanked[客户键] )
)
```

公历年	High	Low	Medium	总计
⊟ CY 2007	547	508	386	1409
January	55	87	40	182
February	54	53	47	154
March	54	43	55	152
April	64	60	61	185
May	66	41	46	153
June	39	41	6	86
July	56	35	22	113
August	29	76	14	119
September	46	12	23	81
October	25	16	29	70
November	46	38	22	106
December	49	24	24	97

图 6-13　使用快照表可以很简单地计算各个等级的客户的数量

至此，我们已经构建了一张非常类似于上一节的示例的快照表。在上一节最后我们建议不要为该场景使用快照，这里有什么不同呢？以下是一些重要的区别。

- 等级是根据客户花了多少钱而不是根据购买了什么产品划分的。因此，等级的定义独立于外部选择，所以，预先计算并永久存储它是有意义的。
- 进一步切片到天级别没有多大意义，因为等级分配基于整月的销售数据。因此，月份的概念包含在所分配的等级中。

这些被考虑的因素已经足够强大，足以使快照表成为一个好的解决方案。而且这样做还有更充分的理由：你可以将此快照表转换为转换矩阵并执行更高级的分析。

使用转换矩阵的目的是回答“在 2007 年 1 月排名中等的客户的排名是如何演变的”这类问题，所需的报告如图 6-14 所示。它包含了 2007 年 1 月排名中等的客户，并显示了他们的排名如何随时间的变化而变化。

图 6-14 显示在 2007 年 1 月时，40 位客户的排名为中等。在这些客户中，一位在 4 月份排名为高，一位在 5 月份排名为低，一位在 11 月份排名为高。在 2009 年 6 月，这 40 位客户中有 4 位的排名为低。当你在一个月内为给定的排名设置一个筛选器后，你可以用此筛选器标识一组客户，然后可以分析这组客户在其他时期的行为。

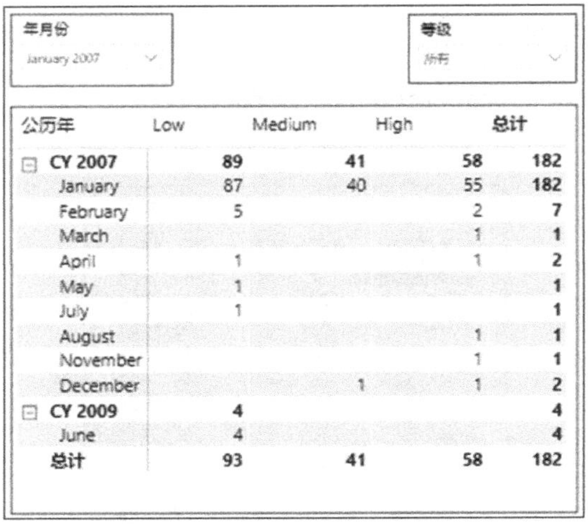

年月份
January 2007

等级
所有

公历年	Low	Medium	High	总计
⊟ CY 2007	89	41	58	182
January	87	40	55	182
February	5		2	7
March			1	1
April	1		1	2
May	1			1
July	1			1
August			1	1
November			1	1
December		1	1	2
⊟ CY 2009	4			4
June	4			4
总计	93	41	58	182

图 6-14　转换矩阵在客户分析中提供了非常有力的见解

要构建转换矩阵，你必须执行以下操作。

1. 使用给定的日期和排名来识别客户。

2. 检查客户在不同时期的排名。

让我们从第一个操作开始。我们希望按月给用户划分等级，我们还要使用切片器来固定快照日期和等级，因此需要一张参数表作为筛选器。理解这一点很重要，如考虑筛选快照表的某个日期（本例中为 2007 年 1 月）。如果你把日期表用作筛选器，你将不得不使用同样的关联表来显示日期的变化。也就是说，如果你使用日期表来筛选 2007 年 1 月，那么，这个筛选是在整个模型中保持的，这将使报告无法生成，因为你无法同时看到其他月份（如 2007 年 2 月）的变化。

因为不能使用日期表作为快照表的筛选器，所以，最好的选择是构建一张新表作为切片器的源。这样的表包含两列：一列具有不同的等级，另一列具有事实表引用的月份。具体代码如下。

```
SnapshotParameters =
SELECTCOLUMNS (
    ADDCOLUMNS (
        SUMMARIZE ( CustomerRanked,'Date'[公历年], 'Date'[月份],
CustomerRanked[等级] ),
        "DateKey", CALCULATE ( MAX ( 'Date'[日期键] ) )
    ),
    "日期键", [DateKey],
```

```
    "年月份", FORMAT ( CALCULATE ( MAX ( 'Date'[日期] ) ), "mmmm YYYY"  ),
    "等级", [等级]
)
```

图 6-15 显示了结果表（快照参数表）。

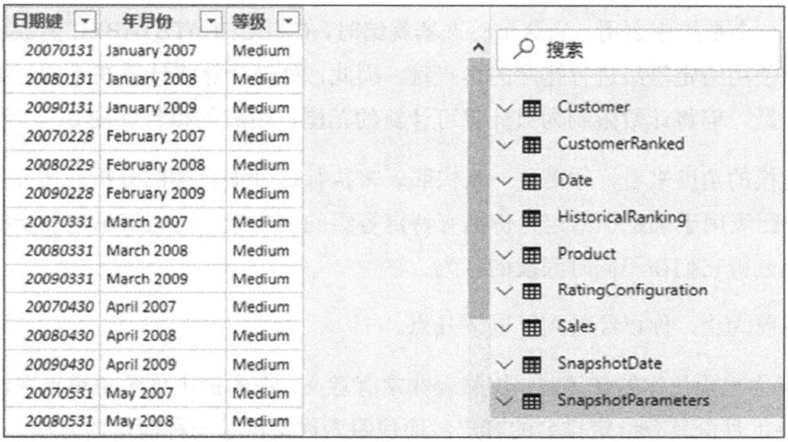

日期键	年月份	等级
20070131	January 2007	Medium
20080131	January 2008	Medium
20090131	January 2009	Medium
20070228	February 2007	Medium
20080229	February 2008	Medium
20090228	February 2009	Medium
20070331	March 2007	Medium
20080331	March 2008	Medium
20090331	March 2009	Medium
20070430	April 2007	Medium
20080430	April 2008	Medium
20090430	April 2009	Medium
20070531	May 2007	Medium
20080531	May 2008	Medium

搜索
Customer
CustomerRanked
Date
HistoricalRanking
Product
RatingConfiguration
Sales
SnapshotDate
SnapshotParameters

图 6-15　SnapshotParameters 表包含三列

该表包含[日期键]（整数形式）和[年月份]（字符串形式）。你可以将字符串放入切片器中以获得相应的键，这些键在将筛选器移动到快照表时非常有用。

此表不应与模型中的任何其他表相关联。它只是一张参数表，用作两个切片器的源：一个用于快照日期，另一个用于快照等级。数据模型现在已经就绪，你可以为排序选择一个起点，并将年和月放在矩阵的行中。下面的 DAX 代码将计算所需的数量，即在切片器中选中具有给定等级的和在不同时期具有不同等级的客户的数量。

```
Transition Matrix =
CALCULATE (
    DISTINCTCOUNT ( CustomerRanked[客户键] ),
    CALCULATETABLE(
        VALUES ( CustomerRanked[客户键] ),
        INTERSECT ( ALL ( CustomerRanked[等级] ), VALUES
( SnapshotParameters[等级] ) ),
        INTERSECT ( ALL ( CustomerRanked[日期键] ), VALUES
( SnapshotParameters[日期键] ) ),
        ALL ( CustomerRanked[排序序号] ),
        ALL ( 'Date' )
    )
)
```

这段代码乍一看不是很容易被理解，但我们建议你花些时间仔细研究它。

代码的核心是 CALCULATETABLE 函数，它使用两个 INTERSECT 函数（交叉调用）做筛选器。INTERSECT 函数用于将来自 SnapshotParameters 表（用于切片器的表）的选择应用于 CustomerRanked 表的筛选器。其中有两个交叉调用：一个是日期调用，另一个是排序调用。当这个筛选器就绪时，CALCULATETABLE 函数将返回在给定日期使用给定等级进行排序的客户键。因此，外部计算将计算在不同时期排名的客户的数量，但将计数限制为只计算可计算的范围，生成的报告如图 6-14 所示。

从建模的角度来看，你需要一张快照表来执行这种很有趣的分析。实际上，在本例中，快照表用于确定在给定月份拥有特定等级的客户集，这些信息进一步被用作筛选器，以分析它们在不同时间段的行为。

到目前为止，你已经看到了以下几点。

- 当你想固化你的计算时，快照表非常有意义。在本例中你希望重点关注在某个特定月份具有给定排名的客户，而快照为你提供了一种简单的方法。
- 如果你需要筛选快照日期，但你不想让这个筛选器遍历整个模型，你可以构建表并使用交叉筛选激活其他的需求。
- 可以使用快照表作为一种工具来计算一个筛选器选中的客户。在本例中你可以检查这些客户在其他时间段的行为。

转换矩阵的一个有趣的方面是你可以用它来计算更复杂的数据。

本章小结

快照表是一种以牺牲颗粒度为代价减少表的大小的有用工具。通过预聚合数据，公式的运行速度将会变快得多。此外，正如你在转换矩阵模式中所看到的，你可以通过使用快照数据形成一种完整分析的可能性。当然，快照表也会增加模型的复杂性。本章探讨了以下几个要点。

- 快照表几乎总是需要特别的聚合而不是一个简单的求和。你必须仔细分析所需的汇总类型，或者在最极端的情况下完全避免使用小计。
- 快照表的颗粒度总是不同于正常的事实表的颗粒度。在构建报告时必须考虑到这一点，因为模型的运算速度是有限制的。

- 通常，如果你的模型不是太大，可以避免使用派生快照表。如果优化 DAX 代码不能获得可接受的性能，则将使用派生快照表作为最后一个选择。
- 快照功能开启了新的分析数据的可能性，你可以根据需要分析的业务类型，探索更多的可能性。

使用快照表并不容易。本章提供了一些简单和复杂的场景。我们建议你先学习简单的场景，然后花一些时间考虑如何从复杂的场景中获益，并逐步使用快照表和转换矩阵。当有分析需要时，转换矩阵对于从数据中获取见解的帮助是非常大的。

第 7 章

日期和时间间隔分析

第 4 章讨论了时间智能以及和时间范围有关的计算。本章将向你展示几个同样将时间作为主要分析工具的模型。此时我们不再讨论诸如 YTD 和 YOY 这样的计算。在接下来的场景中，时间依旧是分析的焦点，但不再是把时间用作切片的主要维度。比如我们会计算一段时间内的工作小时数、可以在不同的时间段里参加不同项目的员工数以及当前正在处理的订单数。

这些模型与标准模型的不同之处是什么呢？在标准模型中，事实是在一个非常精确的时间点上发生的原子级别的事件。而在下面的模型中，事实通常是指具有持续时间的事件，在一段时间内持续地发生。事实表中存储的不再是事件的发生日期，而是事件开始的时间点。你必须结合模型小心地编写 DAX 公式，以解释事件的持续时间。

在这些模型中存在时间、持续时间和周期等概念。重点不仅在于按时间进行切片，还在于在持续发生的期间分析事实。在分析过程中要把时间值作为聚合或考虑的数字之一，这使得这些模型有些复杂。因此需要我们在建模过程中仔细处理。

处理时态数据

相信在阅读到本章时，你已经非常熟悉如何使用日期维度来切片数据。这允许你按照时间去分析事实，方法是使用 Date 维度表来切片数据。当谈论事实表时，我们通常会想到与事件有关的数字，如售出商品的数量、价格或客户的年龄。但有时事实并不是在给定的时间点发生的，它会从一个给定的时间点开始，持续一段时间。

以一名普通员工为例。你可以模拟这样一个事实：有名员工在给定的日期内工作，付出了一些劳动并赚了一些钱。所有这些信息都可以存储为正常的事实信息。同时，你也可以在模型中存储该员工工作的小时数，以便能够在月底结算。在这种情况下，图 7-1 所示的简单模型似乎是正确的。这里你有以下维度表：Workers 表和 Date 表，以及一个带有相关键和值的 Schedule 事实表（考勤表）。

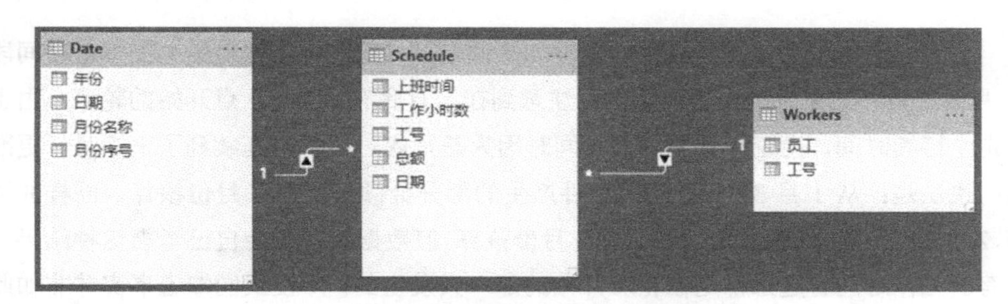

图 7-1　用于处理工作日程的简单的数据模型

在一天的不同时间，员工的薪水可能是不同的。例如，夜班的薪水通常比白班高。你可以在图 7-2 中看到这种效果，它显示了 Schedule 表的内容，其中下午 18:00 点以后开始的轮班每小时薪水更高（你可以用薪水总额除以工作小时数来计算比率）。

工号	日期	上班时间	工作小时数	总额
1	2016/1/1	9:00:00	8	160
1	2016/1/15	18:00:00	8	180
1	2016/1/31	21:00:00	8	240
2	2016/1/1	9:00:00	8	160
2	2016/1/15	18:00:00	8	180
2	2016/1/31	21:00:00	8	240
1	2016/2/1	9:00:00	8	160
1	2016/2/15	18:00:00	8	180
1	2016/2/28	21:00:00	8	240
2	2016/2/1	9:00:00	8	160
2	2016/2/15	18:00:00	8	180
2	2016/2/28	21:00:00	8	240

图 7-2　Schedule 表的内容

现在，你可以使用这个简单的数据集来构建一个报告，该报告显示每月的工作时间和员工的收入，如图 7-3 所示。

年份	Michelle	Paul	总计
⊟ 2016	48	48	96
January	24	24	48
February	24	24	48
总计	48	48	96

图 7-3　Schedule 数据模型之上的一个简单的矩阵式报告

乍一看这些数字似乎是正确的。但如果回看图 7-2，将注意力集中在每个时间段（1 月或 2 月）结束时的天数上，你会注意到在 1 月底有从 21:00 点开始的轮班。由于这是个持续时间，会延续到第二天，同时因为是月底，所以也延续到了下个月。更准确的说法是：从 1 月 31 日开始的事件产生的部分金额需要在 2 月份核算，同样的道理，2 月 29 日产生的部分金额需要在 3 月份核算。但数据模型不会自己考虑这种结果。所有的工作时间看起来都是在轮班开始的那一天发生的，即使我们知道事实并非如此。

因为现在只是简单介绍模型，所以我们不深入讨论解决方案的细节。相关的细节将在本章的其他部分介绍。本节的重点是解决数据模型不准确，存储在事实表中的每个事件都持续了一段时间，这段持续期间将其影响扩展到事实表本身定义的颗粒度之外的问题。换句话说，事实表具有日级别的颗粒度，但是它存储的事实信息可能包含跨越了当日的、不同日期的相关信息。因此，我们又一次遇到颗粒度问题。每当需要分析持续期间时，都会出现非常类似的场景，需要非常小心地处理。否则，最终得到的数据模型将不能准确反映真实世界。

这并非说数据模型一定是错误的。模型正确与否完全取决于你希望数据模型解决的问题。目前的模型对于许多报告需求来说是完全正确的，但是对于某些类型的分析来说是不够精确的。在大多数情况下，你可能会选择从持续月份的开始就记录并显示全部金额，这是完全合理的。但本书是关于数据建模的书，因此，我们需要为不同的需求构建正确的模型。

在本章中，我们将处理与示例类似的场景，仔细研究如何正确地建模。

简单间隔的聚合

在深入研究区间分析的复杂性之前，我们先从一些更简单的场景开始。在本节中，我们将向你展示如何在模型中正确地定义时间维度。在大多数场景里都需要时间维度，因此，学习如何对其进行正确建模非常重要。

在典型的数据库中，你会发现 DateTime 列将日期和时间存储在同一列中。因此，2017 年 1 月 15 日上午 9 点 30 分开始的一场活动将包含一列精确的时间点。即使是在源数据库中找到的数据，我们也建议你在数据模型中将其分成两列：一列表示日期，另一列表示时间。原因是 Power Pivot 和 Power BI 的表格引擎在操作小尺寸的表的性能比操作大尺寸的表的性能更好。如果将日期和时间存储在同一列中，则需要构建很大的维度表，因为每一天发生的事件都需要存储成不同的小时和分钟的组合。可以将时间信息分成两列，日期维度列只包含日期颗粒度，时间维度列只包含时间颗粒度。假设要存储 10 年的数据，你需要在日期维度中保存大约 3650 行，在时间维度中保存大约 1440 行（如果你在单独的分钟级别上工作）。但一个完全包含日期和时间的维度表大约需要 5 256 000 行，即 3 650 乘以 1 440，二者在查询速度方面的差异是巨大的。

所以，在数据进入模型之前，你需要执行将日期/时间列拆分为两列的操作。虽然你也可以在你的模型里先加载一个日期/时间列，然后构建两个计算列（一个用于存储日期，一个用于存储时间）作为关系的基础。但是，让单独的日期/时间列占用内存基本上是在浪费资源，因为你永远不会直接使用该列。通过使用 Excel 或 Power BI 中的 Power Query 执行分组操作，或者使用 SQL 视图执行分列，都可以以更少的内存消耗获得相同的结果。图 7-4 显示了一张非常简单的时间维度表。

时间	小时值	分钟值	时分值	时间索引
0:00:00	0	0	0:00:00	0
0:01:00	0	1	0:01:00	1
0:02:00	0	2	0:02:00	2
0:03:00	0	3	0:03:00	3
0:04:00	0	4	0:04:00	4
0:05:00	0	5	0:05:00	5
0:06:00	0	6	0:06:00	6

图 7-4　一张非常简单的时间维度表（以分钟颗粒度表示）

除非你需要在非常详细的级别上执行分析，否则，通常只包含记录小时和分钟的时间维度表就足够了。你可能还需要向维度表添加一些属性，以便能够将数据分组到不同的区间中。例如，在图 7-5 中，我们添加了两列，这样就可以将时间按时间段（夜晚、早晨等）和按小时分组。然后，我们重新格式化了时间列。

时间	小时值	分钟值	时分值	时间索引	小时区间	全天区段
0:00:00	0	0	0:00:00	0	From 0:00 to 01:00	Night
0:01:00	0	1	0:01:00	1	From 0:00 to 01:00	Night
0:02:00	0	2	0:02:00	2	From 0:00 to 01:00	Night
0:03:00	0	3	0:03:00	3	From 0:00 to 01:00	Night
0:04:00	0	4	0:04:00	4	From 0:00 to 01:00	Night
0:05:00	0	5	0:05:00	5	From 0:00 to 01:00	Night
0:06:00	0	6	0:06:00	6	From 0:00 to 01:00	Night
0:07:00	0	7	0:07:00	7	From 0:00 to 01:00	Night
0:08:00	0	8	0:08:00	8	From 0:00 to 01:00	Night

图 7-5　可以使用简单的计算列将时间分组到不同的区间中

在分析时间区间时必须特别小心。我们在分钟级别定义了一个时间维度，然后按照每分钟进行分组看起来很自然。但如果你对分钟级别的数据分析不感兴趣（这是通常的情况），而只想在半小时级别执行分析，那么，在分钟级别使用计算列计算维度就有点浪费了。毕竟，如果将维度存储在半小时级别，那么，整个维度表将拥有 48 行，而不是 1440 行。这将为性能提供跨越两个数量级的提升，并且在内存占用和查询速度方面节省大量的资源，节省的资源可以用于处理更大的事实表。图 7-6 显示了与图 7-5 相同的时间维度，但是在本例中，它被存储为半小时级别。

当将时间维度存储为半小时级别时，需要在事实表中构建计算列来充当该表的索引。在图 7-6 中我们使用“小时值×60 +分钟值”作为索引，而不是使用一个简单的自动递增列。这使得从日期/时间开始计算事实表中的时间键更加容易。你可以通过简单的数学计算来获得它，而不需要执行复杂的远程查找。

时间	小时值	分钟值	时分值	时间索引	小时区间	全天区段
0:00:00	0	0	0:00:00	0	From 0:00 to 01:00	Night
0:30:00	0	30	0:30:00	30	From 0:00 to 01:00	Night
1:00:00	1	0	1:00:00	60	From 1:00 to 02:00	Night
1:30:00	1	30	1:30:00	90	From 1:00 to 02:00	Night
2:00:00	2	0	2:00:00	120	From 2:00 to 03:00	Night
2:30:00	2	30	2:30:00	150	From 2:00 to 03:00	Night
3:00:00	3	0	3:00:00	180	From 3:00 to 04:00	Night
3:30:00	3	30	3:30:00	210	From 3:00 to 04:00	Night
4:00:00	4	0	4:00:00	240	From 4:00 to 05:00	Night
4:30:00	4	30	4:30:00	270	From 4:00 to 05:00	Night
5:00:00	5	0	5:00:00	300	From 5:00 to 06:00	Night
5:30:00	5	30	5:30:00	330	From 5:00 to 06:00	Night
6:00:00	6	0	6:00:00	360	From 6:00 to 07:00	Night
6:30:00	6	30	6:30:00	390	From 6:00 to 07:00	Night

图 7-6　在半小时级别上存储的时间表更小

让我们继续强调重要的事实：日期和时间必须存储在单独的列中。在连续多年为不同客户的不同需求提供咨询的经历中，我们还没有发现存储日期/时间的组合列比分开存储更好的情况。但这并不是说要禁止存储日期/时间列。在非常罕见的情况下，会有必须存储日期/时间组合列的情况。然而，为日期/时间列找到一个好的案例非常罕见，以至于我们总是默认拆分列（我们在且仅在有强烈的需求时会改变主意，而这种情况通常不会发生）。

跨天的间隔

在上一节中你学习了如何对时间维度表建模，现在，我们对事件发生的场景进行更深入的分析。记住：有的工作可能会持续到第二天。

你可能还记得有一张包含工作时间的考勤表。由于员工可能在晚上（甚至深夜）开始轮班，工作时间可能会延长到第二天，因此，很难对其进行分析。对此，我们先回顾一下图 7-7 所示的数据模型。

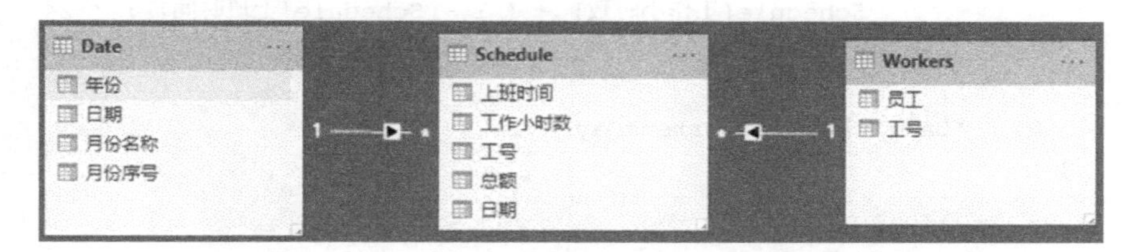

图 7-7　用于处理工作日程的简单的数据模型

首先，我们观察如何正确使用 DAX 代码分析这个模型。需要注意的是：使用 DAX 并不是我们推荐的最佳解决方案，使用这个案例只是为了说明如果使用不正确的模型，代码可能会变得多么复杂。

在这个案例中，一个班次可能会跨越两天。你可以通过先计算一天的工作时间，然后删除可能处于第二天的轮班时间，从而得到真实的工作时间。在完成第一步之后，你必须将第一天的工作小时数与第二天的工作小时数相加。这可以通过以下 DAX 代码实现。

```
[RealWorkingHours]=
--
--  计算当天的工作小时数
```

```
--
SUMX (
    Schedule,
    IF (
        Schedule[上班时间] + Schedule[工作小时数] * ( 1 / 24 ) <= 1,
        Schedule[工作小时数],
        ( 1 - Schedule[上班时间] ) * 24
    )
)
--
-- 检查一下，是否有来自于前一天重叠到今天的小时数
--
+ SUMX (
    VALUES ( 'Date'[日期] ),
    VAR
        CurrentDay = 'Date'[日期]
    RETURN
        CALCULATE (
            SUMX (
                Schedule,
                IF (
                    Schedule[上班时间] + Schedule[工作小时数] * ( 1 / 24 ) > 1,
                    Schedule[工作小时数] - ( 1 - Schedule[上班时间] ) * 24
                )
            ),
            'Date'[日期] = CurrentDay - 1
    )
)
```

现在代码返回了正确的数字，如图 7-8 所示。

年份	月份名称	日期	Michelle	Paul	总计
2016	January	2016年1月1日	8	8	**16**
		2016年1月15日	5	6	**11**
		2016年1月31日	3	3	**6**
		总计	**16**	**17**	**33**
	February	2016年2月1日	11	10	**21**
		2016年2月15日	5	3	**8**
		2016年2月29日	3	3	**6**
		总计	**19**	**16**	**35**
	March	2016年3月1日	5	5	**10**
		总计	**5**	**5**	**10**
	总计		**40**	**38**	**78**
总计			**40**	**38**	**78**

图 7-8 新度量值显示了每天正确的工作时间

问题似乎已经被解决了。但真正的问题是你是否真的想要编写这样复杂的度量值。我认为只有当写一本介绍解决这个问题有多复杂的书时才需要如此，你应该做出更好的选择。因为使用如此复杂的代码的出错几率非常高，而且这只适用于事件持续两天的特殊情况。如果一个事件的持续时间超过两天，那么，这个代码就会变得更加复杂也更容易出错。

更好的解决方案不是编写复杂的 DAX 代码，而是更改数据模型，使其以更精确的方式反映你需要建模的数据，这样的代码会更简单（也更快）。

更改此模型有几个注意事项。如我们在本章前面所预料的那样：你把数据存储在了错误的颗粒度级别上。如果你想以实际工作的日期来划分员工的工作记录，并把夜班定义为跨天工作，你必须改变颗粒度。把“从具体的日期开始，这名员工工作了几个小时”这样的描述变成“在给定的这一天，这名员工工作了这么多小时”这样的记录。例如，如果一名员工在 9 月 1 日开始工作，9 月 2 日结束工作，系统将存储两行：一行是 9 月 1 日的工时，另一行是 9 月 2 日的工时，这样就能有效地将单行记录拆分成多行。

前一张事实表中的单行可以转换为新数据模型中的多行。如果一名员工在深夜开始轮班，那么你将为轮班存储两行数据：一行是工作开始时的数据，包含正确的开始时间；另一行是第二天的数据，从 0:00 开始，包含剩余的时间。如果轮班跨越多日，则可以生成多行。当然，这需要更复杂的数据准备，因为涉及非常复杂的 M 代码，所以我们在正文中没有展示。如果你感兴趣，可以在配套内容中看到这一点。转换后的 Schedule 表如图 7-9 所示，你可以看到有几天的工时是从 0:00 开始的，这是因为前一天的工作延续到了第二天，可以在提取、转换、加载过程中调整工作时间的记录（译者注：相应的 PQ 转换已经在配套文件中按照原始文档进行了复现，可以在本书的随书资源中观察所有的操作过程）。

由于在模型中调整了颗粒度，现在可以简单地使用聚合值来分析，你将获得正确的结果，并避免书写前面展示的复杂的 DAX 代码。

工号	总额	日期	上班时间	工作小时数
1	160	2016年1月1日	9:00:00	8
1	180	2016年1月15日	18:00:00	6
1	360	2016年1月31日	21:00:00	3
1	360	2016年2月1日	0:00:00	6
2	160	2016年1月1日	9:00:00	8
2	150	2016年1月15日	18:00:00	5
2	320	2016年1月31日	21:00:00	3
2	320	2016年2月1日	0:00:00	5
1	80	2016年2月1日	9:00:00	4
1	90	2016年2月15日	18:00:00	3
1	320	2016年2月29日	21:00:00	3
1	320	2016年3月1日	0:00:00	5
2	120	2016年2月1日	9:00:00	6
2	150	2016年2月15日	18:00:00	5
2	320	2016年2月29日	21:00:00	3
2	320	2016年3月1日	0:00:00	5

图 7-9　Schedule 表现在在天级别上具有更细的颗粒度

细心的读者可能会注意到，我们修复了 Schedule[工作小时数]等字段，但是没有对 Schedule[总额]执行相同的操作。如果在当前模型中聚合求和 Schedule[总额]，得到的结果是错误的。这是因为这些日期可能在后续跨天调整里被拆分，聚合操作将导致所有的金额在不同的日期里被汇总。我们这样做是希望利用这个小错误进一步研究模型。

一个简单的解决方法是用当天的工作时间除以轮班的总工作时间来修正这个数字，这样可以得到确定的日期占日期总数的百分比。通常这些在准备数据的 ETL 过程里面完成。但如果你力求精确，那么，要记住每小时的薪酬可能都是不同的，这取决于这个小时在整天中的位置。在一些特殊情况下，还可能出现混合不同时薪的情况，此时，数据模型又不够准确了。

如果时薪不同，那你必须再次通过将颗粒度移动到小时级别来将数据模型更改为更低的颗粒度级别（即更高的细节级别）。你可以选择每小时存储一条事实信息，或者在每小时的薪水不变时预先聚合值，从而简化存储过程。在灵活性方面，采用小时级别可以更自由和更容易生成报告，因为在这个级别上，你还可以选择分析不同日期的时间。在预先聚合这些值的情况下，这要复杂得多。另一方面，如果降低颗粒度，事实表中的行数会增加。在数据建模中情况总是如此，你必须在模型大小和分析能力之间找到完美的平衡。

在这个案例中，我们决定转换颗粒度至小时级别，生成图 7-10 所示的模型。

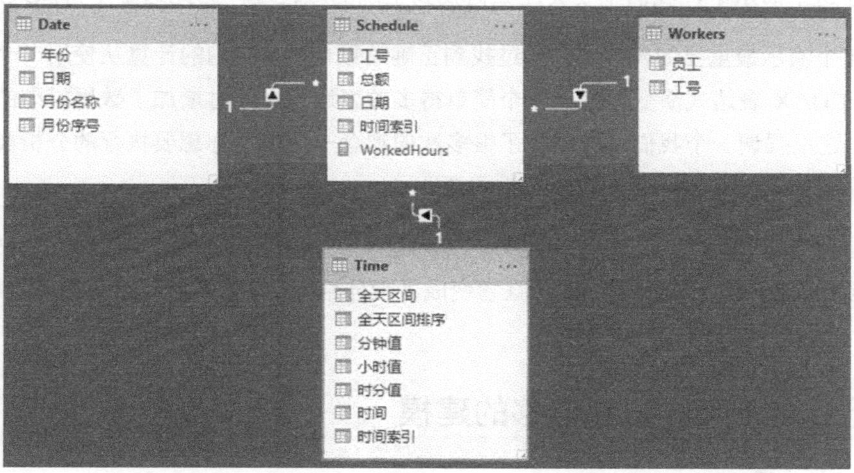

图 7-10　新度量值正确显示了一天中的工作时间

在这个新模型中，事实表记录的是“这一天，这一小时，员工在工作”。我们将颗粒度级别设置为最低级别。在这个角度上计算工作的小时数甚至不需要执行求和，因为计算记录的行数就可以得到工作的小时数，如下面的[WorkedHours]度量值所示。

```
WorkedHours := COUNTROWS ( Schedule )
```

如果工人在一小时的工作中间有一个轮班，可以将存储在这个小时内的工作分钟数作为度量值的一部分，然后使用 SUM 函数进行汇总。或者，在非常极端的情况下，可以将颗粒度降低到更低的级别——半小时级别甚至分钟级别。

如前文所述，分割日期和时间维度的一大优点是能够独立地将时间作为一个维度进行分析，而与日期无关。如果你想分析一名工人主要的工作班次，可以构建一个简单的矩阵，如图 7-11 所示。在此图中，我们使用了一个时间维度的版本，如本章前面的内容所示，模型仅包含 24 行，因为我们只对时间感兴趣。

全天区间	Michelle	Paul	总计
Morning	8	8	**16**
Afternoon	6	4	**10**
Evening	16	15	**31**
Night	10	11	**21**
总计	**40**	**38**	**78**

图 7-11　分析与日期无关的时间段

此时，还可以计算小时比例（可能需要某种参数表），并对模型执行更精细的分析。在这个演示中，我们主要关注如何找到正确的颗粒度，因此这里不再深入探讨。

这个演示最重要的部分是：通过找到正确的颗粒度，我们的计算从使用一个非常复杂的 DAX 表达式演变为使用一个简单得多的表达式。同时增加了数据模型的分析能力。这里强调一个我们已经重复了很多次的观念——根据你想要执行的分析类型对模型所需的颗粒度进行深入分析非常重要。

原始数据是如何形成的并不重要。作为建模人员的你必须继续对数据进行处理，直到数据达到模型所需的格式。一旦它变成了最佳格式，计算数值就会变得非常容易。

基于工作轮班与时间偏移的建模

我们在前面的案例中分析了一个很容易实现的针对轮班场景的模型：员工开始轮班的时间信息是模型的一部分。这是一个非常典型的场景，而且可能比一般数据分析需要考虑的内容更复杂。

与之相比，固定轮班更为常见。比如，一名员工通常每天工作 8 小时，在一个月中可以有三种轮班班次。这时，其中的一个轮班很有可能会持续到第二天，这使得情况看起来与前一个场景非常相似。

在另一个时间偏移案例的场景中，你希望分析正在观看特定电视频道的人数，这个数据通常用于了解节目的观众构成。假设一场演出在 23:30 开始并持续 2 小时（这意味着它将在第二天结束），但是你希望将工时仅统计入前一天。此时，0:00 后开始的演出怎么办？你想把它和前一小时开始的节目相比吗？这很有可能，因为无论两段演出什么时候开始，它们都属于同一场演出。

这两种情况都有一个有趣的解决方案：扩展时间的定义。在存在轮班的情况下，解决问题的关键是完全忽略时间。你可以简单地存储轮班信息，然后仅使用轮班信息执行分析，而不是将上班时间的相关记录存储在事实表中。如果需要在分析中考虑时间，那么最好的选择是降低颗粒度级别并使用前面的解决方案。但在大多数情况下，我们只是通过从模型中删除时间的概念来处理模型。

根据分析场景的不同，解决方案虽然看似奇怪却非常简单。你可以把 0:00 之后发生的事情看作是前一天的事情，这样分析全天的观众时，就不需要考虑 0:00 之后发生的事情，从而轻松实现时间偏移算法。例如，不把 0:00 当作一天的开始，而是指定所有日期从 2:00 开始。然后，可以在标准时间上再增加两小时，使时间范围为从 02:00 到 26:00，而不是从 00:00 到 24:00。值得注意的是，对于这个特定的案例，使用 24 小时制格式（准确说是 02:00 到 26:00）比使用上午/下午的时间格式有效得多。

图 7-12 显示了使用这种时间偏移技术的典型报告。请注意：这里的每天开始于 02:00，结束于 25:59。总数仍然是 24 小时，但是通过这种方式转换时间后，当你分析一天的观众时，也包括了第二天的前两个小时。

日期
2007年4月7日

自定义区间	Elementary Schoool	Middle School	University
02:00 - 06:59	10,067.46	25,018.60	1,415.84
07:00 - 08:59	18,475.77	48,784.07	7,690.13
09:00 - 11:59	47,470.48	95,504.44	14,268.88
12:00 - 14:59	65,762.05	119,570.51	11,174.80
15:00 - 17:59	71,332.52	109,397.22	19,694.87
18:00 - 20:29	73,224.83	133,068.51	19,587.23
20:30 - 22:29	56,335.09	80,823.25	19,095.64
22:30 - 25:59	41,825.78	64,199.56	11,762.30
总计	**45,129.44**	**79,795.58**	**11,925.10**

图 7-12　通过使用时间偏移技术，每一天从 02:00 而不是 00:00 开始

很显然，你将需要在加载数据模型前执行转换来应对这样的场景。但是，你将无法在表中使用时间格式，因为在正常的日期/时间中没有 25:00 这样的时间。

分析活动事件

正如你看到的，本章主要讨论具有持续时间概念的事实表。在你执行这类事件的分析时，有一个有趣的模型需求——分析在给定时期内活动事件的数量。当事件已启动但尚未结束时，则认为它是活动事件。这些事件包含许多不同的类型，如销售模型中的订单（接收订单，处理订单，订单发货）。从接收订单到订单发货之间的这段时间内，订单是活动事件（当然，在执行分析时，你可以更进一步划分，认为从发货到收货之间订单仍然是活动的，但处于不同的状态）。

为了简单起见，我们不打算对这些不同的状态执行复杂的分析。在本书中，我们

感兴趣的主要是发现如何构建数据模型来分析活动事件。我们可以在不同的场景（如创建保险单、保险索赔、订购植物或使用某种设备造一样东西等）中使用这样的模型。在所有这些情况下，你都将事件（如所种植的植物、所下的订单或整个事件）记录为事实。但是事件本身有两个或多个日期，这些日期被用来判定事件是否结束。

在开始处理这个场景之前，让我们先来看看在分析订单时必须考虑的第一个因素。我们在这本书中使用的大多数数据模型在产品、日期和客户级别的颗粒度上存储销售数据。因此，如果一个订单包含 10 种不同的产品，则用 Sales 表中的 10 个不同的行来记录这个订单，这样的模型如图 7-13 所示。

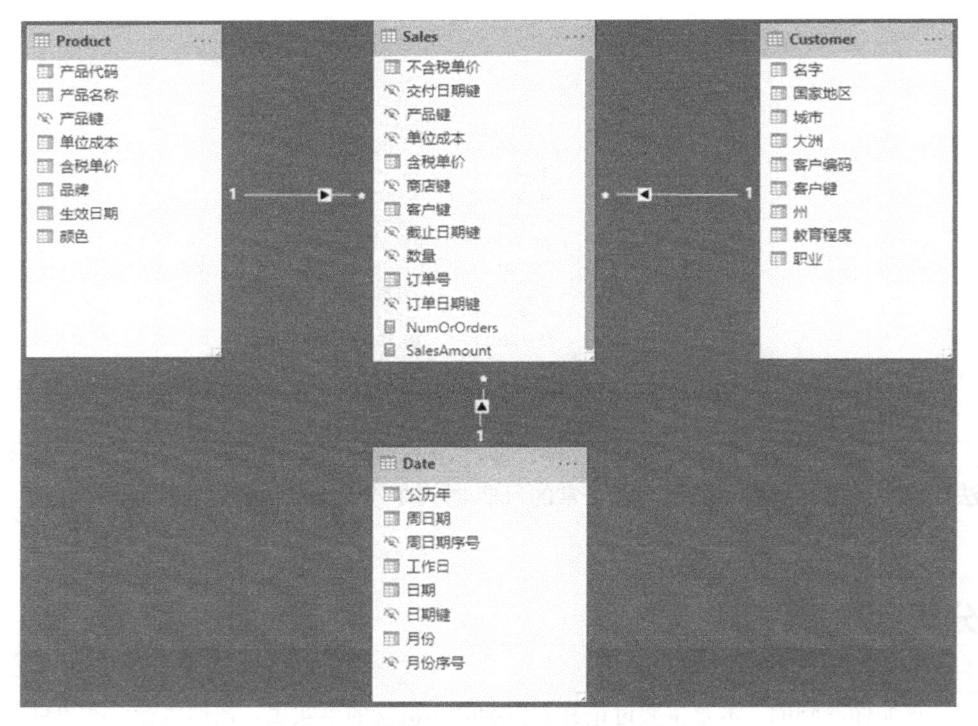

图 7-13　在该模型中，事实表存储着销售记录

如果希望计算此模型中的订单数量，则需要对 Sales[订单号]列执行非重复计数，因为给定的订单号可能会有多条重复记录。此外，也可能将一个订单分多次交付，导致同一订单的不同行记录着不同的交付日期。如果你对分析未完成订单感兴趣，则这个模型的颗粒度是错误的。实际上，只有当订单中的产品都已经被交付后，才能将订单视为已交付。你可以使用一些复杂的 DAX 代码来计算订单中最后一个产品的交付

日期，但是，在这种情况下，生成只包含订单信息的新事实表要容易得多。这个操作将导致更低的颗粒度级别，并减少表的行数，加快计算速度，并避免执行非重复计数。

第一步是构建一个 Orders 表，你可以使用 SQL 来实现，或者就像我们在示例中所做的那样，使用以下代码构建一个简单计算表。

```
Orders =
SUMMARIZECOLUMNS (
    Sales[订单号],
    Sales[客户代码],
    "订单日期键", MIN ( Sales[订单日期键] ),
    "交付日期键", MAX ( Sales[交付日期键] )
)
```

这个新表的行和列更少。它也已经完成了我们计算的第一步，即通过考虑订单最后一个交货日期来确定有效的交货日期。一旦创建了必要的关系，将得到图 7-14 所示的数据模型。

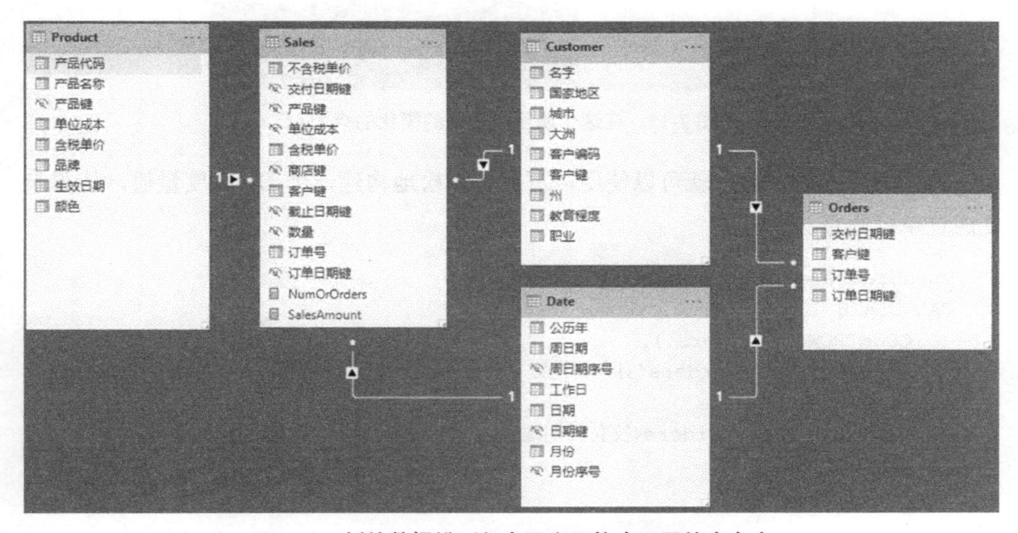

图 7-14　新的数据模型包含两张颗粒度不同的事实表

你可以看到 Orders 表与 Product 表没有关系。值得注意的是，还可以使用标准的汇总表/明细表对这样的场景进行建模，将 Orders 表作为汇总表，Sales 表作为明细表。在这种情况下，你应该考虑我们在第 2 章中已经做过的所有考虑。在本节中，我们将忽略汇总表/明细表之间的关系，因为我们主要对 Orders 表感兴趣。因此，我们将使用一个简化的模型，如图 7-15 所示。（注意，在随书文件中，Sales 表仍然存在，因为 Orders 表依赖它，但是我们将只关注这三张表。）

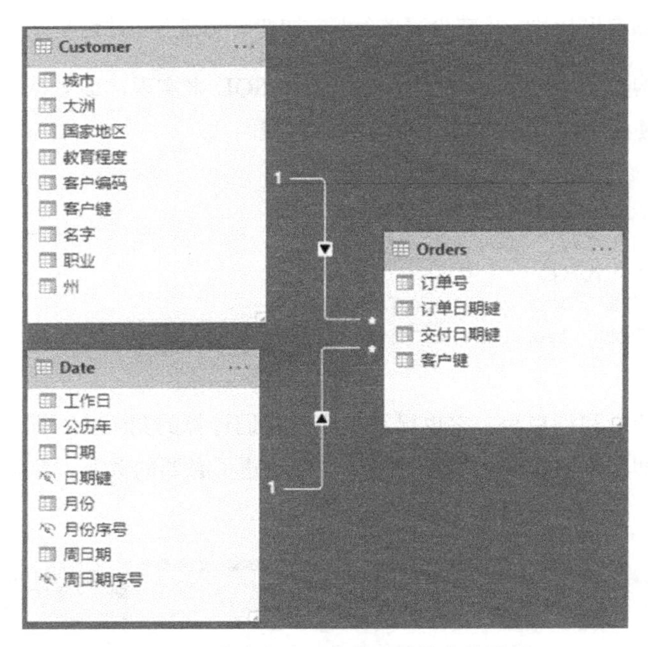

图 7-15 在这个演示中使用的简化的模型

在模型建立好之后，就可以使用以下代码轻松地构建一个 DAX 度量值，计算未完成订单的数量。

```
OpenOrders =
CALCULATE (
    COUNTROWS ( Orders ),
    FILTER ( ALL ( Orders[订单日期键] ), Orders[订单日期键] <= MIN ( 'Date'[日
    期键] ) ),
    FILTER ( ALL ( Orders[交付日期键] ), Orders[交付日期键] > MAX ( 'Date'[日
    期键] ) ),
    ALL ( 'Date' )
    )
```

代码本身并不复杂。关键之处是 Orders 表和 Date 表之间基于 Orders[订单日期键]的关系，你必须通过在 Date 表上使用 ALL 函数来删除其作用。如果忘记这么做的话，系统将返回一个错误的值——与 Order 表基本相同的值。度量值本身运行得非常流畅，得到的结果如图 7-16 所示，显示了收到的订单的数量和未完成订单的数量。

公历年	月份	日期	OrdersReceived	OpenOrders
CY 2007	January	2007年1月2日	10	10
		2007年1月3日	10	20
		2007年1月4日	15	35
		2007年1月5日	2	37
		2007年1月6日		37
		2007年1月7日	6	43
		2007年1月8日		42
		2007年1月9日	9	50
		2007年1月10日	15	61
		2007年1月11日	5	62
		2007年1月12日	9	66
		2007年1月13日	6	64
		2007年1月14日		60
		2007年1月15日	9	61
		2007年1月16日	5	60
		2007年1月17日	8	65
		2007年1月18日	14	70
		2007年1月19日	5	69
		2007年1月20日	1	64
		2007年1月21日	1	57
		2007年1月22日	5	55
		2007年1月23日	15	67
		2007年1月24日		64
		2007年1月25日	10	64
		2007年1月26日	10	67
		2007年1月27日	5	64
		2007年1月28日	15	72
		2007年1月29日		67
		2007年1月30日	2	65
		2007年1月31日	1	60
		总计	193	

图 7-16　该报告显示了收到的订单的数量([OrdersReceived])和未完成的订单的数量([OpenOrders])

为了检查度量值，在同一个报告中同时显示收到的订单和已经发货的订单是很有用的。这可以通过使用第 3 章中的技术轻松实现，该技术在 Orders 表和 Date 表之间添加新的关系。这个关系将基于交付日期并保持非活动，以避免模型不明确。你可以用以下方式构建[OrdersDelivered]度量值，从而使用这个新关系。

```
OrdersDelivered =
CALCULATE (
    COUNTROWS ( Orders ),
    USERELATIONSHIP( Orders[交付日期键], 'Date'[日期键] )
)
```

此时，报告看起来更容易被阅读和检查，如图 7-17 所示。

这个模型在日期级别上提供了正确的答案，但是在月份级别（或日期级别以上的任何其他级别)上有严重的缺陷。实际上，如果从报告中删除 Date[日期]只留下 Date[月份]，结果是令人惊讶的，[OpenOrders]度量会直接显示为空白，如图 7-18 所示。

公历年	月份	日期	OrdersReceived	OrdersDelivered	OpenOrders
CY 2007	January	2007年1月2日	10		10
		2007年1月3日	10		20
		2007年1月4日	15		35
		2007年1月5日	2		37
		2007年1月6日			37
		2007年1月7日	6		43
		2007年1月8日		1	42
		2007年1月9日	9	1	50
		2007年1月10日	15	4	61
		2007年1月11日	5	4	62
		2007年1月12日	9	5	66
		2007年1月13日	6	8	64
		2007年1月14日		4	60
		2007年1月15日	9	8	61
		2007年1月16日	5	6	60
		2007年1月17日	8	3	65
		2007年1月18日	14	9	70
		2007年1月19日	5	6	69
		2007年1月20日	1	6	64
		2007年1月21日	1	8	57
		2007年1月22日	5	7	55
		2007年1月23日	15	3	67
		2007年1月24日		3	64
		2007年1月25日	10	10	64
		2007年1月26日	10	7	67
		2007年1月27日	5	8	64
		2007年1月28日	15	7	72
		2007年1月29日		5	67

图 7-17 添加[OrdersDelivered]度量值可以使报告更容易被理解

公历年	月份	OrdersReceived	OrdersDelivered	OpenOrders
CY 2007	January	193	133	
	February	167	184	
	March	170	176	
	April	203	165	
	May	173	186	
	June	108	139	
	July	132	122	
	August	134	135	
	September	104	114	
	October	93	82	
	November	124	126	
	December	121	130	
	总计	**1722**	**1692**	
CY 2008	January	63	78	
	February	76	72	
	March	83	83	
	April	121	105	
	May	72	83	
	June	75	77	
	July	81	76	
	August	66	75	
	September	61	64	
	October	58	56	
	November	69	62	
	December	71	73	
	总计	**896**	**904**	

图 7-18 在月份级别上度量值产生错误（空白）的结果

问题出自通常没有订单会持续超过一个月，而该度量值返回的是选定期间的第一天之前收到、在一段时间（在本例中是一个月）后交付的订单的数量。这时你需要调整你的度量值，以显示该期间结束时未完成订单的数量，或该期间完成的订单数量的平均值。使用下面的代码很容易生成在周期结束时正确的[OpenOrders]的值，其中，我们只是围绕原始公式添加了 LASTDATE 筛选器。

```
OpenOrders =
CALCULATE(
    CALCULATE (
        COUNTROWS ( Orders ),
        FILTER ( ALL ( Orders[订单日期键] ), Orders[订单日期键] <= MIN ( 'Date'[日期键] ) ),
        FILTER ( ALL ( Orders[交付日期键]), Orders[交付日期键] > MAX ( 'Date'[日期键] ) ),
        ALL ( 'Date' )
    ),
    LASTDATE('Date'[日期])
)
```

使用这个新公式以后，在月份级别上的结果如图 7-19 所示，这正是期望的结果。

公历年	月份	OrdersReceived	OrdersDelivered	OpenOrders
CY 2007	January	193	133	60
	February	167	184	43
	March	170	176	37
	April	203	165	75
	May	173	186	62
	June	108	139	31
	July	132	122	41
	August	134	135	40
	September	104	114	30
	October	93	82	41
	November	124	126	39
	December	121	130	30
	总计	**1722**	**1692**	**30**

图 7-19 报告显示了当月最后一天的订单数量

这个模型运行良好，但在旧版本的引擎（即 Excel 2013、SQL Server Analysis Services 2012、SQL Server Analysis Services 2014）中可能会出现非常糟糕的性能问题。它在 Power BI 和 Excel 2016 的引擎中运行得要快得多，但表现仍不是最佳。概括来说，导致问题的原因是筛选条件没有使用关系（详细解释导致问题的原因超出了本书的范围，这里不再赘述）。计算时，模型迫使 DAX 引擎在较慢的公式引擎中进行评估。如果你能以仅依赖关系的方式构建模型，公式的计算将会更快。

要获得此结果，必须更改数据模型，修改事实表中事实的含义。与使用开始日期和结束日期存储订单的持续时间不同，你可以存储一个更简单的事实（这个订单在这个日期仍然是未完成的）。这样的事实表只需要包含两列：OpenOrders[订单号]列和OpenOrders[日期键]列。在我们的模型中，我们更进一步，添加了 OpenOrders[客户键]列，这样就可以按客户对订单进行切片。新的事实表可以通过以下 DAX 代码获得。

```
OpenOrders =
SELECTCOLUMNS (
    GENERATE (
        Orders,
        VAR CurrentOrderDateKey = Orders[订单日期键]
        VAR CurrentDeliverDateKey = Orders[交付日期键]
        RETURN
        FILTER (
            ALLNOBLANKROW ( 'Date'[日期键] ),
            AND (
                'Date'[日期键] >= CurrentOrderDateKey,
                'Date'[日期键] < CurrentDeliverDateKey
            )
        )
    ),
    "客户键", [客户键],
    "订单号", [订单号],
    "日期键", [日期键]
)
```

注意 虽然我们为表提供了 DAX 代码来生成新表，但是使用查询编辑器或 SQL 视图更有可能生成这样的数据。因为 DAX 比 SQL 和 M 更简洁，所以我们更喜欢使用 DAX 代码，但请不要认为这是从性能角度看最佳的解决方案。本书的重点是数据模型本身，而不是模型的性能。

你可以在图 7-20 中看到新的数据模型。

在这个新的数据模型中，OpenOrders 表的整个逻辑存储在表中。因此，计算的代码要简单得多。此时，计算未完成订单的 DAX 度量值是下面这样的。

```
OpenOrders := DISTINCTCOUNT ( OpenOrders[订单号] )
```

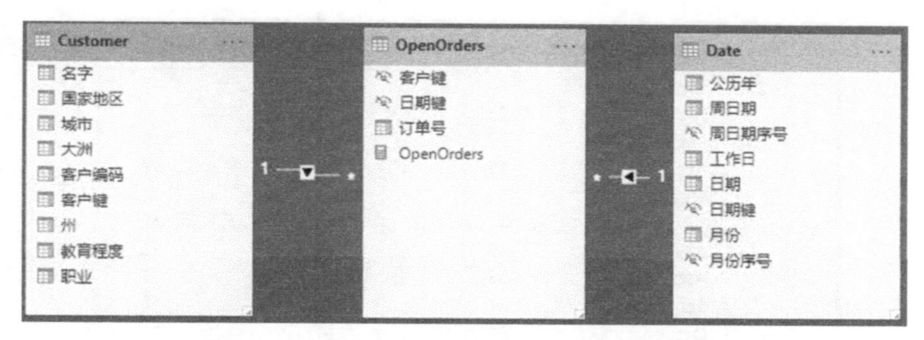

图 7-20　新的 OpenOrders 表只包含了未完成的订单

因为订单可能被多次记录，所以你需要使用 DISTINCTCOUNT 函数来正确计算，但是整个逻辑会被转移到计算表中。这种方法最大的优点是只使用 DAX 的快速引擎，能更好地利用引擎的缓存系统。OpenOrders 表虽然比原始事实表大，但是使用更简单的数据处理方式，这样计算可能会更快。这个模型和前面的模型一样，月份级别的聚合会产生不正确的结果。在月份级别上，前一个模型返回的订单状态在期间开始时处于未完成状态，直到结束时也未完成，因此，结果是空值。但在这个模型中，月份级别的结果是当月未完成订单的总数，如图 7-21 所示。

公历年	月份	OpenOrders
CY 2007	January	14
	February	25
	March	34
	April	39
	May	38
	June	44
	July	45
	August	35
	September	54
	October	51
	November	41
	December	49
	总计	**352**

图 7-21　新模型在月份级别上返回当月某个时候未完成的订单

你可以使用以下两个公式轻松地将其更改为[Open Orders AVG]（平均未完成订单的数量）或[Open Orders EOM]（月末未完成订单的数量）度量值。

```
Open Orders EOM := CALCULATE ( [OpenOrders], LASTDATE ( ( 'Date'[日期] ) ) )
Open Orders AVG := AVERAGEX ( VALUES ( 'Date'[日期键] ), [OpenOrders] )
```

你可以在图 7-22 中看到报告的结果。

公历年	月份	OpenOrders	Open Orders AVG	Open Orders EOM
CY 2007	January	14	4	7
	February	25	8	9
	March	34	9	10
	April	39	12	7
	May	38	11	12
	June	44	13	12
	July	45	14	12
	August	35	10	12
	September	54	15	18
	October	51	14	15
	November	41	12	12
	December	49	15	11
	总计	**352**	**12**	**11**

图 7-22 该报告显示了未完成订单的总数、平均值和其在月末的数量

值得注意的是，计算未完成订单是一项 CPU 密集型操作。如果你要处理包含数百万行的 Orders 表，可能会导致报告计算缓慢。在这种情况下，可以考虑将更多的计算逻辑转移到计算表中，将其从度量值的 DAX 代码中删除。一个很好的案例可能是通过创建一个包含日期和未完成订单数量的事实表来预先聚合日期级别的值。在执行此操作时，你将获得一个非常简单（且很小）的事实表，其中包含已经预先计算的所有必要值，并且 DAX 查询编写起来将更加容易。

你可以使用以下代码创建预聚合表。

```
Aggregated Open Orders =
FILTER (
    ADDCOLUMNS (
        DISTINCT ( 'Date'[日期键] ),
        "未完成订单", [Open Orders]
    ),
    [Open Orders] > 0
)
```

因为它的颗粒度与日期表相同，所以生成的表的体积很小，只有几千行。此时的模型是我们为这个场景设计的一组模型中最简单的一个，因为在去除了订单号和客户密钥之后，表与日期只有一个关系。你可以在图 7-23 中看到这一点（注意，随书资源包含更多的表，因为它包含了整个模型，本节后面将对此进行解释）。

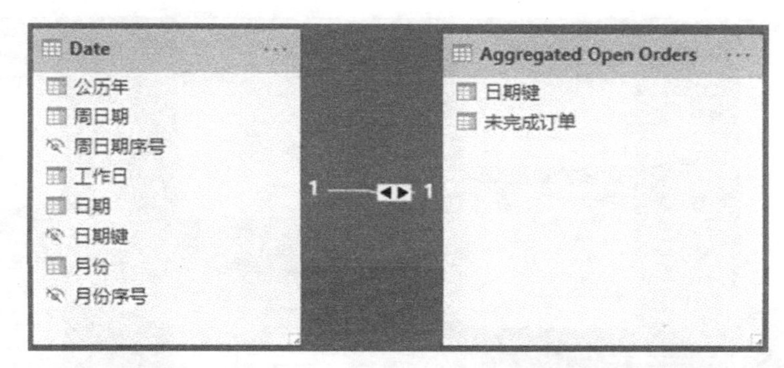

图 7-23　预聚合 Aggregated Open Orders 表会生成一个非常简单的数据模型

在这个模型中，可以以最简单的方式计算未完成订单的数量，因为可以轻松地通过 SUM 函数聚合 Aggregated Open Orders[未完成订单]列。

此时，细心的读者可能会对使用了落后的技术不满。其实，在本书的开头我们就说过：在一个所有东西都预先计算好的表格中工作是一种限制你分析能力的方法，如果表中存在没有考虑到的计算值，那么你就失去了在更深层次上进行切片或计算新值的能力。此外，我们在第 6 章中说过“快照中的预聚合很少有用”，因此，现在对未完成订单进行快照可以提高查询的性能。

在某种程度上这些批评是正确的，但我们只是想敦促你多考虑一下这种模式。源数据仍然可用时，这次所做的并没有降低分析能力，只是为了在计算某些需求时获得最佳性能而使用 DAX 公式构建了一张快照表，其中包含了大部分度量需要的逻辑。

这种方式可以从预聚合表中收集计算起来比较复杂的数字（如未完成订单的值），同时依然可以从原始事实表中计算更轻量级的值（如销售总额）。因此，我们的模型并没有失去表达能力。相反，我们通过在需要时添加事实表增加了分析的深度。图 7-24 显示了我们在本节中构建的整个模型。显然，你永远不会在单个模型中构建所有这些表。其目的仅仅是展示我们在这一漫长旅程中创建的所有事实表，以分析未完成订单如何能够共存，并在模型中提供不同的见解。

应该根据数据模型的大小和所需的见解去构建整个模型相应的部分。本书的目的是向你展示构建数据模型的不同方法和 DAX 代码如何变得更简单或更复杂，而这取决于模型如何满足你的特定需求。除了 DAX 代码，每种方法的灵活性也有所变化。作为一名数据建模师，你的任务是找到最佳的平衡点，并一如既往地准备在分析需求更改时更改模型。

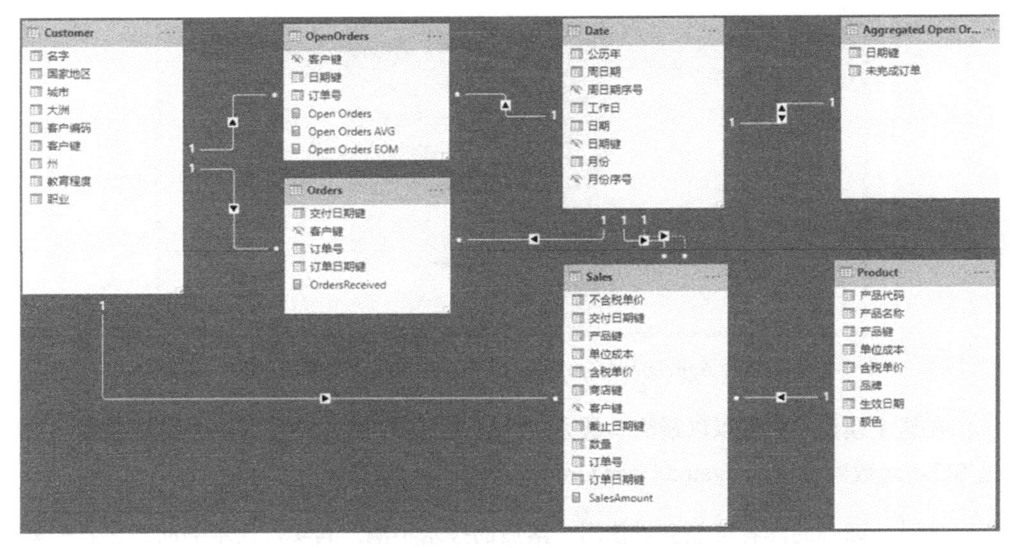

图 7-24　包含所有事实表的完整模型

混合不同的持续时间

在处理时间和持续时间时，有时会有几张表包含只在一段时间内有效的信息。如在处理员工信息时，可能有两张表：第一张表包含员工工作的商店及何时在这家商店工作；第二张表可能来自不同的来源，包含员工的总薪水信息。这两张表的开始日期和结束日期并不需要匹配。员工的薪水可以在某个日期发生变化，员工也可能会在不同的日期被调到不同的商店。

如果面对这样的场景，你可以编写非常复杂的 DAX 代码来解决，也可以调整数据模型，使其存储正确的信息并使代码更易于使用。让我们从图 7-25 所示的数据模型开始。

这一次的模型有些复杂，更完整的描述如下。

- **SalaryEmployee** 表包含了员工的薪水，以及工作的开始日期和结束日期。因此，每次计算薪水都有一个期限。
- **StoreEmployee** 表包含了员工工作的商店，同样带有开始日期和结束日期。其中还有一个持续时间，很有可能与 SalaryEmployee 表中的持续时间不同。

- **Schedule** 表包含了员工工作的天数。

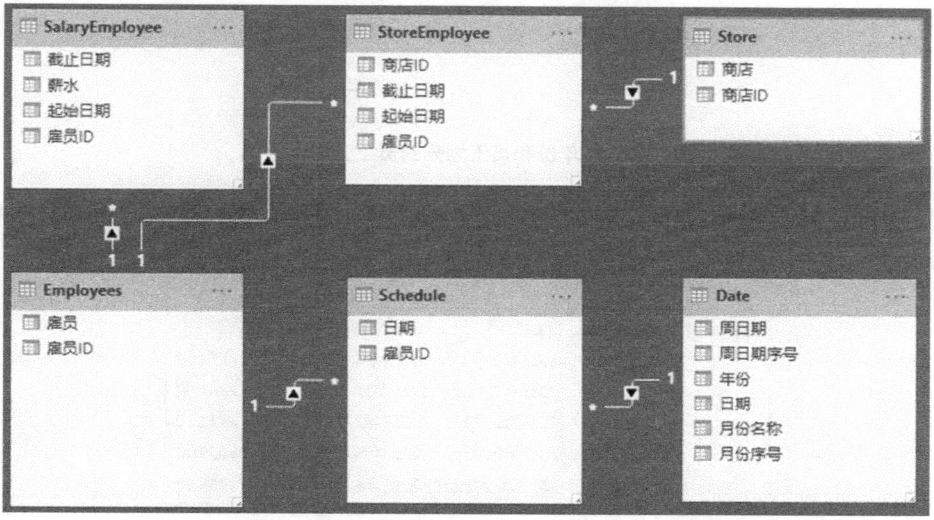

图 7-25　这个数据模型显示了在不同的商店工作的员工和薪水不同的员工

其他表（Store 表、Employees 表和 Date 表）都是普通的表，分别包含员工信息、商店信息和标准日历。

数据模型包含生成报告所需的所有信息，报告需要显示随着时间的偏移而支付给员工的薪水，以便让用户能够按商店或员工进行切片分析，用 DAX 公式直接计算会非常复杂，因为在一个确定的日期内，你必须执行以下操作准备。

1. 从 SalaryEmployee 表里分析给定员工的薪水周期的开始日期和截止日期，进而检索报告的日期对应的薪水。如果报告要分析多位员工，则需要逐个为每位员工单独执行此操作。
2. 检索给定时间员工工作的商店。

让我们从一个简单的、直接出自模型的报告开始按年份划分每位员工的工作天数。它之所以有效，是因为关系已经被设置好，你可以根据日历年和员工姓名来划分日程。你可以编写一个简单的度量值，具体如下。

```
WorkingDays := COUNTROWS ( Schedule )
```

有了度量值之后，报告的第一部分非常简单，如图 7-26 所示。

雇员	年份	WorkingDays
Michelle	2015	261
Michelle	2016	119
Paul	2015	261
Paul	2016	42
总计		**683**

图 7-26 按年份和员工划分的员工工作天数。

首先，让我们确定 2015 年支付给 2 号员工 Michelle 的薪水，包含薪水的 SalaryEmployee 表如图 7-27 所示。

雇员ID	薪水	起始日期	截止日期	每日薪水
1	100000	2015年1月1日	2015年6月30日	¥274.00
1	125000	2015年7月1日	2015年11月30日	¥342.00
1	150000	2015年12月1日	2016年2月29日	¥411.00
2	120000	2015年1月1日	2015年6月30日	¥329.00
2	160000	2015年7月1日	2016年6月15日	¥438.00

图 7-27 根据日期的不同，每位员工的薪水会有所变化

Michelle 在 2015 年有两个不同的薪水级别。因此需要逐日迭代计算 SalaryEmployee[每日薪水薪水]，并确定分析时的每日薪水是多少。这时你不能依赖关系，因为关系必须基于不同表之间的条件。这里的每日薪水的范围受 SalaryEmployee[开始日期]和 SalaryEmployee[截止日期]列影响，需要分析的日期应当位于区间内。

计算代码并不容易被编写，你可以在如下的度量值定义中看到。

```
SalaryPaid =
SUMX (
   'Schedule',
   VAR SalaryRows =
      FILTER (
         SalaryEmployee,
         AND (
            SalaryEmployee[雇员 ID] = Schedule[雇员 ID],
            AND (
               SalaryEmployee[开始日期] <= Schedule[日期],
               SalaryEmployee[截止日期] > Schedule[日期]
            )
         )
      )
```

```
    RETURN
        IF ( COUNTROWS ( SalaryRows ) = 1, MAXX ( SalaryRows, [每日薪水] ) ) )
```

复杂性来自于你必须通过使用计算区间条件的复杂的筛选器函数来移动筛选器。此外，你必须确保薪水是存在的，并且是唯一的，而且你必须在返回结果之前验证你的发现。如果公式能正常运行，那这个数据模型就是正确的。如果由于任何原因，薪水表的日期重叠，那么结果就可能是错误的。你需要用进一步的逻辑来检查它并纠正可能的错误。

有了这段代码，你可以增强报表，显示每个时期支付的薪水，如图 7-28 所示。

雇员	年份	WorkingDays	SalaryPaid
Michelle	2015	261	99928
Michelle	2016	119	51684
Paul	2015	261	81803
Paul	2016	42	17262
总计		**683**	**250677**

图 7-28　显示了按年份和员工划分的工作日的数量

如果你希望按商店进行切片，那该场景将变得更加复杂。当按商店进行切片时，你希望只考虑每位员工在给定商店工作的日期段。因此，你必须考虑应用在商店上的筛选器，并在员工为其工作时使用这个筛选器筛选 Schedule 表中的行。所以，你必须使用以下代码在 Schedule 表周围添加筛选器来实现计划的效果。

```
SalaryPaid =
SUMX (
    FILTER (
        'Schedule',
        AND (
            Schedule[日期] >= MIN ( StoreEmployee[起始日期] ),
            Schedule[日期] <= MAX ( StoreEmployee[截止日期] )
        )
    ),
    VAR SalaryRows =
        FILTER (
            SalaryEmployee,
            AND (
                SalaryEmployee[雇员 ID] = Schedule[雇员 ID],
                AND (
                    SalaryEmployee[起始日期] <= Schedule[日期],
                    SalaryEmployee[截止日期] > Schedule[日期]
                )
```

```
        )
    )
RETURN
    IF ( COUNTROWS ( SalaryRows ) = 1, MAXX ( SalaryRows, [每日薪水] ) ) )
```

这个公式运行后会生成图 7-29 所示的表，但是这个公式非常复杂，如果使用不当可能会返回不正确的结果。

雇员	商店	年份	SalaryPaid
Michelle	Miami	2015	99928
Michelle	Indianapolis	2016	51684
Paul	Indianapolis	2015	38865
Paul	Miami	2015	42938
Paul	Seattle	2016	17262
总计			**250677**

图 7-29　最终版本的[SalaryPaid]在按商店切片时返回正确的数字

这个模型的问题是商店、薪水和员工之间的关系很复杂。单独使用 DAX 公式需要非常复杂的代码，且代码非常容易出错，解决方案是将复杂性从 DAX 代码中转移到加载过程前，并使模型向星形模型转变。

对于 Schedule 表中的每一行，你可以很容易地计算出员工在哪个商店工作，以及当日薪水是多少。所以正确的反规范化将从聚合公式中解决复杂性，将需要的信息移到事实表中，从而得到一个更简单的模型。

你应该在 Schedule 中创建两个计算列(一个包含每日薪水，另一个包含商店 ID)，具体代码如下。

```
Schedule[每日薪水] =
VAR CurrentEmployeeId = Schedule[雇员 ID]
VAR CurrentDate = Schedule[日期]
RETURN
    CALCULATE (
        VALUES ( SalaryEmployee[每日薪水] ),
        SalaryEmployee[雇员 ID] = CurrentEmployeeId,
        SalaryEmployee[开始日期] <= CurrentDate,
        SalaryEmployee[截止日期] > CurrentDate
    )

Schedule[商店 ID] =
VAR CurrentEmployeeId = Schedule[雇员 ID]
VAR CurrentDate = Schedule[日期]
```

```
RETURN
    CALCULATE (
        VALUES ( StoreEmployee[ID] ),
        StoreEmployee[雇员 ID] = CurrentEmployeeId,
        StoreEmployee[开始日期] <= CurrentDate,
        StoreEmployee[截止日期] >= CurrentDate
    )
```

当这两列准备就绪时，你可以摆脱与 SalaryEmployee 表和 StoreEmployee 表的大多数关系，并且可以将数据模型转换为图 7-30 所示的更简单的星形模型。

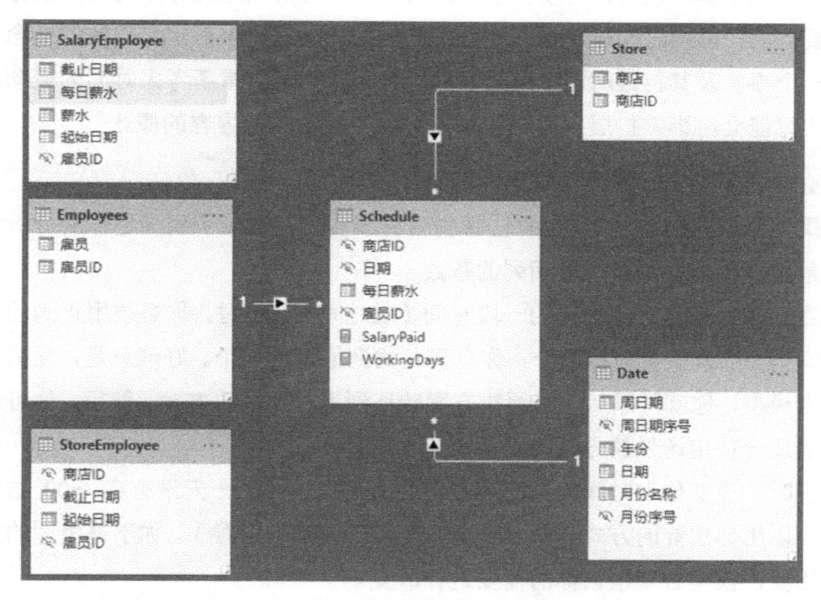

图 7-30　反规范化后的模型是一个星形模型

注意　我们故意让 SalaryEmployee 表和 StoreEmployee 表在模型图中可见，以突出显示用于计算列的这些表与其他表没有关系。在生产模型中，你可能会隐藏这些表以防用户看到，因为这些表不包含对用户有用的信息。

使用新的模型计算薪水的代码如下。

```
SalaryPaid = SUM ( Schedule[每日薪水] )
```

你已经看到，适当的反规范化可以得到最好的数据模型。在模型中维护复杂的关系对代码没有帮助，因为代码往往非常复杂且容易出错。但通过使用 SQL 或 DAX 查询和计算列来反规范化可以将更复杂的场景切片成更小的场景。让针对每个度量值的公式更简单，更容易被编写和调试，最终的聚合公式变得非常容易被编写且执行的速度更快。

本章小结

本章偏离了标准模型，对以持续时间为主要概念的场景进行了更深入的分析。正如你所看到的，持续时间迫使你以稍微不同的方式思考，重新定义事实的概念。你可以存储一个事实及其持续时间，但是在这样做时，你需要重新考虑时间的概念，因为单个事实可能会将影响扩展到不同的时期。以下是对本章内容的概述。

- 必须将日期和时间存储在不同的列中。
- 聚合简单间隔是容易的。你应该尝试将事实的基数减少到满足你的分析需求的最佳基数，同时减少时间列的基数。
- 当你储存跨越时间维度的一段时间（或时间间隔）时，你必须用正确的方式定义模型。方案会有很多个，你有责任找到最好的一个。好消息是，只需更改数据模型，你就可以从一个解决方案转移到另一个解决方案。然后，你可以使用最适合特定场景的方法。
- 有时，改变你对时间的看法可能会有所帮助。如果一天没有在 0:00 结束，你可以用你想要的方式建模（如让每一天在 2:00 点开始）。你不是模型的奴隶，相反，模型必须根据你的需要进行改变。
- 分析触发型事件是一个很常见的场景，在许多企业中经常被使用，你学习了解决此场景的多种方法。越是定制化的模型，DAX 代码就越简单，但数据准备步骤越复杂。
- 当你有多张表且给每张表定义了自己的持续时间时，每一个试图通过一个 DAX 公式来解决问题的想法会使代码变得非常复杂。但是，通过预先计算计算列或计算表中的值并通过正确的反规范化将使 DAX 代码更加简单，你可以更加信任它。

主要结论几乎总是相同：如果 DAX 代码变得过于复杂，那么这是一个很好的提醒，表明你可能需要对模型进行研究。虽然模型不应该针对单个报告构建，但良好的模型是产生有效的解决方案的关键，这也是事实。

第 8 章

多对多关系

多对多关系是数据分析师工具包中的一个重要工具。因为使用多对多关系往往会使模型比平常更复杂，所以通常会导致模型被认为是有问题的。但我们建议你将多对多关系视为一个可选项。事实上，你只需要学好基本的技术，就能很容易地处理多对多关系，并能在需要的时候使用它。

你将在本章中了解到多对多关系是非常强大的，它可以让你构建出色的数据模型——即使它隐藏了一些建模和解释结果的复杂性。此外，多对多关系在几乎每个数据模型中都存在。例如，简单的星形模型就包含多对多关系。我们将向你展示如何识别这些关系，以及最重要的——学习如何利用它们从数据中获得良好的见解。

注意 Power BI 在 2018 年 7 月才上线了直接的多对多关系建模功能，而在 Microsoft Excel 中尚则不能实现直接使用多对多关系的建模。所以，在 Power BI 中直接使用多对多关系建模不在本书讨论范围内，本书按照原著的方式讲解通用的多对多关系的实现方式。想要了解更多关于 Power BI 的多对多关系的内容，可以阅读相关图书。

关于多对多关系

让我们先介绍什么是多对多关系。在有些情况下，两张实体表之间的关系不能通过简单的关系来描述。一个典型的案例是账户信息：银行储存账户的交易信息。一个账户可以同时为多个人所有；同时，一个人也可能拥有多个常用账户。因此，你不能将客户键存储在 Accounts（账户）表中，同时也不能将账户键存储在 Customers（客户）表中。这种关系在本质上是因为许多实体与许多其他实体之间存在关联，不能只用一列属性来简单地表示。

> **注意**　在许多其他场景中也会出现多对多关系，如经销商与订单的关系（一个订单可以由多个经销商同时跟进）；房屋所有权与产权人的关系（一个人可能拥有多套房子，同一套房子也可能由多人共同拥有）。

使用多对多关系建模的规范方法是使用桥表，桥表包含了具体账户与对应客户的信息。图 8-1 展示了一个基于常用账户场景而建立的多对多关系模型。

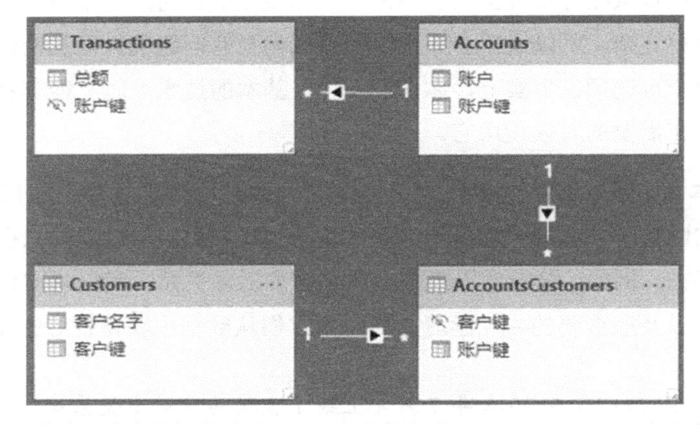

图 8-1　客户和账户之间的关系是通过一张桥表（AccountsCustomers 表）建立的

首先，要注意：从数据模型的角度来看，多对多关系是一种特殊关系，在具体实现时会转换为一组标准的一对多关系。因此，与其说多对多关系是一种物理关系，不如说它是一种概念。我们将多对多作为一种关系来考虑、讨论和处理，但是通过一对多关系来实现它。

请注意：连接 Customers 表和 Accounts 表的桥表（AccountCustomers 表）的两个关系的方向是相反的。实际上，这两个关系都从桥表开始，并达到两张维度表，桥表总是在关系的多端（译者注：以一对多的角度看）。

为什么多对多关系比其他类型的关系更复杂？有以下几个原因。

- 在默认情况下，多对多关系在数据模型中不能正常工作。准确地说，它可能有效也可能无效，这取决于你正在使用的 Tabular 的版本及其设置。在 Power BI 中，你可以启用双向筛选，但在 Excel 中，你必须编写 DAX 代码才可以正确计算多对多关系。
- 通常，多对多关系产生的汇总是依靠非累加计算得到的，即总和不等于各分项的和。这使得使用多对多关系时返回的数字更加难以被理解，并且使调试代码变得更加困难。
- 存在运算性能问题。根据多对多关系筛选的数据量的大小，在相反方向上遍历两个关系时耗时可能会很多。因此，在处理多对多关系时你可能需要更多关注计算性能问题。

下面，让我们更详细地分析这些要点。

理解双向模式

在默认情况下，表上的筛选器从一端移动到多端，但它不会从多端移动到一端。因此，如果你构建一份报表并按客户进行切片，那么，Customs 表是一端，AccountsCustomers 表（桥表）是多端，筛选器将切片作用到桥表，然后停止，切片不会继续作用至 Accounts 表，因为对 Accounts 表和 AccountsCustomers 来说，Accounts 表是一端，如图 8-2 所示。

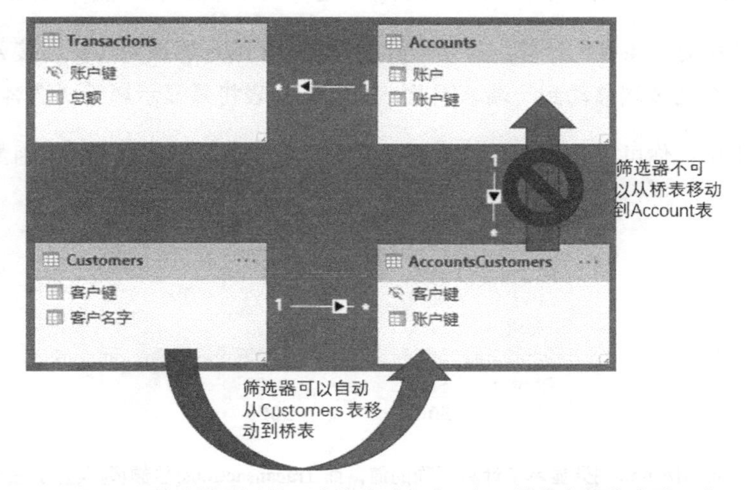

图 8-2 筛选器可以从一端移动到多端，但不能从多端移动到一端

如果你构建一张行字段为 Customers[客户名]、值为 Transactions[总额] 的报表，那么所有行返回的计算值都会是一个相同的值。这是因为来自 Customers 表的筛选器没有对 Accounts 表起作用，结果如图 8-3 所示。

客户名字	总额
Luke	5000
Mark	5000
Paul	5000
Robert	5000
总计	**5000**

图 8-3　由于存在多对多关系，你无法计算出每位客户的消费金额

你可以通过将桥表和 Accounts 表之间的关系上的筛选器方向设置为双向来解决此问题。在 Power BI 中，双向筛选功能是建模工具的一部分，只要简单设置就可以了。但在 Excel 中，必须使用 DAX 代码来实现双向筛选。

上面的第一种方法是激活模型中的双向筛选功能，在这种情况下，筛选对所有的计算都是活动的。你也可以使用 CROSSFILTER 函数作为 CALCULATE 函数的参数，在 DAX 代码运行期间激活双向筛选功能，具体代码如下。

```
SumOfAmount :=
CALCULATE (
    SUM ( Transactions[总额] ),
    CROSSFILTER ( AccountsCustomers[账户键], Accounts[账户键], BOTH ) )
```

使用这两种方式得到的计算结果是一样的。此时，筛选器被允许从连接 Accounts 表和桥表的关系的多端移动到一端。因此，Accounts 表将只显示属于所选客户的行。

在图 8-4 中，你可以看到同时显示新度量值与上一个简单使用 SUM 函数的度量值的报告。

客户名字	总额	SumOfAmount
Luke	5000	800
Mark	5000	2800
Paul	5000	1700
Robert	5000	1700
总计	**5000**	**5000**

图 8-4　[SumOfAmount]列显示了计算正确的值，而 Traeansactions[总额]列只显示总金额

将关系设置为双向和使用 DAX 代码实现双向关系之间还是有区别的。如果你将关系设置为双向，那么，任何度量值都可以利用这个关系把筛选器从多端自动传递到一端。但如果你依赖 DAX 代码，那么，你需要使用相同的模式编写所有需要强制传递筛选器的度量值。如果你有很多度量值需要修改时，这就有点麻烦，在关系上设置双向筛选可能会使模型的关系表达不明确。因此，不能总是将关系设置为双向来解决问题，有时候编写一些代码更为恰当。

此外，Excel 并不提供双向关系功能，你在 Excel 中只能用 DAX 代码实现双向筛选功能。在 Power BI 里，你可以选择喜欢的方式。根据我们的经验，使用双向关系更方便，并且可以减少代码中的错误。

通过利用 DAX 中的扩展表，可以获得与交叉筛选器类似的效果。详细解释扩展表需要一整章的内容(《*The Definitive Guide to DAX*》一书对此进行了更详细的讨论)。在这里我们只想说明通过使用扩展表，可以用下面的代码重写前文中的度量值。

```
SumOfAmount Table Expansion :=
CALCULATE (
    SUM ( Transactions[总额] ),
    AccountsCustomers
)
```

结果几乎和以前一样。你仍然可以传递筛选器，但这一次它是通过扩展表来实现的。使用双向筛选和扩展表的主要区别在于，无论筛选器是否被激活，具有扩展表的模式总是应用筛选器，而双向筛选仅在筛选器处于活动状态时才有效。为了查看差异，我们向 Transactions 表添加一个与任何账户都无关的新行，这一行有 5000 美元，不属于任何客户，计算的结果如图 8-5 所示。

客户名字	SumOfAmount CrossFilter	SumOfAmount Table Expansion
Luke	800	800
Mark	2800	2800
Paul	1700	1700
Robert	1700	1700
总计	**10000**	**5000**

图 8-5 使用 CROSSFILTER 函数交叉筛选的结果和使用扩展表的结果不同

可以看到，两个度量值的差额正好是 5000，这是与任何客户都无关的金额。它在交叉筛选版本中以总计的形式展现出来，但在扩展表版本中没有体现。当你在客户端上没有激活筛选器、在总计中使用 DAX 版本的交叉筛选器时，事实表将显示所有行。

使用扩展表时，筛选器总是被激活，事实表只显示可以通过某个客户访问的行，而额外的行是隐藏的，并不被统计到总计中。

正如在这些情况下经常发生的那样，并非一个值比另一个值更正确。模型根据不同的计算方式报告了不同的数字，而你只需要知道它们之间的区别，这样就可以根据需要使用合适的公式。从性能的角度来看，由于在不必要时不应用筛选器，所以使用交叉筛选器的版本比使用扩展表的版本的运行速度稍微快一些。另一方面，交叉筛选和双向筛选报告的计算结果相同，性能方面的表现也相同。

理解非累加性

关于多对多关系的第二个要点是通过多对多关系聚合的度量值通常是非累加的。这不是模型中的计算错误——正是多对多的特性使得这些关系是非累加的。为了更好地理解这一点，我们看一下图 8-6 中的报告，其中显示了同一个矩阵上的 Accounts 表和 Customers 表。

账户	Luke	Mark	Paul	Robert	**总计**
					5000
Luke	800				**800**
Mark		800			**800**
Mark-Paul		1000	1000		**1000**
Mark-Robert		1000		1000	**1000**
Paul			700		**700**
Robert				700	**700**
总计	**800**	**2800**	**1700**	**1700**	**10000**

图 8-6　使用多对多关系生成的总计是非累加的

你可以很容易地看到列方向的总计是正确的。然而，行方向的总计似乎是不正确的。这是因为账户的金额展示给所有拥有该账户的客户。例如，Mark-Paul 账户由 Mark 和 Paul 共同拥有，单独来看，他们每个人有 1000 美元，如果你把他们放在一起考虑，总数仍然是 1000 美元。

当你处理多对多关系时，非累加是正确的。但是你需要注意非累加性，因为如果不考虑它，你很容易被愚弄。例如，你可以遍历客户，计算金额的总和，然后在最后将其聚合，这将得到与计算出来的总金额不同的结果。图 8-7 的报告显示了这一点，其中显示了以下两项计算的结果。

```
Interest := [SumOfAmount] * 0.01
Interest SUMX := SUMX ( Customers, [SumOfAmount] * 0.01 )
```

客户名字	账户	SumOfAmount	Interest	Interest SUMX
Luke	Luke	800	8.00	8.00
	总计	**800**	**8.00**	**8.00**
Mark	Mark	800	8.00	8.00
	Mark-Paul	1000	10.00	10.00
	Mark-Robert	1000	10.00	10.00
	总计	**2800**	**28.00**	**28.00**
Paul	Mark-Paul	1000	10.00	10.00
	Paul	700	7.00	7.00
	总计	**1700**	**17.00**	**17.00**
Robert	Mark-Robert	1000	10.00	10.00
	Robert	700	7.00	7.00
	总计	**1700**	**17.00**	**17.00**
总计		**5000**	**50.00**	**70.00**

图 8-7　由于存在多对多关系，使用两种利息计算方式得到的利息的总计是不同的

使用 SUMX 函数的版本通过将总计单独移出计算式来强制求和。此时计算得到的总计数字是错误的。在处理多对多关系时，你需要了解它的性质并采取合适的行动。

级联多对多

上一节介绍了处理多对多关系的不同方法。通过学习，处理这些关系很容易。需要特别注意的是存在多对多关系链的场景，我们称之为级联多对多关系。

让我们从一个案例开始。使用前文提到的关于经常账户的模型，假设我们现在想存储每位客户所属类别的列表。每位客户可能属于多个类别，反过来，每个类别又被分配给多位客户。换句话说，在客户和类别之间存在多对多关系。

这里的数据模型是前一个模型的简单变体。这一次它包括两张桥表：一张在 Accounts 表和 Customers 表之间，另一张在 Customers 表和 Categories 表之间，如图 8-8 所示。

通过将 Accounts 表和 AccountsCustomers 表以及 Customer 表和 CustomersCategories 表之间的关系设置为双向，可以轻松让此模型工作。这样的模型功能齐全，可以生成图 8-9 所示的报告，其中显示了按类别和客户划分的可用数量。

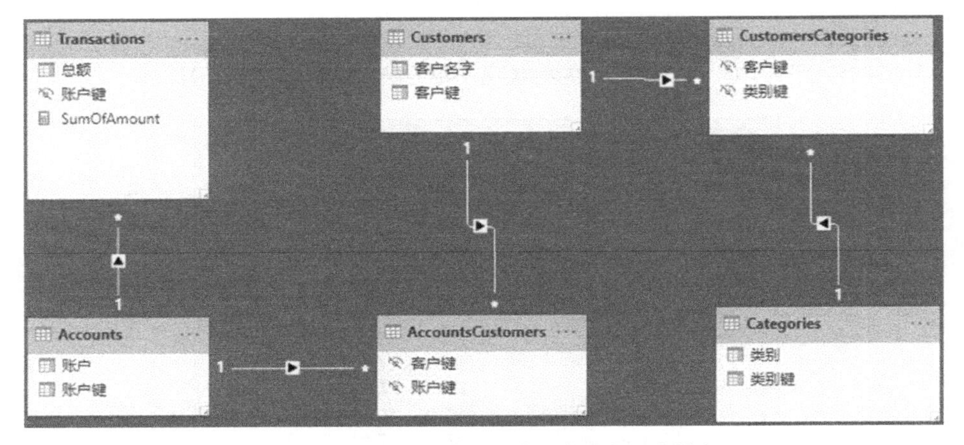

图 8-8　在级联多对多模式中，有两张链式桥表

类别	Luke	Mark	Paul	Robert	总计
House Owner		2800	1700		**3500**
Married		2800		1700	**3500**
Premium Customer		2800	1700		**3500**
Single	800		1700		**2500**
Standard Customer	800			1700	**2500**
总计	**800**	**2800**	**1700**	**1700**	**5000**

图 8-9　具有双向筛选的级联多对多关系是对行和列的非累加汇总

显然，在多对多关系中，浏览的任何维度都失去了累加性。你会发现行和列的汇总都失去了累加性，数字变得更加难以被解释。

如果不是使用双向筛选，而是使用交叉筛选模式，那么，需要使用以下代码对这两种关系设置交叉筛选模式。

```
SumOfAmount :=
CALCULATE (
    SUM ( Transactions[总额] ),
    CROSSFILTER ( AccountsCustomers[账户键], Accounts[账户键], BOTH ),
    CROSSFILTER ( CustomersCategories[客户代码], Customers[客户代码], BOTH ) )
```

如果选择了扩展表模式，那么，在编写代码时需要格外小心。需要按照正确的顺序（从距离事实表最远的表依次传递到最近的表）使用表筛选器。换句话说，首先需要将筛选器从 Categories 表传递到 Customers 表，然后将筛选器从 Customers 表传递到 Accounts 表。没有遵循正确的顺序会产生错误的结果。正确的公式如下。

```
SumOfAmount :=
CALCULATE (
    SUM ( Transactions[总额] ),
    CALCULATETABLE ( AccountsCustomers, CustomersCategories )
)
```

如果不注意这些细节，你可能会按以下方式编写代码。

```
SumOfAmount :=
CALCULATE (
    SUM ( Transactions[总额] ),
    AccountsCustomers,
    CustomersCategories
)
```

此时，你得到的结果是错误的，如图 8-10 所示，因为没有按正确的顺序执行筛选器的传递。

类别	Luke	Mark	Paul	Robert	**总计**
House Owner	800	2800	1700	1700	**5000**
Married	800	2800	1700	1700	**5000**
Premium Customer	800	2800	1700	1700	**5000**
Single	800	2800	1700	1700	**5000**
Standard Customer	800	2800	1700	1700	**5000**
总计	**800**	**2800**	**1700**	**1700**	**5000**

图 8-10　如果没有遵循正确的顺序，扩展表将产生错误的结果

这是我们倾向于将关系设置为双向（如果可能的话）的原因之一，这样你的代码就可以在不需要注意这些细节的情况下正常工作。只依靠代码的方法非常容易写错，同时又增加了复杂性以及调试和检查的难度。

在离开级联多对多关系这个主题之前需要注意的是：在大多数情况下，可以使用单张桥表创建具有级联多对多关系的模型。实际上，在我们目前看到的模型中，我们有两张桥表：一张是 Categories 表和 Customers 表之间的桥表，另一张是 Customers 表和 Accounts 表之间的桥表。一个好的替代方法是简化模型并构建一张连接三张表的桥表，如图 8-11 所示。

桥表中没有复杂的内容去连接三张维度表，而且数据模型看起来比较容易分析——至少在你习惯了包含多对多关系的数据模型之后是这样。此时，只需要将一个关系设置为双向，在交叉筛选或使用扩展表的情况下只需要编写一个参数，这再次降低

了代码中出现错误的几率。

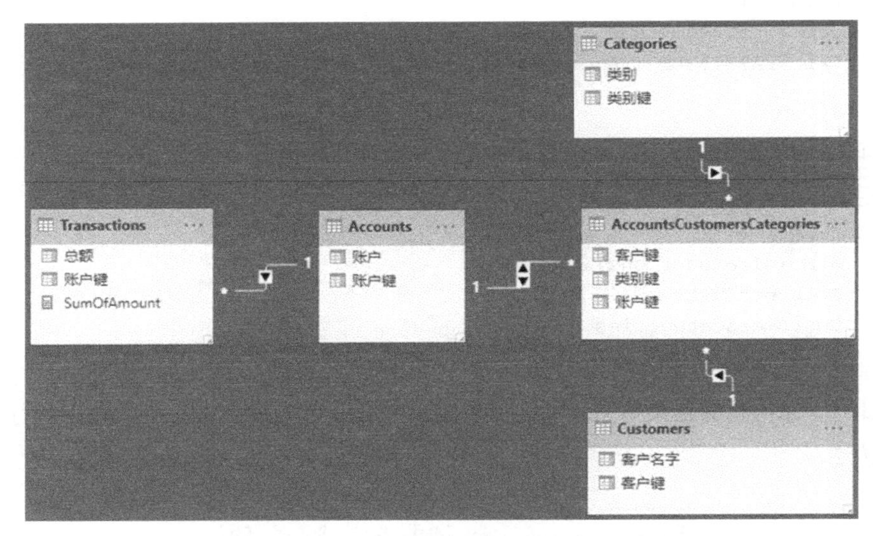

图 8-11 一张桥表可以将多张表连接在一起

注意 这个将三张表连接在一起的模型属于多对多关系模型。当在实体之间可能有不同类型的关系时(账户所有者的类型不同,其中一个是主账户,另一个是辅助账户),你可以使用桥表对它们建模,桥表还包含到 Category 表的连接。这是一个简单的模型,但它非常强大且有效。

显然,需要构建这样一张超级桥表。在本例中,我们使用了用 DAX 代码构建的简单的计算表,当然,也可以使用 SQL 或查询编辑器来获得类似的结果。

时间多对多关系

在上一节中,你了解到:即使在桥表连接多张表的情况下也可以对多对多关系建模。当桥表连接三张表时,可以将这三张表中任意一张表视为一个单独的筛选器,从而找到事实表中满足所有条件的行。当多对多关系有一个条件且当这个条件不能用简单的关系表示时,就会出现这种情况的变体。当关系是用持续时间来描述时,这种关系被称为时间多对多关系,它是处理持续时间(在第 7 章中曾有过讨论)和多对多关系（本章的主题）有趣的组合。

你可以使用这种类型的关系来建模一个人员规模可能随时间推移而变化的团队。一个人可能属于不同的团队，并随着时间的推移而改变所属的团队，因此，个人和团队之间的关系是有持续时间的。初始模型如图 8-12 所示。

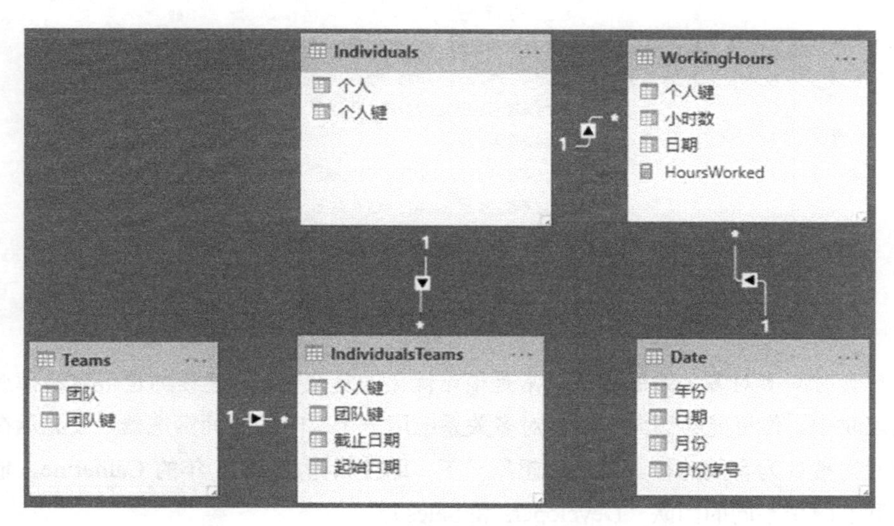

图 8-12 一张桥表可以将多张表连接在一起

如你所见，它是一个标准的多对多模型。

这个模型的关键不是多对多，而是桥表包含两个日期([起始日期]和[截止日期])，这两个日期决定了一个人在哪个时期与哪个团队一起工作。事实上，如果你按实际情况使用这个模型，并按 Teams（团队）表和 Individuals（个人）表划分工作小时数，你会得到一个不正确的结果，因为你需要仔细使用时间限制来正确地将个人映射到任何给定时期的团队。对 Individuals 表进行简单的筛选是行不通的。为了更好地理解发生了什么，请参见图 8-13，它描述了桥表中与 Catherine 相关的行并突出显示。

如果你按名称筛选，你将看到 Catherine 工作过的所有团队。但如果以 2015 年为例，你将只想获得前两行。此外，因为 Catherine 在 2015 年为两个不同的团队工作，所以你希望将 Catherine 在 1 月份的薪水记在 Developers 团队上，将 2 月到 12 月的薪水记在 Sales 团队上。

个人键	团队键	起始日期	截止日期	个人	团队
3	3	2015年2月1日	2015年12月31日	Catherine	Sales
3	1	2015年1月1日	2015年1月31日	Catherine	Developers
3	2	2016年1月1日		Catherine	Testers
5	2	2015年1月1日		Louis	Testers
4	2	2015年1月1日	2015年12月31日	Michelle	Testers
4	3	2016年1月1日		Michelle	Sales
1	2	2015年3月1日	2015年9月30日	Paul	Testers
1	1	2015年1月1日	2015年2月28日	Paul	Developers
1	3	2015年8月1日	2015年12月31日	Paul	Sales
1	1	2016年1月1日		Paul	Developers
2	1	2015年1月1日	2015年4月30日	Thomas	Developers
2	3	2015年5月1日	2015年5月31日	Thomas	Sales
2	1	2015年6月1日	2015年12月31日	Thomas	Developers
2	2	2016年1月1日		Thomas	Testers

图 8-13 通过对 Catherine 排序，可以获得他在各个团队工作的时间

包含时间多对多关系的模型通常是很难优化的复杂模型，建模师也很容易掉进隐藏的陷阱中。你可能会倾向于对多对多关系应用一个临时的时间筛选器，仅显示在所选期间内被认为有效的行。但是，想象一下，即使只考虑 2015 年的 Catherine，他仍然关联着两个不同的团队（Developers 和 Sales）。

要解决这个场景，需要正确地执行以下步骤。

1. 确定每个人在给定团队中工作的时间。
2. 将日期表上的筛选器移动到事实表，小心地注意其与事实表上已经应用的任何其他筛选器的相交。

这两个操作需要在个人级别执行，因为对不同的人可能需要考虑不同的周期，对此，可以使用下面的代码。

```
HoursWorked :=
SUMX (
   ADDCOLUMNS (
      SUMMARIZE (
         IndividualsTeams,
         Individuals[个人键],
         IndividualsTeams[起始日期],
         IndividualsTeams[截止日期]
      ),
      "FirstDate", [起始日期],
```

```
        "LastDate", IF ( ISBLANK ( [截止日期] ), MAX ( WorkingHours[日期] ),
        [截止日期] )
    ),
    CALCULATE (
        SUM ( WorkingHours[小时数] ),
        DATESBETWEEN ( 'Date'[日期], [FirstDate], [LastDate] ),
        VALUES ( 'Date'[日期] )
    )
)
```

在这个场景中，你无法在数据模型中对多对多关系建模，因为关系的持续时间迫使你依赖 DAX 代码将筛选器从桥表转移到事实表。这段代码并不简单，它要求你深入了解筛选上下文如何通过关系传递概念。由于代码的复杂性，这个方案是次优解。当然，它仍然可以很好地运行，你可以使用它生成图 8-14 所示的报告，该报告演示了如何将周期上的筛选器正确地移动到事实表中。

个人	年份 团队	2015 January	February	March	April	May	June	July	August	September	October	November	December
Catherine	Developers	60											
	Sales		54	68	54	67	57	65	61	58	64	56	68
	Testers												
Louis	Testers	60	56	64	60	60	60	61	62	60	63	60	64
Michelle	Sales												
	Testers	64	54	65	61	60	60	64	60	58	65	57	65
Paul	Developers	62	54										
	Sales								62	58	63	59	64
	Testers			64	60	61	61	62	62	58			
Thomas	Developers	66	54	61	62		64	61	61	58	64	60	61
	Sales					59							
	Testers												

图 8-14　这份报告显示了个人在不同团队中的工作时间

采用这种方法所需的 DAX 代码非常复杂。此外，在这个特定的模型中，使用多对多关系可能是错误的方案。我们特意选择了可以使用多对多正确处理的模型，但是，仔细观察这个模型之后就会发现存在更好的选择。事实上，即使随着时间的推移，一个人可能属于不同的团队，但在确定的某一天，这个人应该属于一个确定的团队。如果满足此条件，那么，对该场景建模的正确方法是将团队视为与个人无关的维度，并使用事实表存储团队和个人之间的关系。但在图 8-15 所示的这个案例中，这个条件是不满足的。图 8-15 显示了 Paul 在 2015 年 8 月和 9 月工作于两个不同的团队中。

我们将使用此场景介绍下一个主题——在多对多关系中重新分配因子。

个人 ▲	年份 团队	2015 June	July	August	September	October	November
Paul	Sales			62	58	63	59
	Testers	61	62	62	58		

图 8-15　在 2015 年 8 月和 9 月，Paul 同时在两个不同的团队工作

重新分配因子和百分比

在图 8-15 中，Paul 在 8 月份同时为 Sales 团队和 Testers 团队工作了 62 小时。这个数字显然是错误的，Paul 不可能同时为两个团队效力。在多对多关系产生重叠时需要在关系中存储一个校正因子，该校正因子可以标识 Paul 的总时间如何分配给每个团队。让我们借助图 8-16 更详细地查看数据。

个人键	团队键	起始日期	截止日期	个人	团队
3	3	2015年2月1日	2015年12月31日	Catherine	Sales
3	1	2015年1月1日	2015年1月31日	Catherine	Developers
3	2	2016年1月1日		Catherine	Testers
5	2	2015年1月1日		Louis	Testers
4	2	2015年1月1日	2015年12月31日	Michelle	Testers
4	3	2016年1月1日		Michelle	Sales
1	2	2015年3月1日	2015年9月30日	Paul	Testers
1	1	2015年1月1日	2015年2月28日	Paul	Developers
1	3	2015年8月1日	2015年12月31日	Paul	Sales
1	1	2016年1月1日		Paul	Developers
2	1	2015年1月1日	2015年4月30日	Thomas	Developers
2	3	2015年5月1日	2015年5月31日	Thomas	Sales
2	1	2015年6月1日	2015年12月31日	Thomas	Developers
2	2	2016年1月1日		Thomas	Testers

图 8-16　在 2015 年 8 月和 9 月，Paul 在 Testers 和 Sales 团队工作

这个模型中的数据看起来不正确。为了避免将 Paul 的所有时间同时分配给两个团队，可以向桥表添加一个值，该值表示需要分配给每个团队的时间的百分比。这需要将区间切片并分别存储在多行中，如图 8-17 所示。

应该将 Paul 的重叠时期拆分为非重叠时期。此外，还应该添加一个[比例]列，表示应该将总时间的 60%分配给 Testers 团队，40%分配给 Sales 团队。

个人键	团队键	起始日期	截止日期	个人	团队	比例	辅助列
3	3	2015年2月1日	2015年12月31日	Catherine	Sales	100.00%	Catherine42036
3	2	2016年1月1日		Catherine	Testers	100.00%	Catherine42370
3	1	2015年1月1日	2015年1月31日	Catherine	Developers	100.00%	Catherine42005
5	2	2015年1月1日		Louis	Testers	100.00%	Louis42005
4	2	2015年1月1日	2015年12月31日	Michelle	Testers	100.00%	Michelle42005
4	3	2016年1月1日		Michelle	Sales	100.00%	Michelle42370
1	3	2015年8月1日	2015年12月31日	Paul	Sales	100.00%	Paul42217
1	1	2015年1月1日	2015年2月28日	Paul	Developers	100.00%	Paul42005
1	2	2015年3月1日	2015年9月30日	Paul	Testers	100.00%	Paul42064
1	1	2016年1月1日		Paul	Developers	100.00%	Paul42370
1	2	2015年8月1日	2015年9月30日	Paul	Testers	60.00%	Paul42217
1	3	2015年8月1日	2015年9月30日	Paul	Sales	40.00%	Paul42217
2	1	2015年1月1日	2015年4月30日	Thomas	Developers	100.00%	Thomas42005
2	3	2015年5月1日	2015年5月31日	Thomas	Sales	100.00%	Thomas42125
2	1	2015年6月1日	2015年12月31日	Thomas	Developers	100.00%	Thomas42156
2	2	2016年1月1日		Thomas	Testers	100.00%	Thomas42370

图 8-17　通过复制一些行来避免重叠，还可以添加分配工时的百分比

最后一步是把这些数字考虑进去。要做到这一点，只需修改度量值的代码，使其使用公式中的百分比。最终代码如下。

```
HoursWorked :=
SUMX (
    ADDCOLUMNS (
        SUMMARIZE (
            IndividualsTeams,
            Individuals[个人键],
            IndividualsTeams[起始日期],
            IndividualsTeams[截止日期],
            IndividualsTeams[比例]
        ),
        "FirstDate", [起始日期],
        "LastDate", IF ( ISBLANK ( [截止日期] ), MAX ( WorkingHours[日期] ),
        [截止日期] )
    ),
    CALCULATE (
        SUM ( WorkingHours[小时数] ),
        DATESBETWEEN ( 'Date'[日期], [FirstDate], [LastDate] ),
        VALUES ( 'Date'[日期] )
    ) * IndividualsTeams[比例]
)
```

如你所见，我们添加了[比例]列进行汇总。然后，我们在公式的最后一步中使用

它作为乘数因子，以正确地将小时按比例分配给团队。不过，这个操作使代码比以前更难了。

在图 8-18 中，你可以看到：在 8 月和 9 月，Paul 的工作时间被正确地分配给了他工作的两个团队。

	年份	2015					
个人	团队	June	July	August	September	October	November
Catherine	Sales	57	65	61	58	64	56
Louis	Testers	60	61	62	60	63	60
Michelle	Testers	60	64	60	58	65	57
Paul	Sales			87	81	63	59
	Testers	61	62	99	93		
Thomas	Developers	64	61	61	58	64	60

图 8-18　报告正确地显示 Paul 在 8 月和 9 月所工作过的两个团队，并且在两个团队之间正确分配了时间

在执行此操作时，我们转移到一个有点变化的数据模型中，该模型将重叠的周期转换为百分比。我们必须这样做的目的是不想得到一个非累加的度量。虽然多对多关系本身是非累加的，但是在这种特定的情况下，我们需要保证所展示的数据的非累加性。

上面这一重要步骤帮助我们引入优化模型的下一项内容：多对多关系的物化。

多对多关系的物化

多对多关系可以处理时间数据（或者复杂的筛选器）、百分比和分配因子。这往往会生成非常复杂的 DAX 代码。在 DAX 的世界里，复杂通常意味着运行缓慢。如果你需要处理少量数据，那么，前面的表达式是可以的，但是对于较大的数据集或复杂的环境，它就太慢了。下一节将讨论多对多关系的性能问题。在这一节中，我们想向你展示如何摆脱多对多关系，获得更好的性能以及像往常一样使用更简单的 DAX 代码。

在我们所预期的大多数情况下，可以通过使用事实表来存储两张维度表之间的联系，从而从模型中删除多对多关系。事实上，在我们的案例中有两张不同的维度表（Teams 表和 Individuals 表），它们由桥表连接，每次想按组进行切片时，都需要遍历和筛选桥表。但更有效的解决方案是通过在事实表中实现多对多关系，将团队键直接

物化在事实表中。

物化多对多关系需要将从桥表到事实表的列反规范化，同时增加事实表中的行数。如果 Paul 的工作小时数信息需要在 8 月和 9 月分配给两个不同的团队，则需要重复对应的行，并为每个团队添加一行。最终的模型将是一个完美的星形模型，如图 8-19 所示。

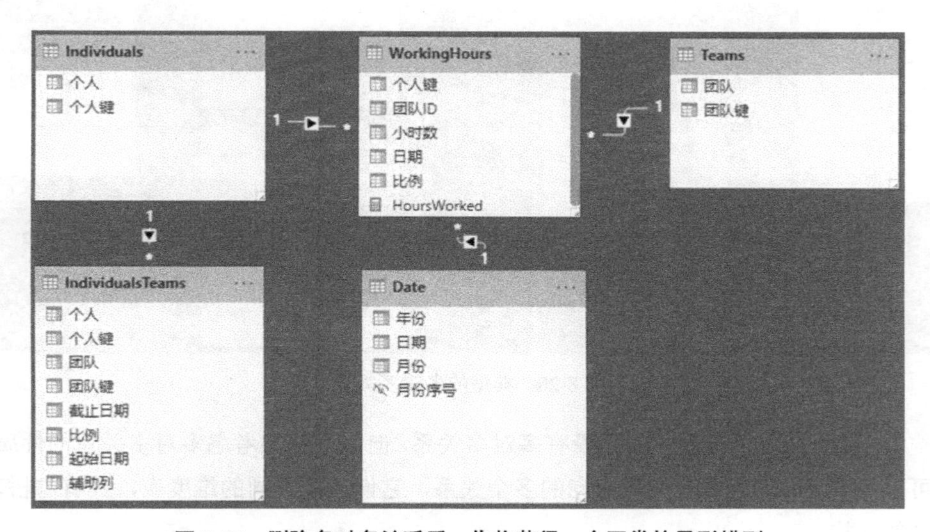

图 8-19　删除多对多关系后，你将获得一个正常的星形模型

增加行数需要 ETL 的一些步骤。这通常通过使用 SQL 视图或查询编辑器来完成。用 DAX 执行相同的操作非常复杂，因为 DAX 不是一种操纵数据的语言，它主要是一种查询语言。

一旦实现了多对多关系的物化，编写公式就变得非常简单，因为你只需要计算小时数的总和再乘以百分比。一个额外的选择是计算提取、转换、加载期间的小时数并乘以百分比，以避免在使用 DAX 进行查询时再进行乘法运算。

使用事实表作为桥表

多对多关系的一个奇怪特点是经常出现在你不希望它出现的地方。多对多关系的主要特征是需要桥表（桥表是一张连接两张维度表的表，其中两个关系的方向相反）。

这种模式会在实际中经常出现。这种情况可以存在于任何星形模形中。例如，在图 8-20 中可以看到本书多次使用的星形模型。

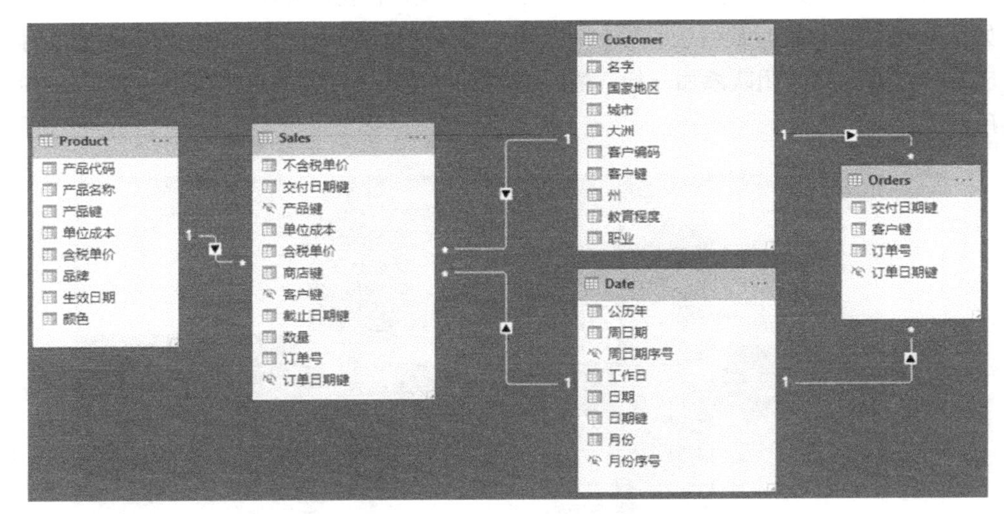

图 8-20　典型的多对多关系

乍一看，在这个模型中似乎没有多对多关系。但如果仔细考虑多对多关系的性质，你可以看到 Sales 表具有相反方向的多个关系，它们连接不同的维度表，具有与桥表相同的结构。

Sales 这张事实表可以看作是任意两张维度表之间的桥梁。我们在本书中已经多次使用事实表这个概念，即使没有明确说明可以用它来遍历多对多关系。作为一个案例，如果你想计算购买了给定产品的顾客的数量，可以做如下操作。

- 启用 Sales 表和 Customer 表间的双向筛选关系。
- 在计算度量值时使用 CROSSFILTER 启用双向关系。
- 使用类似 CALCULATE（COUNTROWS（Customer），Sales）的 DAX 范式启动双向模式。

这三种 DAX 范式中的任何一种都会提供正确的答案，即筛选一组产品，然后计算或列出购买这些产品的客户。这三个范式展示的技术与解决多对多场景所使用的技术是相同的。

在你的数据建模生涯中，你将学习如何在不同的模型中识别这些模式，并开始使用正确的技术。多对多关系是一个强大的建模工具，它会出现在许多不同的场景中。

考虑性能因素

前面我们讨论了在建模中使用复杂的多对多关系的不同方法。我们的结论是如果需要对某些分配因子执行复杂的筛选或乘法运算，那么，从性能和复杂性的角度来看，最好的选择是在事实表中物化多对多关系。

本书没有足够的篇幅来详细分析多对多关系的性能。尽管如此，我们还是希望与你分享一些基本的概念，以快速获取包含多对多关系的期望模型。

无论何时使用多对多关系模型，都有三种表：维度表、事实表和桥表。要通过多对多关系计算值，引擎需要使用维度表作为筛选器扫描桥表，然后使用生成的行扫描事实表。扫描事实表可能需要一些时间，但与直接连接维度表的情况没有什么不同。因此，使用多对多关系所需的额外的计算需求并不取决于事实表的大小。较大的事实表会降低所有计算的速度，此时，多对多关系与其他关系没有什么不同。

维度表的大小通常不是问题，除非它包含超过 1 000 000 行，这对于自助式 BI 解决方案来说是罕见的。此外，计算引擎总是需要扫描维度表，即使它直接连接到事实表。因此，需要注意：使用多对多关系的性能不依赖于连接的维度表的大小。

最后要分析的表是桥表。与其他表格不同，桥表的大小很重要。准确地说，重要的不是桥表的实际大小，而是用于筛选事实表的行有多少。让我们用一些极端的案例来澄清一些事情。假设有一张维度表有 1000 行，一张桥表有 100 000 行，第二张维度表有 10 000 行，如图 8-21 所示。

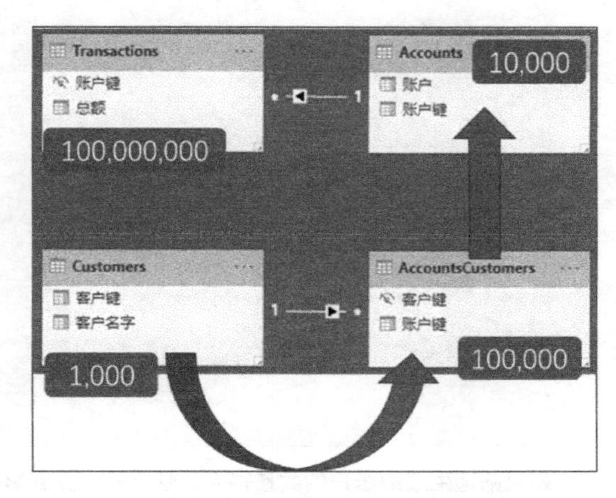

图 8-21　每张表的行数之间典型的多对多关系

如前文所述，事实表的大小没有影响，即使它有 1 亿行也不可怕。影响性能的是桥表对 Accounts 表的选择。如果筛选 10 位客户，而桥表只筛选大约 100 个账户。此时，你有一个相当平衡的分布，模型性能将非常好。图 8-22 显示了这个场景。

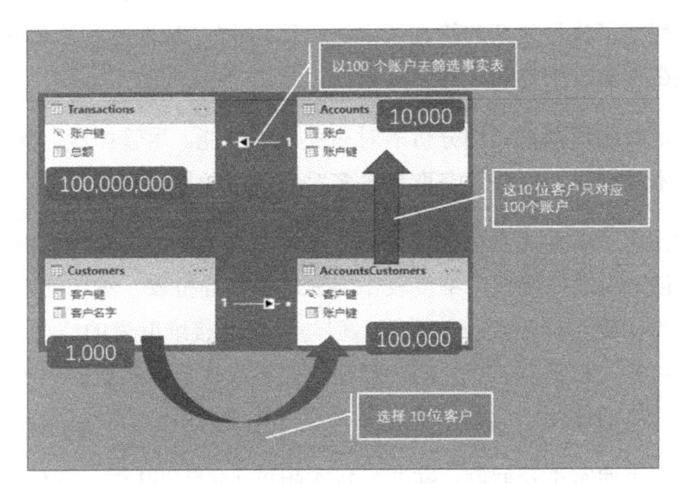

图 8-22 如果筛选的账号的数量非常少，性能将非常好

但当桥接的筛选器的选择性很低，那么，性能将会因结果账户的数量的增加而变差。图 8-23 显示了一个示例，其中筛选到的 10 位客户对应 1000 个账户。在这种情况下，性能将开始受到影响。

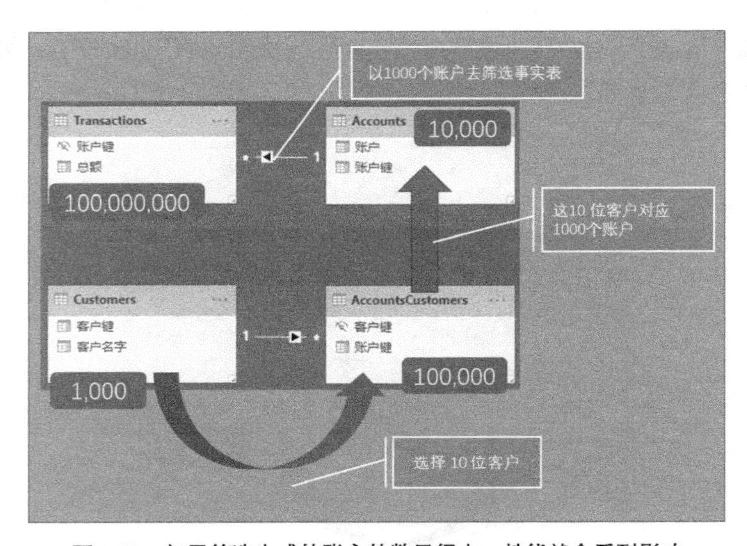

图 8-23 如果筛选生成的账户的数量很大，性能就会受到影响

所以，使用桥表筛选得到的结果越少，性能越好。由于桥表通常具有正常的选择性，因此，这可以转换为更简单的语句：桥表越大，性能越差。这种说法不完全正确，但更容易被记住和应用。

根据我们的经验，不超过 100 万行的桥表可以很好地工作，当面对更大的桥表时，需要更多的关注和努力来减少其大小。这里要记住的一点是不要花时间减少事实表的大小。相反，尝试在桥表上工作并减小其大小将引导你朝着优化多对多关系的正确方向前进。

本章小结

你必须学习如何利用多对多关系，因为它们提供了强大的分析能力。同时，学习如何使用这种关系意味着理解 DAX 代码和易用性方面的局限性和复杂性。本章主要内容包含以下要点。

- 你可以使用三种主要模式来管理多对多关系，它们是：双向关系、CROSSFILTER 或扩展表。选择哪种取决于你使用的 DAX 的版本和想要得到的结果。
- 使用基本的多对多关系并不需要太多努力。一旦你理解了它的非累加性及如何正确地设置关系，它就能很好地工作。
- 级联多对多关系和筛选多对多关系需要更复杂的处理，特别是使用拓展表时。在这种情况下，将它们都反规范到单张桥表上可能有助于编写更简单的代码。
- 时间多对多关系和多对多关系的重新分配因子是复杂的。虽然功能很强大，但很难被管理。
- 如果你需要处理非常复杂的多对多关系，你最好的选择可能是完全消除多对多关系：通过在事实表中物化关系的信息，你几乎总是可以摆脱多对多关系，即使这需要你仔细研究新的事实表，增加它的行数，并可能修改你之前编写的一些代码。
- 当考虑性能时，减少桥表的大小是你的首要目标。通过减少桥表来可以增加选择性。如果你的桥表很大，但使用的时候可以进行有效选择，那么你已经在学习 DAX 的快速路上了。

第 9 章

不同颗粒度的使用

在前几章中，我们讨论了很多关于颗粒度的内容，你已经意识到始终保持正确的颗粒度有多么重要。但是，有时数据以不同级别的颗粒度被存储在不同的事实表中，而且数据模型处于无法被更改的状态。对于每张表来说，颗粒度都是正确的，但在这种情况下，构建同时使用这两张表的计算式可能会很痛苦。

在本章中，我们将对如何处理不同的颗粒度进行更深入的分析，查看不同的建模方案和不同类型的 DAX 代码。本章列举的模型有一个共同点：不能通过改变模型来固定数据颗粒度。在大多数情况下，产生这种问题的根源在于不同的表中有不同级别的颗粒度。对于每张表本身来说，这种级别的颗粒度没有问题，但当你在同一份报告中混合两张表时就开始有问题了。

关于颗粒度

颗粒度是存储信息的详细级别。在典型的星形模型中，颗粒度是由维度表而不是事实表定义的。例如，图 9-1 所示的模型就是雪花模型。

在这个模型中，颗粒度由 Date 表、Store 表、Customer 表和 Product 表定义。ProductSubcategory 表和 ProductCategory 表是模型的雪花维度，它们与颗粒度无关。Sales 表需要为所有维度表的键值的每个唯一组合对应不多于一行的数据记录。如果 Sales 中相同维度键的组合有两行或以上的记录，则最好将它们合并到单行中，这不会损失维度表的分析能力。在图 9-2 所示的 Sales 表中有多个完全相同的维度键的组合的行。

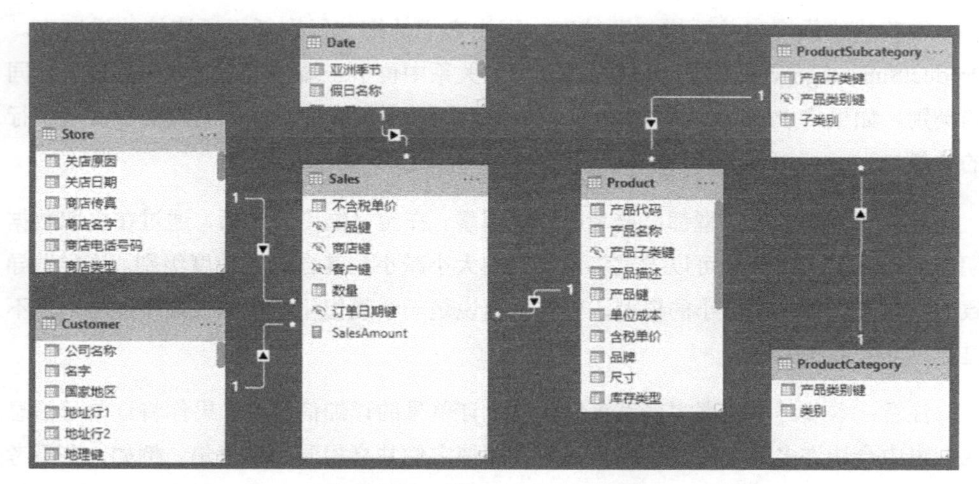

图 9-1　一个简单的雪花模型，有四张维度表和一张事实表

商店键	产品键	订单日期键	数量	客户键	不含税单价
306	2490	20070609	1	19040	14.99
306	2490	20070609	1	19040	14.99
306	2490	20070609	1	19040	14.99
306	2490	20070609	1	19040	14.99
306	2490	20070609	1	19040	14.99
306	2490	20070609	1	19040	14.99
306	2490	20070609	1	19040	14.99
306	2490	20070609	1	19040	14.99
306	2490	20070609	2	19040	14.99
306	2490	20070609	4	19040	14.99
306	2490	20080226	1	19048	13.9407
306	2490	20080226	1	19048	13.9407
306	2490	20080226	1	19048	13.9407

图 9-2　表的前 8 行完全相同

完全一致的 8 行使得计算式无法对它们进行区分。无论以什么维度进行切片，它们的值总是聚合在一起。因此，可以将前 8 行记录压缩到一行中再把数量值汇总为 8，而保持其余所有列不变。这样做乍看起来很奇怪，但它是正确的处理方式。将行数减少到所需的最详细的颗粒度不会改变模型的结果。多余的行只会浪费存储空间，进而影响运算性能。

如果增加一张维度表，事情将会变得不同。假如这 8 行销售记录的促销折扣不一样，此时，如果添加了一张新的促销维度表，事实表的颗粒度会因此而改变，模型运行后的结果也会发生相应的改变。

雪花状的维度表并不增加颗粒度，因为它们的细节级别低于所连接的维度表。ProductSubcategory 表在自己与 Product 表的关系中位于一端，因为许多产品属于相同的类别。如果将 ProductSubcategory 表的键添加到事实表中，并不会改变事实表中行的数量。

无论何时构建新模型都需要考虑这些因素。在定义维度表之后，通过在提取数据期间执行分组和预聚合可以尝试将事实表的大小减小到其自然颗粒度级别。这样做导致的结果是产生一个更小的模型，更准确地说是一个最优化的模型（既不过小，也不过大，非常完美）。

注意：本节讨论的事实表没有包含关于订单号的详细信息。如果你将订单号信息放入表中会让许多重复行变得不再重复，即使它们共享相同的维度集。例如，在不考虑订单号时，可以对相同客户的两个订单数量相同的行进行分组。但是，当你加入订单号时，它们就不能再被组合在一起。因此，事实表中存在的详细信息也会改变表本身的颗粒度。你可能有很好的理由将这些详细信息存储在事实表中。重要的是要理解订单号信息在模型大小和内存占用方面需要消耗很高的成本。只有在报表真正需要这些字段时才应该存储它们。

不同颗粒度之间的联系

我们已经定义了关于颗粒度的常用术语，接下来让我们看看事实表之间颗粒度不同的示例。预算场景是一个很好的案例。

分析预算数据

在需要分析预算时，你可能会检查实际销售数字（过去或当前年度）与预算数字之间的差异。这会产生有趣的关键性能指标（KPIs）和报告。然而，要做到这一点，你必须面对颗粒度问题。事实上，你不太可能在预算中规定每个产品每日的预算情况，但在实际销售报表中，每条记录都是具体到每天的每个产品的。让我们通过一个案例来探讨这个问题。图 9-3 显示了一个数据模型，其中包含一个标准的关于销售的星形模型和一个 Budget（预算）表——表中的内容是下一年的预算数据。

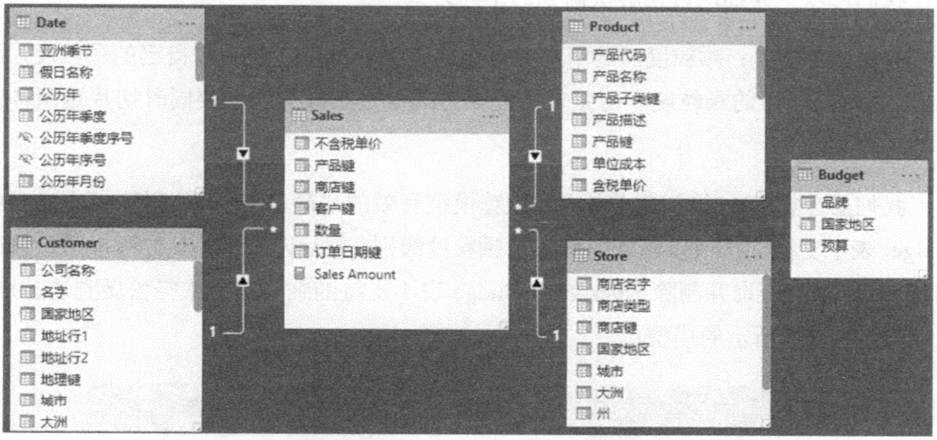

图 9-3　这个数据模型使用相同的结构展示销售数据和预算数据

当预算信息的颗粒度在[国家地区]和[品牌]层面时，提供每天的预算显然是没有意义的。当预测数字时，你必须在一个更高的水平上进行预测。这同样适用于产品级别，你通常无法在单个产品的销售级别进行预测（除非你的销量很小）。在图 9-3 所示的案例中，预算经理只关注两个属性：[国家地区]和[品牌]。

当你试图构建一份同时显示销售信息与预算信息的报告时，你将会因为缺少表间关系而陷入麻烦。你可以使用 Product[品牌]对[Sales 2009]进行切片，但是不能使用这个列对[Budget 2009]进行切片，因为 Product 表和 Budget 表之间没有关系，如图 9-4 所示。

品牌	Sales 2009	Budget 2009
A. Datum	58,079.85	1141350
Adventure Works	81,226.45	1141350
Contoso	259,275.75	1141350
Fabrikam	225,377.63	1141350
Litware	198,408.02	1141350
Northwind Traders	31,709.38	1141350
Proseware	128,884.14	1141350
Southridge Video	65,999.51	1141350
Tailspin Toys	17,289.24	1141350
The Phone Company	64,141.72	1141350
Wide World Importers	112,142.93	1141350
总计	**1,242,534.61**	**1141350**

图 9-4　产品没有切片预算，因为产品和预算之间没有关系

你可能还记得我们在第 1 章中处理过类似的场景。那时你还没有足够的建模知识，现在我们可以更详细地讨论解决问题的不同方式。

需要注意的是：颗粒度问题不是模型中的错误。Budget 表有它自己的颗粒度，而 Sales 表有不一样的颗粒度。两张表的建模方式都是正确的。但要同时切片这两种信息并不容易。

我们要分析第一个方案（也是使预算模型有效的最简单方法）：删除 Sales 表中 Budget 表不支持的细节以降低两张表的颗粒度级别，然后匹配关系。你可以通过修改加载 Sales 表的查询并删除 Sales 表中 Budge 表不支持的细节信息来轻松做到这一点，从而得到图 9-5 所示的模型。

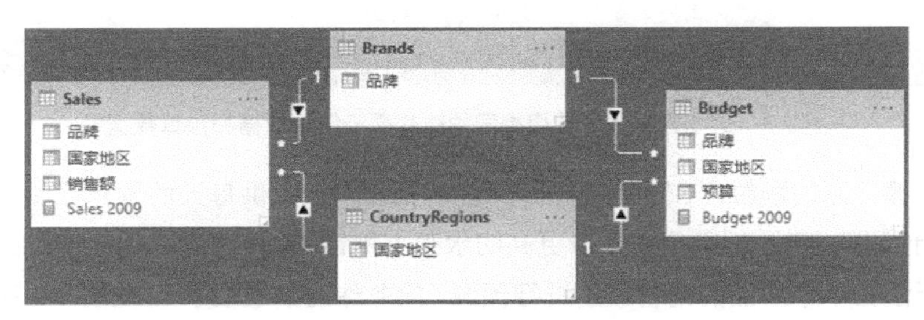

图 9-5　通过简化两张表，可以获取简单的星形模型

为了得到简化的模型，我们通过删除所有细节来降低 Sales 表的颗粒度级别。我们必须删除日期引用、[产品]键（由[品牌]替换）和[商店]键（由[国家地区]替换），并在分组时预先计算销售额。此时，所有维度都消失了，取而代之的是包含[品牌]和[国家地区]的两张简单的维度表。修改后的模型十分简单且运行良好，可以按 Budget[品牌]切片销售额和预算数值，以获得有意义的数字，如图 9-6 所示。

品牌	Sales 2009	Budget 2009
A. Datum	33,315.51	48500
Adventure Works	31,766.41	67100
Contoso	132,785.98	239500
Fabrikam	99,675.86	169500
Litware	106,393.85	143000
Northwind Traders	2,505.23	64500
Proseware	65,963.93	115500
Southridge Video	36,392.89	61500
Tailspin Toys	9,451.22	28000
The Phone Company	31,355.17	78750
Wide World Importers	67,691.72	125500
总计	**617,297.77**	**1141350**

图 9-6　因为该模型是一个星形模型，所以现在生成的数字很有意义

这个解决方案的弊端是：我们必须牺牲很多分析能力来换取正常的计算结果。也就是说，必须删除关于销售的所有详细信息。如对日期这个维度，必须将数据限制在 2009 年。此外，不能再按月、季度或产品颜色来切片销售额。因此，即使该解决方案从技术的角度来看是可行的，也远不是最优的。我们想要的是在不损失任何分析能力的情况下计算预算数值。

使用 DAX 代码移动筛选器

我们要分析的下一个能解决问题的方案基于 DAX。图 9-3 所示的数据模型的问题是可以使用 Product[品牌]列按品牌筛选 Sales 表的信息却无法筛选 Budget 表的信息，因为 Product 表和 Budget 表之间没有关系。

通过使用 DAX 筛选器，你可以将筛选器从 Product[品牌]列强制移动到 Budget[品牌]列。根据 DAX 的版本不同，用户必须以不同的方式编写筛选器。在 Power BI 和 Excel 2016 及以后版本的 Excel 中，可以利用交集操作函数。如果你用以下公式编写 [Budget 2009] 度量值，将会获得按[品牌]及[国家地区]切片的正确的数据。

```
Budget 2009 :=
CALCULATE (
    SUM ( Budget[预算] ),
    INTERSECT ( VALUES ( Budget[品牌] ), VALUES ( 'Product'[品牌] ) ),
    INTERSECT ( VALUES ( Budget[国家地区] ), VALUES ( Store[国家地区] ) ) )
```

INTERSECT 函数在 VALUES（Budget[品牌]）和 VALUES（Product[品牌]）之间获得一组交集。因为没有与其他表创建关系，Budget 表也没有筛选状态，所以，这将获得 Budget 表上所有品牌和 Product 表上可见品牌的交集，即 Product 表上的筛选器将被移动到 Budget[品牌]中。同样的步骤也应用到了 Store[国家地区]列和 Budget[国家地区]列上。

该技术类似于在第 10 章中介绍的动态切片模式。

在 Excel 2013/2016 中，不能使用 INTERSECT 函数。你必须使用另外一种基于 CONTAINS 函数的完全不一样的技术，具体代码如下。

```
Budget 2009 Contains =
CALCULATE (
    SUM ( Budget[预算] ),
    FILTER (
```

```
            VALUES ( Budget[品牌] ),
            CONTAINS (
                VALUES ( 'Product'[品牌] ),
                'Product'[品牌],
                 Budget[品牌]
            )
        ),
        FILTER (
            VALUES ( Budget[国家地区] ),
            CONTAINS (
                VALUES ( Store[国家地区] ),
                Store[国家地区],
                Budget[国家地区]
            )
        )
    )
```

这段代码比使用INTERSECT函数的简单表达式复杂得多，但这是在Excel 2010、Excel 2013 或 Excel 2016 环境中必须使用的模式。图 9-7 显示了两个度量值可以获得相同的结果，即使它们使用了不同的技术。

品牌	Sales 2009	Budget 2009	Budget 2009 Contains
A. Datum	58,079.85	48500	48500
Adventure Works	81,226.45	67100	67100
Contoso	259,275.75	239500	239500
Fabrikam	225,377.63	169500	169500
Litware	198,408.02	143000	143000
Northwind Traders	31,709.38	64500	64500
Proseware	128,884.14	115500	115500
Southridge Video	65,999.51	61500	61500
Tailspin Toys	17,289.24	28000	28000
The Phone Company	64,141.72	78750	78750
Wide World Importers	112,142.93	125500	125500
总计	**1,242,534.61**	**1141350**	**1141350**

图 9-7 [Budget 2009]和[Budget 2009 Contains]包含相同的计算结果

这里讨论的技术不要求你更改数据模型，因为它只依赖于 DAX 的使用。它虽然运行很好，但是代码编写起来有些复杂，尤其是在使用旧版本的 Excel 时。也就是说，如果初始的 Budget 表中含有大量的属性，而不是只有两个，那么，使用交集操作函数的版本很容易变得过于复杂。实际上，你需要为定义预算表颗粒度的每一列调用一次 INTERSECT 函数。

这种方法导致的另一个问题是性能降低。INTERSECT 函数依赖 DAX 语言中较慢的引擎，因此，对于大型模型，从性能角度来看，它可能不是最优的选择。幸运的是，在 2017 年 1 月，DAX 扩展了一个处理这些场景的特定功能——TREATAS 函数。在使用的最新版本的 DAX 的系统中，你可以像下面这样编写代码。

```
Budget 2009 :=
CALCULATE (
    SUM ( Budget[预算] ),
    TREATAS ( VALUES ( Budget[品牌] ), 'Product'[品牌] ),
    TREATAS ( VALUES ( Budget[国家地区] ), Store[国家地区] )
)
```

TREATAS 函数的工作原理与 INTERSECT 函数类似。它比 INTERSECT 函数快，但仍比我们将在下一节中展示的使用关系的版本慢得多。

通过关系来筛选

在上一节中我们使用 DAX 代码解决了预算场景中的问题。在本节中，我们还是处理相同的场景，但将通过更改数据模型而不是使用 DAX 代码来正确地依赖关系传递筛选器。其思想是将第一种技术（降低 Sales 表的颗粒度级别，创建两张新的维度表）与雪花模型混合使用。

首先，我们可以使用以下 DAX 代码创建两张新维度表：Brands 表和 CountryRegions 表。

```
Brands =
DISTINCT (
    UNION (
        ALLNOBLANKROW ( Product[品牌] ),
        ALLNOBLANKROW ( Budget[品牌] )
    )
)

CountryRegions =
DISTINCT (
    UNION (
        ALLNOBLANKROW ( Store[国家地区] ),
        ALLNOBLANKROW ( Budget[国家地区] )
    )
)
```

在创建计算表之后，可以通过使它们成为雪花模型（针对 Sales 表来说）和直接维度表（针对 Budget 表来说）来设置关系，生成的模型如图 9-8 所示。

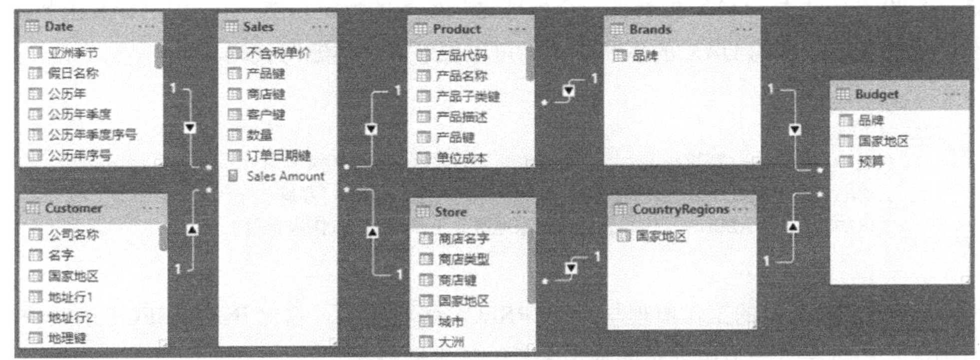

图 9-8 Brands 表和 CountryRegions 表是解决颗粒度问题的额外的维度表

有了这个模型（这已经是一个完美的星形模型）以后，你可以使用 Brands[品牌]列或 CountryRegion[国家地区]列同时切片 Sales 表和 Budget 表。但是你需要非常小心地选择正确的列。如果你使用 Product[品牌]列去切片或者拓展 Budget 表，操作是无法生效的，因为关系的方向是交叉筛选。出于这个原因，在模型中隐藏部分不需要的列是一个非常好的操作习惯。如果要保留以前的模型，那么，应该隐藏 Budget[国家地区]列、Store[国家地区]列、Product[品牌]列和 Budget[品牌]列。

在 Power BI 中，你可以完全控制关系来控制交叉筛选的传递。因此，可以选择使用 Product 表、Brand 表和 CountryRegions 表之间的关系来激活双向筛选，产生图 9-9 所示的模型。

图 9-9 和图 9-8 中的模型似乎没有什么区别，因为模型包含完全相同的表。但二者是不同的，不同之处在于如何设置关系。图 9-9 中的 Product 表和 Brand 表的关系里有一个双向筛选器，就像 Store 表和 CountryRegions 表之间的一样。Brands 表和 CountryRegions 表被设置成了隐藏。这是因为它们现在变成了辅助表（在公式和代码中可以被使用，但对用户浏览不太有用的表）。在筛选 Product[品牌]列之后，关系中的双向筛选将筛选器从 Product 表移动到 Brands 表，再自然地流向 Budget 表。Store 表和 CountryRegions 表之间的关系表现出相同的行为。因此，你构建了一个模型，其中，Product 表或 Store 表的筛选器可以作用于 Budget 表，并且由于另外两张辅助表是隐藏的，用户可以直观地处理和使用它们。

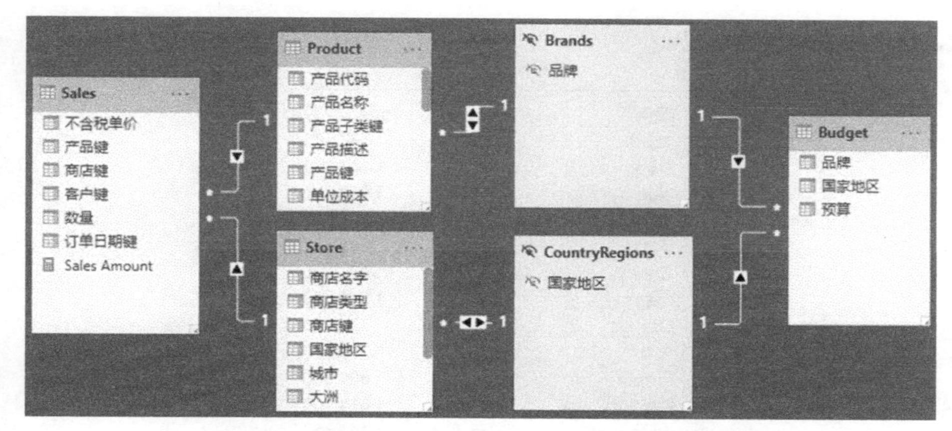

图 9-9　在这个模型中，Brands 表和 CountryRegions 表是隐藏的，
并且它们与 Product 表和 Store 表的关系是双向的

上述的方案有显著的性能优势。因为它是基于关系的，使用的是 DAX 引擎中最快的部分，筛选器只在需要被筛选的维度中进行筛选（上一节中描述的解决方案并非如此，筛选器在所有维度中进行筛选）。这个方案可以获得最佳的性能。最后，颗粒度问题是在模型中被处理的，所以，编写度量值变成了简单地使用 SUM 函数，而没有使用 CALCULATE 函数或 FILTER 函数。从可维护性的角度来看，这是非常重要的，因为这意味着任何新公式都不需要重复前面的模型中的强制筛选模式。

在错误的颗粒度上隐藏值

在前几节中，我们试图通过将 Sales 表的颗粒度转移到颗粒度更低的 Budget 表来解决颗粒度问题，但这丢失了模型的表达能力。接着，通过隐藏雪花模型的维度表，我们成功地将两张事实表组合到一个数据模型中，从而使用户能够无缝浏览 Budget 表和 Sales 表。但即使用户可以浏览按 Product[品牌]列切片的预算金额，却不能按产品颜色属性切片预算金额。这是因为与品牌不同，Budget 表中不包含颜色颗粒度的信息。让我们用一个案例来检验一下。如果你构建一个按颜色切片销售金额和预算金额的简单报告，你将得到类似图 9-10 所示的结果。

你可能会注意到在多对多关系中有类似的模式，事实上，正在发生的就是多对多关系。报告并没有显示指定颜色的产品的预算信息，因为除了品牌，预算事实表不包含关于产品的其他任何信息。只要某个品牌下的产品有这个颜色，模型就会返回这个品牌所有颜色的产品的预算金额。这个数字至少有两个问题：首先，这是错误的；其次，这个错误难以被发现。

颜色	Sales Amount	Budget 2009
Azure	6,362	48,500
Black	337,735	1,141,350
Blue	92,450	1,062,600
Brown	115,654	806,100
Gold	17,447	625,750
Green	64,720	934,000
Grey	246,243	1,076,850
Orange	33,211	726,000
Pink	27,358	958,750
Purple	61	600,500
Red	48,697	1,014,100
Silver	285,768	1,141,350
Silver Grey	18,239	457,500
Transparent	179	239,500
White	453,935	1,092,850
Yellow	4,311	662,000
总计	**1,752,372**	**1,141,350**

图 9-10　主要展示[Budget 2009]，其中[Sales Amount]是用于参考的。[Budget 2009]的各行的和远远高于总计行的值

你肯定不希望这样的报告出现在你的模型中。最好的情况是用户会抱怨，最糟糕的情况是用户根据错误的数据做出决策。作为一名数据建模师，你有责任确保当无法从模型中计算出需要的数字时，模型会清楚地显示错误信息并且不提供任何错误答案。也就是说，代码需要包含一些逻辑，以确保当你编译的度量值返回了一个数值时，该数值就是正确的数值。如果不能返回正确值，那就应该返回空值，返回一个错误值并不是解决方案。

你可以思考下一个问题：你如何确认在什么条件下不应该返回任何值？这需要一些 DAX 的知识，但操作很简单。你必须确定数据透视表（或报表）浏览的数据是否在有意义的颗粒度范围内。如果数据的级别高于颗粒度级别，你将能够正常地聚合值。如果数据的级别低于颗粒度级别，你将需要根据颗粒度对数据进行拆分（将数据拆分到更详细的和颗粒度匹配的级别上）。在这种情况下，模型应该返回一个空值并通知用户这个答案不存在。

解决此场景的关键是能够计算在 Sales 表的颗粒度上被选择的产品或商店的数量，并将它们与在 Budget 表的颗粒度上被选择的产品或商店的数量进行比较。

如果这两个数字相等，那么，产品的筛选器将在两张事实表中产生有意义的值。如果数字不同，则筛选器将在颗粒度较低的表上生成不正确的结果。要实现这一点，你需要定义以下两个度量值。

```
ProductsAtSalesGranularity := COUNTROWS ( 'Product' )

ProductsAtBudgetGranularity :=
CALCULATE (
    COUNTROWS ( 'Product' ),
    ALLEXCEPT( 'Product', 'Product'[品牌] ) )
```

[ProductsAtSalesGranularity] 度量值以最大颗粒度（即产品键）计算产品的数量，Sales 表在这个颗粒度上与 Product 表相关联。[ProductsAtBudgetGranularity] 度量值只考虑 Product[品牌]列上的筛选器以计算产品的数量，并删除任何其他现有筛选器。这正是 Budget 表的颗粒度的定义。如果你构建一个如图 9-11 所示的报告，你可以将更容易理解这两个度量值之间的差异，图 9-11 按品牌和颜色对这两个度量值进行了切片。

品牌	颜色	ProductsAtBudgetGranularity	ProductsAtSalesGranularity
Contoso	Black	710	174
	Blue	710	45
	Brown	710	15
	Gold	710	10
	Green	710	15
	Grey	710	95
	Orange	710	8
	Pink	710	21
	Purple	710	1
	Red	710	36
	Silver	710	109
	Silver Grey	710	4
	Transparent	710	1
	White	710	169
	Yellow	710	7
	总计	**710**	**710**

图 9-11 报告显示了不同颗粒度下产品的数量按品牌和颜色对这两个度量值进行了切片

当只使用品牌筛选器而没有使用其他筛选器时，这两个度量值才计算出相同的值（译者注：[总计]行对应的上下文）。换句话说，只有在按 Budget 表的颗粒度对 Product 表进行切片时，这两个数字才相等。对颗粒度为 CountryRegions 的 Store 表切片也需要这样做。你可以使用以下代码定义两个度量值来检查存储的颗粒度级别。

```
StoresAtSalesGranularity := COUNTROWS ( Store )

StoresAtBudgetGranularity :=
```

```
CALCULATE (
    COUNTROWS ( Store ),
    ALL ( Store ),
    VALUES ( Store[国家地区] )
)
```

当你在报告中使用这两个度量值时，会发现 Budget 表返回的值是相同的，如图 9-12 所示。

大洲	国家地区	州	StoresAtBudgetGranularity	StoresAtSalesGranularity
North America	Canada	Alberta	11	1
		British Columbia	11	3
		Ontario	11	5
		Quebec	11	2
		总计	**11**	**11**
	United States	Alaska	198	1
		Colorado	198	21
		Connecticut	198	8
		Florida	198	13
		Maine	198	6
		Maryland	198	11
		Massachusetts	198	19
		New Jersey	198	18
		New York	198	14
		South Carolina	198	2
		Texas	198	35
		Virginia	198	8
		Washington	198	20
		Wisconsin	198	22
		总计	**198**	**198**
	总计		**209**	**209**
总计			**209**	**209**

图 9-12　报告显示了不同颗粒度下商店的数量

事实上，这些数字不仅在[国家地区]一级是相同的，在[大洲]一级也是相同的。因为[大洲]的颗粒度级别比[国家地区]的颗粒度级别高，所以，[大洲]级别的预算金额是正确的。

最后，为了确保只显示对预算表有意义的值，需要将不匹配预算值的度量金额显示为空，条件公式如下。

```
Budget 2009 :=
IF (
    AND (
        [ProductsAtBudgetGranularity] = [ProductsAtSalesGranularity],
        [StoresAtBudgetGranularity] = [StoresAtSalesGranularity]
    ),
    SUM ( Budget[预算] )
```

)

附加的条件确保在且仅在报表浏览的颗粒度级别不低于预算表的颗粒度级别时返回值，结果如图 9-13 所示。每个颜色的聚合值都是空的，但颜色分类的总计数（品牌分类的聚合值）是正确的。

注意　当你拥有不同颗粒度的事实表时，认识到什么时候能够识别出颗粒度有问题进而不显示值是非常重要的。否则，报告很可能会给出错误的值。

品牌	颜色	Sales 2009	Budget 2009
Wide World Importers	Black	13,714.90	
	Blue	8,257.87	
	Grey	3,051.00	
	Silver	5,771.19	
	White	37,046.70	
	总计	**67,841.67**	**125500**

图 9-13　如果在不正确颗粒度上计算，得到的预算金额显示为空

在更细的颗粒度上分配值

在前面的示例中你学习了如何隐藏用户浏览时不需要显示的值。这种技术对于避免显示错误的数字很有用。但是在某些特定的场景中，你可以做更多的事情。你可以使用分配因子在更高颗粒度级别上计算值。假设你不知道一家名为 Adventure Works 的公司关于蓝色产品的预算金额，只知道 Adventure Works 公司的预算总额。你可以通过计算蓝色产品的预算金额占预算总额的百分比来确定相应的值，这个百分比就是分配系数。

一个好的分配系数可以是蓝色商品的销售额占销售总额的百分比。与其尝试用文字来描述它，查看图 9-14 所示的最终报告要简单得多。

让我们更详细地查看图 9-14 所示的结果。在之前的数据中我们使用的是 2009 年的销售额，而这里显示的是 2008 年的销售额。这是因为我们需要使用 2008 年的销售额来计算分配因子（这里定义分配因子为 2008 年蓝色产品的销售额占 2008 年销售总额的比例）。

从图中可以看到：来自 Adventure Works 的蓝色产品的销售额为 8603.64 美元，除以 2008 年的销售额 93 587.00 美元，可以得到 9.19%这个比值。蓝色产品的预算额

在 2009 年的预算表中原本是不存在的，但是你可以通过将 Adventure Works 产品的预算总额乘以分配因子来计算它，从而得到 6168.64 这个预算额。

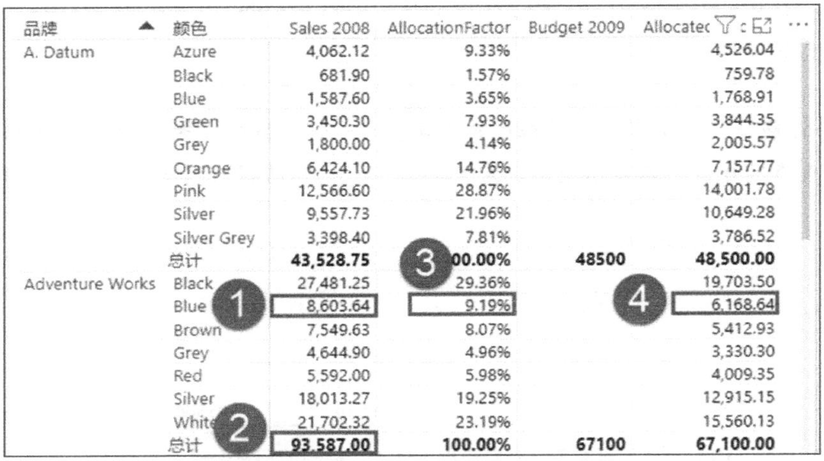

品牌	颜色	Sales 2008	AllocationFactor	Budget 2009	Allocatec
A. Datum	Azure	4,062.12	9.33%		4,526.04
	Black	681.90	1.57%		759.78
	Blue	1,587.60	3.65%		1,768.91
	Green	3,450.30	7.93%		3,844.35
	Grey	1,800.00	4.14%		2,005.57
	Orange	6,424.10	14.76%		7,157.77
	Pink	12,566.60	28.87%		14,001.78
	Silver	9,557.73	21.96%		10,649.28
	Silver Grey	3,398.40	7.81%		3,786.52
	总计	**43,528.75**	**00.00%**	**48500**	**48,500.00**
Adventure Works	Black	27,481.25	29.36%		19,703.50
	Blue	8,603.64	9.19%		6,168.64
	Brown	7,549.63	8.07%		5,412.93
	Grey	4,644.90	4.96%		3,330.30
	Red	5,592.00	5.98%		4,009.35
	Silver	18,013.27	19.25%		12,915.15
	White	21,702.32	23.19%		15,560.13
	总计	**93,587.00**	**100.00%**	**67100**	**67,100.00**

图 9-14 通过动态计算，可以使用[预算]列以更高的颗粒度显示值

当你了解了颗粒度的细节以后，计算就很简单了。可以对之前的公式进行简单的修改，DAX 代码如下。

```
Sales2008AtBudgetGranularity :=
CALCULATE (
    [Sales 2008],
    ALL ( Store ),
    VALUES ( Store[国家地区] ),
    ALL ( Product ),
    VALUES ( Product[品牌] )
)

AllocationFactor := DIVIDE ( [Sales 2008], [Sales2008AtBudgetGranularity] )

AllocatedBudget := SUM ( Budget[预算] ) * [AllocationFactor]
```

公式的核心是[Sales2008AtBudgetGranularity] 度量值，这个度量值从 Store 表和 Product 表移除了筛选器之后计算了相应的销售额。借助剩下的两个度量值，使用图 9-14 所示的数字，通过简单的乘法和除法可以最终生成所需的结果。

在更高颗粒度级别上重新分配的技术非常有趣，它给用户一种在更细的颗粒度而不是实际的颗粒度上呈现数字的感觉。然而，当你计划使用这种技术时，你应该向观众清楚地解释你是如何计算出这些数字的。毕竟这些数字是通过计算得出的，而不是在创建预算额时输入的。

本章小结

颗粒度是构建任何数据模型都需要理解的一个主题，在本书的许多章节中都对它进行了讨论。这一章进一步分析了颗粒度无法固定时可用的一些方案，因为数据在表内被存储的是正确的颗粒度级别。

本章最重要的主题如下。

- 颗粒度级别由与事实表连接的维度表定义。
- 不同的事实表可以因为数据性质的不同而呈现不同的颗粒度级别。通常，颗粒度有问题是模型中的错误，但是，在一些场景中，事实表存储在正确的颗粒度上，而颗粒度在不同的表之间是不同的。
- 当多张事实表有不同的颗粒度时，必须建立一个模型来允许你使用单张维度表切片所有表。你可以通过以正确的颗粒度创建特殊的模型、使用 DAX 代码或在双向关系中移动筛选器来实现这一点。
- 你必须意识到颗粒度存在差异这个事实，然后妥善处理它们。你有多种方案可以选择：忽略问题，当颗粒度级别太高时隐藏数据或者使用某个分配因子重新分配值。

第 10 章

数据模型的切片

在第 9 章中，我们学习了如何使用标准关系对数据进行建模：将两张表通过一个列关联，然后使用标准关系构建多对多关系。在本章中，我们将学习如何利用 DAX 代码处理表与表之间更复杂的关系。表格模型可以处理表之间的简单关系或双向关系，但其还是有局限性。你可以运用 DAX 代码创建具有各种关系类型的高级模型，比如虚拟关系模型。在解决复杂场景时，DAX 在数据模型的定义中扮演着重要角色。

我们将使用一些数据模型作为示例来演示这些关系，其中最主要的主题是对数据进行切片。数据切片是一种常见的建模模式，每当你希望基于某个参数表对数据进行分层（如你希望根据年龄区间、销费额或收入对客户进行画像）时，都可以使用这种模式。

本章的目标不是向你提供可以在模型中使用的预构建模式。相反，我们想向你展示使用 DAX 公式构建复杂模型的不同寻常的方法，以扩展你对关系的理解，并让你体验使用 DAX 公式可以实现的效果。

计算多列关系

我们将展示的第一种关系是计算物理关系（它与标准关系的唯一区别是建立关系的键是计算列）。如果表之间缺少合适的键而无法直接设置关系，或者需要使用复杂的公式计算关系，那么，可以利用计算列来设置关系。基于计算列的关系也是一种物理关系。

表格引擎只允许你创建基于单列的关系，不允许你创建基于多列的关系。但是，基于多列的关系非常有用，并且出现在许多数据模型中，如果你在使用这些模型时需要构建基于多列的关系，可以使用以下两种方法。

- 定义一个计算列来生成一个可以用于关系的键值列。
- 使用 LOOKUPVALUE 函数对目标表的列进行反规范化（一对多关系中的一端）。

假设在某些日期会有对某款产品实行特殊折扣的促销活动，你可以使用 SpecialDiscounts 表存储这些数据，如图 10-1 所示。

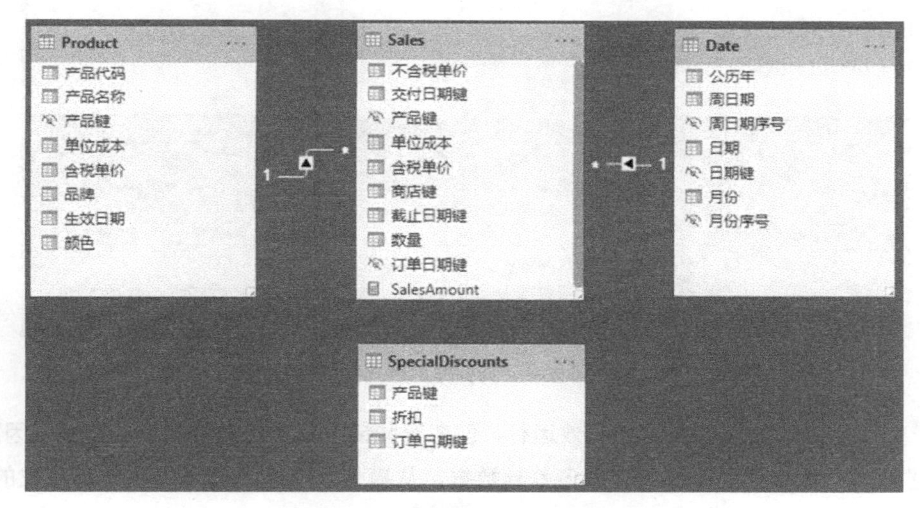

图 10-1 SpecialDiscounts 表需要基于两列才能和 Sales 表构建关系

SpecialDiscounts 表包含三列：SpecialDiscounts[产品键]、SpecialDiscounts[订单日期键]和 SpecialDiscounts[折扣]。如果你需要使用这些信息来计算折扣（如折扣的金额），那么，你将面临这样一个问题：任何给定的销售记录的折扣取决于其对应的 SpecialDiscounts[产品键]、SpecialDiscounts[订单日期键]。你无法在 Sales 表和 SpecialDiscounts 表之间创建关系，因为 SpecialDiscounts[产品键]和 SpecialDiscounts[订单日期键]一共有两列，而模型引擎只支持基于单列创建关系。

在寻找此场景的解决方案时，考虑到并没有什么因素妨碍你创建基于列的关系，所以，既然引擎不支持基于两列的关系，那就构建一个组合这两列信息的新列，然后在这个新列的基础上构建一个关系。你可以使用以下代码在 SpecialDiscounts 表和

Sales 表中创建一个新的、由这两列组合而成的计算列。

```
Sales[ProductAndOrderKey] = Sales[产品键] & "-" & Sales[订单日期键]
```

在 SpecialDiscounts 表中可以使用类似的表达式。在定义这两列之后，可以创建这两张表之间的关系，最终的模型如图 10-2 所示。

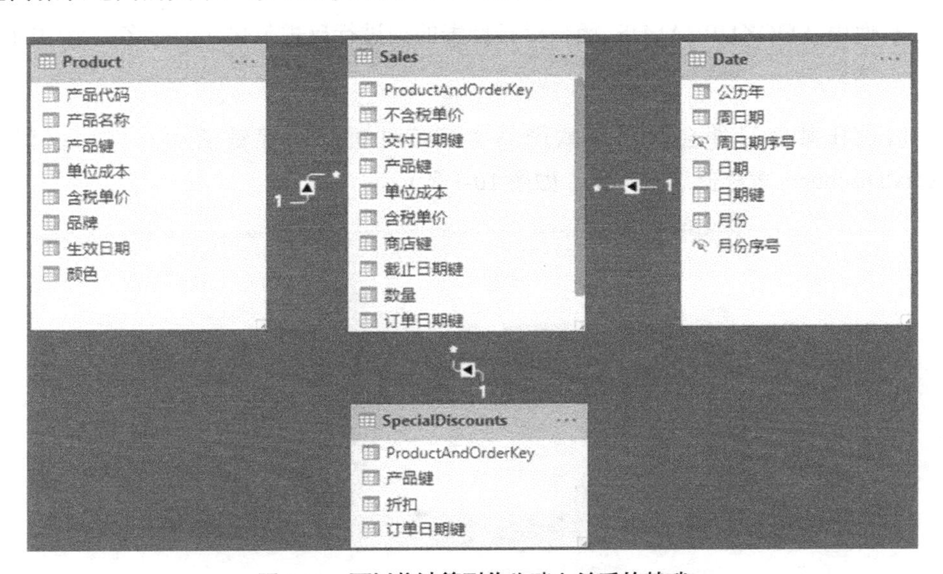

图 10-2　可以将计算列作为建立关系的基础

这个解决方案既简单又能有效运行，但在有些情况下不是最好的解决方案，因为创建的两个计算列里可能包含很多差异数据，从模型性能的角度考虑这是不可取的。

这个场景的另一种可选方案是使用 LOOKUPVALUE 函数。你可以通过使用 LOOKUPVALUE 函数在 Sales 表中定义一个包含以下代码的新计算列，从而直接在事实表中反规范化折扣。

```
Sales[SpecialDiscount] =
LOOKUPVALUE (
    SpecialDiscounts[折扣],
    SpecialDiscounts[产品键], Sales[产品键],
    SpecialDiscounts[订单日期键], Sales[订单日期键]
)
```

第二种方案不创建任何关系，只是在事实表中执行查找来获取折扣值。更专业的说法是“将[SpecialDiscount]值从 SpecialDiscounts 表反规范化到 Sales 表”。

哪种方案更合适？如果 Sales[SpecialDiscount]是你需要使用的唯一的列，那么，反规划化是最好的选择，只创建一个计算列不仅减少了对内存的使用（对比需要两个计算列的第一种方案），代码也更简单。

但如果 SpecialDiscounts 表包含许多需要在计算代码中使用的列，那么，对它们中的每一个都在事实表中进行反规范化反而会很浪费内存，甚至可能导致性能下降。在这种情况下，使用具有新的组合键的计算列将是一种更好的方法。

第一个简单示例非常重要，因为它展示了 DAX 的一个常见且重要的特性：可以通过计算列创建关系。这个功能表明你可以创建任何类型的关系，只要你能够计算并在计算列中物化它即可。我们将在下一个示例中向你展示如何基于静态范围创建关系。通过拓展这个概念，你几乎可以创建所有类型的关系。

计算静态切片

静态切片是一种非常常见的场景，在这种场景中，在一张表里有一个值，但你对分析这个值不感兴趣（因为在模型里可能有成百上千个值），而是希望将值分组后用于分析。两个常见的需求是按客户年龄或按标价分析销售额。将销售额按照所有商品的标价进行分析是没有意义的，因为标价有太多不同的值。但是如果你将不同的标价按区间分组，那么，分析这些分组后的数据可能会获得良好的见解。

在本例中，你有一个包含价格范围的 PriceRanges 表。每个范围定义范围本身的边界，如图 10-3 所示。

价格带	价格下限	价格上限	价格区间键
VERY LOW	0	10	1
LOW	10	30	2
MEDIUM	30	80	3
HIGH	80	150	4
VERY HIGH	150	99999	5

图 10-3　展示价格范围的 PriceRanges 表

这里和前面的示例一样，你不能在包含事实的 Sales 表和 PriceRanges 参数表之间直接创建关系，因为参数表中的键依赖一个范围关系，而 DAX 语言不支持范围关系。

在这种情况下，最好的解决方案是使用计算列直接在事实表中反规范化价格范围，代码如下。

```
Sales[价格带] =
CALCULATE (
    IFERROR (
        VALUES ( PriceRanges[价格带] ),
        "Wrong Configuration"
    ),
    FILTER (
        PriceRanges,
        AND (
            PriceRanges[价格下限]<= Sales[不含税单价],
            PriceRanges[价格上限] > Sales[不含税单价]
        )
    )
)
```

值得注意的是，这段代码使用了 VALUES 函数来检索单个值。VALUES 函数会返回一张表，而不是单一的值。但当 VALUES 函数返回的表只包含一行和一列时，这个单行单列的表中的值会自动转换为标量。

由于 FILTER 函数的计算特性，它总是返回参数表中的一行作为计算结果。因此，返回的计算结果是包含当前净价格的价格范围。显然，如果参数表设计良好，表达式可以很好地工作。但是，如果由于任何原因，范围存在漏洞或重叠，那么，表达式可能会导致错误，返回包含许多行的值。

编写上述代码的更好方法是利用错误处理函数，该函数将检测错误的存在，并返回适当的消息，具体代码如下。

```
Sales[价格带] =
VAR ResultValue =
    CALCULATE (
        IFERROR (
            VALUES ( PriceRanges[价格带] ),
            "Overlapping Configuration" //配置重叠
 ),
        FILTER (
            PriceRanges,
            AND (
                PriceRanges[价格下限] <= Sales[不含税单价],
                PriceRanges[价格上限] > Sales[不含税单价]
```

```
            )
        )
    )
RETURN
    IF (
        ISEMPTY ( {ResultValue} ),
        "Wrong Configuration", //错误配置
       ResultValue
    )
```

这段代码会同时检测重复值（使用 IFERROR 函数）和配置中的漏洞（在将结果值返回给调用者之前使用 ISEMPTY 函数检查结果值）。因为它保证总是返回一个对的值，所以，使用这段代码比使用前一段代码要安全得多。

计算物理关系在 Power BI 和 Excel 建模中是一个非常强大的工具，因为它允许你创建非常高级的关系。此外，关系的计算发生在更新数据时的刷新时间，而不是在查询模型时。因此，无论复杂性如何，计算都会有非常好的查询性能。

使用动态切片

在许多场景中无法以静态方式设置表之间的逻辑关系。在这些情况下，你不能使用计算好的静态关系。相反，你需要在度量值中定义关系的含义，以动态的方式处理、计算。在这种情况下，逻辑关系并不在模型中被创建，所以被称为虚拟关系。这与你之前所学习的物理关系形成了对比。

下面要展现的虚拟关系示例是本章前面展示的静态切片的一个变体。在静态切片中使用计算列时每笔销售被分配到特定的分段，但在动态切片中，分配是动态进行的。

假设你希望根据销售额聚合客户，但销售额又是根据报告中切片器聚合的，那就产生了动态的切片效果。比如，在切片器中筛选了某一年，这时，筛选出来的客户就是在那一年内有购买行为的客户。如果更改了年份，原来的某位客户可能就不会被聚合，因为他在更改后的年份内没有购买行为（系统中没有相应的记录）。在这个场景中，你不能依赖物理关系，所以不能修改数据模型以编写易于编写的 DAX 代码。这种情况下你唯一的选择就是磨拳擦掌，使用一些进阶的 DAX 公式来实现你的目标。

首先，定义 Segments 参数表，如图 10-4 所示。

分段代码	分段	销售下限	销售上限
1	Very Low	0	75
2	Low	75	100
3	Medium	100	500
4	High	500	1000
6	Very High	1000	99999999

图 10-4 动态切片的 Segments 参数表

要计算的度量值是属于特定分段的客户的数量。换句话说，考虑到当前筛选上下文中的所有筛选器，你需要计算一个分段中有多少客户。下面的公式看起来很简单，但是仍需注意，因为它使用了上下文转换。

```
CustInSegment :=
COUNTROWS (
   FILTER (
      Customer,
      AND (
         [SalesAmount] > MIN ( Segments[销售下限] ),
         [SalesAmount] <= MAX ( Segments[销售上限] )
      )
   )
)
```

要理解这个公式，可以通过观察显示在行上的字段名和列上的年份数据，报告如图 10-5 所示。

分段	CY 2007	CY 2008	CY 2009	总计
High	250	36	35	**311**
Low	141	14	12	**166**
Medium	365	76	52	**485**
Very High	302	132	160	**581**
Very Low	351	266	255	**810**
总计	**1409**	**524**	**514**	**2353**

图 10-5 这个数据透视表显示了动态切片模式的效果

通过这个表格我们可以了解到：在 2008 年，有 76 位客户处于 Medium 这个分段。这个公式在 Customer 表上进行迭代计算：对于每位客户，它先检查该客户的销售额的值是否位于 Segments[销售下限] 和 Segments[销售上限] 之间，再统计有多少个这样的客户。很显然，这个度量值的结果针对的是分段内客户的累加度量值，以及所有其他维度的非累加度量值。

这个公式只适用于选择全部分段。如果你只选择[Very Low]和[Very High]这两个分段（从选择中删除三个中间段），那么，MIN 函数和 MAX 函数将不是正确的选择。它们的计算将包含所有的客户，这会导致总计的结果错误，如图 10-6 所示。

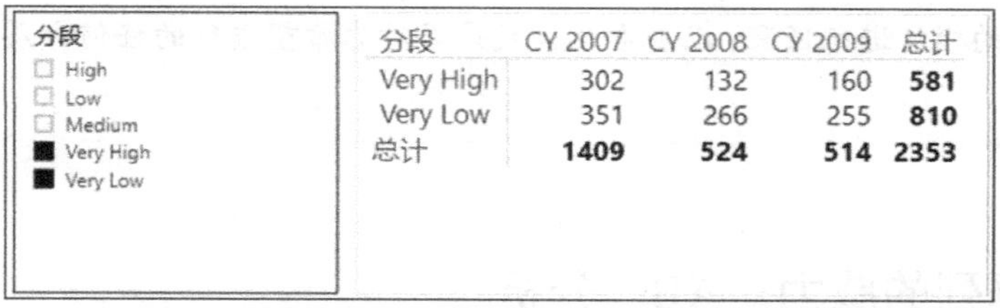

分段
- ☐ High
- ☐ Low
- ☐ Medium
- ■ Very High
- ■ Very Low

分段	CY 2007	CY 2008	CY 2009	总计
Very High	302	132	160	**581**
Very Low	351	266	255	**810**
总计	**1409**	**524**	**514**	**2353**

图 10-6　当与非连续选择的切片器一起使用时，此数据透视表显示错误的值

如果你想让用户选择部分分段，需要按照如下方式来书写公式。

```
CustInSegment :=
SUMX (
    Segments,
    COUNTROWS (
        FILTER (
            Customer,
            AND (
                [SaleAmount] > Segments[销售下限],
                [SalesAmount] <= Segments[销售上限]
            )
        )
    )
)
```

这个版本的公式没有选择部分分段的问题，但可能会导致性能下降，因为它需要对表进行两次迭代。结果如图 10-7 所示，公式生成了正确的值。

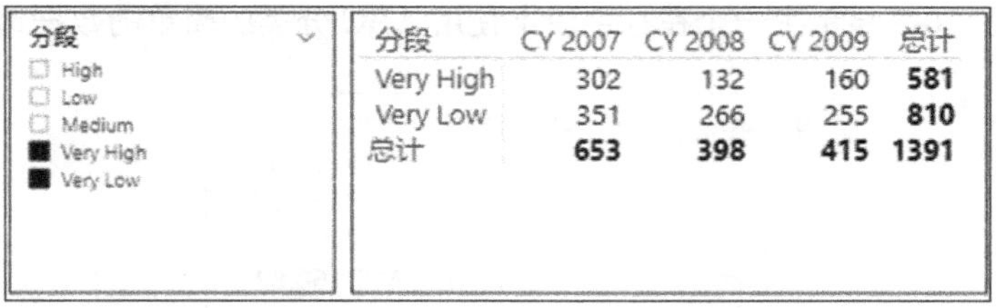

分段
- ☐ High
- ☐ Low
- ☐ Medium
- ■ Very High
- ■ Very Low

分段	CY 2007	CY 2008	CY 2009	总计
Very High	302	132	160	**581**
Very Low	351	266	255	**810**
总计	**653**	**398**	**415**	**1391**

图 10-7　由于选择了部分分段，两个度量值现在在总计中显示不同的值

虚拟关系非常强大。但它们实际上并不属于数据模型，即使用户可以将其视为真

实的关系并在查询时使用 DAX 公式进行计算。当公式非常复杂或模型的体积过大时，性能可能成为一个问题。然而，对于中等大小的模型来说，模型运行时的性能很好。

> **提示** 我们建议你尝试在针对特定业务建模时考虑这些概念，并和你正在设计的模型进行匹配，以查看此模式是否对你希望进行的任何分层有所帮助。

理解计算列的威力：ABC 分析

从建模的角度来看，将计算列存储在数据库中产生了巨大的影响并开启了一种新的数据建模方法。在本节中，你将看到一些通过使用计算列有效解决问题的场景。

我们将向你展示如何使用计算列在 Power BI 中实现 ABC 分析的案例。ABC 分析有时也被叫作 ABC/Pareto 分析，它基于帕累托原理。公司的核心业务通常是根据最佳产品或最佳客户来确定的，在这个示例中，我们主要关注产品。

ABC 分析的目标是确定哪些产品对整个业务有重大影响，以便管理人员能够将重心集中在这些产品上。为了实现这一点，每个产品都被分配了一个类别标签（A、B 或 C），具体内容如下。

- A 类产品贡献了 70%的收入。
- B 类产品贡献了 20%的收入。
- C 类产品贡献了 10%的收入。

产品的 ABC 分类标准需要存储在计算列中，因为你希望按分类切片信息对产品进行分析。图 10-8 显示了一个在行字段上使用 ABC 分类的简单的数据透视表。

ABC分类	NumOfProducts	Margin
A	106	145,533.48
B	157	42,381.38
C	2,254	27,253.96
总计	**2.517**	**215.168.82**

图 10-8 在本报告中，ABC 分类用于显示对应分类的[NumOfProduct]（产品数量）和[Margin]（利润）

在 ABC 分类中，通常只有少数产品属于 A 类，这些 A 类产品是 Contoso 的核心业务。B 类产品的重要性稍低，但对公司的业务仍然至关重要。C 类产品则是很好的可以移除的候选项，因为它们的数量虽然很多，但与核心产品相比，贡献的收入很少。

这个场景中的数据模型非常简单。你只需要 Product 表和 Sales 表，如图 10-9 所示。

图 10-9　计算产品 ABC 分类的数据模型非常简单

这一次，我们将不需要新建表或关系，而是通过简单地添加一些计算列来更改模型。要计算一个产品的 ABC 分类，你必须计算该产品自身的利润额并将其与整体的总利润额进行比较。首先，计算单种产品的利润额占总体的百分比。然后，根据这个百分比对产品进行排序并执行累计求和。当累计求和的值达到 70%时，你已经确定了产品中的 A 类；当求和值在 70%和 90%之间时，对应的产品都属于 B 类；其余产品则属于 C 类。你将只使用计算列构建完整的计算。

首先，你需要在 Product 表中计算包含每款产品总利润的计算列。使用下面的表达式可以很容易地做到这一点。

```
Product[总利润] =
SUMX (
    RELATEDTABLE( Sales ),
    Sales[数量] * ( Sales[不含税单价] - Sales[单位成本] )
)
```

图 10-10 显示了 Product 表中新的计算列，其中的数据按 Product[总利润]降序排序。

产品键	产品名称	总利润
153	Adventure Works 26" 720p LCD HDTV M140 Silver	$81,856.2662
1293	Contoso Telephoto Conversion Lens X400 Silver	$53,464.04
1052	A. Datum SLR Camera X137 Grey	$51,459.16
1857	NT Washer & Dryer 27in L2700 Blue	$26,591.585
540	Proseware Projector 1080p DLP86 Black	$25,065.45
176	SV 16xDVD M360 Black	$20,989.224
1864	NT Washer & Dryer 24in M2400 Green	$18,904.471
587	Contoso Projector 1080p X980 White	$18,573.06

图 10-10　在 Product 表中构建 Product[总利润]计算列

其次，在 Product 表中计算累计利润。计算每种产品的累计利润是指逐行加总所有满足条件的产品的利润额，直到这些产品的总利润额大于或等于当前的总利润额。可以通过以下公式求和。

```
Product[累计利润] =
VAR
   CurrentTotalMargin = 'Product'[总利润]
RETURN
   SUMX (
      FILTER (
         'Product',
         'Product'[总利润] >= CurrentTotalMargin
      ),
   'Product'[总利润]
   )
```

图 10-11 显示了包含这个新计算列的 Product 表。

产品键	产品名称	累计利润	总利润
153	Adventure Works 26" 720p LCD HDTV M140 Silver	¥81,856.27	¥81,856.27
1293	Contoso Telephoto Conversion Lens X400 Silver	¥135,320.31	¥53,464.04
1052	A. Datum SLR Camera X137 Grey	¥186,779.47	¥51,459.16
1857	NT Washer & Dryer 27in L2700 Blue	¥213,371.05	¥26,591.59
540	Proseware Projector 1080p DLP86 Black	¥238,436.50	¥25,065.45
176	SV 16xDVD M360 Black	¥259,425.73	¥20,989.22
1864	NT Washer & Dryer 24in M2400 Green	¥278,330.20	¥18,904.47
587	Contoso Projector 1080p X980 White	¥296,903.26	¥18,573.06
1895	Contoso Washer & Dryer 21in E210 Pink	¥313,942.06	¥17,038.80

图 10-11　按 Product[总利润]列降序排列后逐行计算 Product[累计利润]计算列

最后，计算 Product[累计利润]除以 Product[总利润]得到的百分比。新的计算列很容易解决这个问题。你可以使用以下公式添加 Product[累计利润比]列。

```
Product[累计利润比] = DIVIDE ( 'Product'[累计利润], SUM ( 'Product'[总利润] ) )
```

图 10-12 显示了新的 Product[累计利润比]列，它的格式被设置为百分比的形式以便使结果更容易被理解。

产品键	产品名称	累计利润	总利润	累计利润比
153	Adventure Works 26" 720p LCD HDTV M140 Silver	¥81,856	¥81,856	7.39%
1293	Contoso Telephoto Conversion Lens X400 Silver	¥135,320	¥53,464	12.22%
1052	A. Datum SLR Camera X137 Grey	¥186,779	¥51,459	16.87%
1857	NT Washer & Dryer 27in L2700 Blue	¥213,371	¥26,592	19.27%
540	Proseware Projector 1080p DLP86 Black	¥238,437	¥25,065	21.54%
176	SV 16xDVD M360 Black	¥259,426	¥20,989	23.43%
1864	NT Washer & Dryer 24in M2400 Green	¥278,330	¥18,904	25.14%
587	Contoso Projector 1080p X980 White	¥296,903	¥18,573	26.82%
1895	Contoso Washer & Dryer 21in E210 Pink	¥313,942	¥17,039	28.36%

图 10-12　[累计利润比]计算累计利润的总额占总利润额的百分比

最后，将 Product[累计利润比]的数值转换为 ABC 分类。如果使用 70%、20%和 10%的值作为阈值，计算 ABC 分类的公式会很简单，具体如下。

```
Product[ABC 分类] =
IF (
    'Product'[累计利润比] <= 0.7,
    "A",
    IF (
        'Product'[累计利润比] <= 0.9,
        "B",
        "C"
    )
)
```

结果如图 10-13 所示。

因为 Product[ABC 分类]列是一个存储在数据集中的计算列，所以你可以在切片器、筛选器、行或列上使用它来生成有趣的报告。

如本例所示，你可以选择使用计算列并系统地执行它们，从而在模型中存储一些复杂的计算。你可能需要一段时间才能识别是使用计算列还是使用度量值能更好地实现计算。但是，一旦你通过实践掌握了这一点，将可以通过实践释放计算列的威力。

产品键	产品名称	累计利润	总利润	累计利润比	ABC分类
153	Adventure Works 26" 720p LCD HDTV M140 Silver	¥81,856	$81,856.2662	7.39%	A
1293	Contoso Telephoto Conversion Lens X400 Silver	¥135,320	$53,464.04	12.22%	A
1052	A. Datum SLR Camera X137 Grey	¥186,779	$51,459.16	16.87%	A
1857	NT Washer & Dryer 27in L2700 Blue	¥213,371	$26,591.585	19.27%	A
540	Proseware Projector 1080p DLP86 Black	¥238,437	$25,065.45	21.54%	A
176	SV 16xDVD M360 Black	¥259,426	$20,989.224	23.43%	A
1864	NT Washer & Dryer 24in M2400 Green	¥278,330	$18,904.471	25.14%	A
587	Contoso Projector 1080p X980 White	¥296,903	$18,573.06	26.82%	A
1895	Contoso Washer & Dryer 21in E210 Pink	¥313,942	$17,038.8	28.36%	A
1206	Fabrikam Independent Filmmaker 1/3'' 8.5mm X200 Grey	¥326,362	$12,419.96	29.48%	A
1865	NT Washer & Dryer 21in E2100 Green	¥338,671	$12,308.88	30.59%	A

图 10-13　ABC 分类的结果存储在 Product[ABC 分类] 计算列中

本章小结

在本章中，我们通过分析一些使用 DAX 公式实现的切片技术，将标准关系的使用向前推进了一步。本章的重点如下。

- 通过使用计算列关系可以借助计算列建立模型关系。计算列关系的强大之处在于你可以用任何类型的计算建立关系，而不局限于使用常见的表连接来建立关系。
- 如果受限于在报告中使用的筛选器和切片器， 动态的逻辑关系不能在模型中被创建，你可以利用虚拟关系。对用户来说虚拟关系看起来像标准关系，但它们是动态计算的。其可能会影响性能，但是相比于获得的灵活性，损失性能是值得的。
- 计算列是对表格引擎模型的巨大拓展。你可以使用仅在模型刷新时计算的计算列来执行非常复杂的切片。它们是速度和灵活性的结合体，允许你创建非常强大的模型。

我们希望这几个案例能够帮助你获得一个新的视角，了解创造力如何帮助你构建伟大的模型。

第 11 章 处理多币种模型

在本章中我们将分析一些需要处理多种货币的销售模型。每当你需要处理多种货币时，问题的数量都会大量增加。我们需要根据模型大小、灵活性和性能做出许多决策来解决多币种问题。

我们首先展示在不同场景中币种转换可能带来的挑战和问题。然后与前面的章节一样，我们构建了一些涉及货币转换的数据模型示例，分析同一场景中不同的建模方法，以确定每种方法的优缺点。

理解不同的场景

货币转换问题在定义时就隐含了一些复杂性。大型公司很可能以不同的币种接收或支付款项，而我们都知道汇率一直在变化，这使得在处理业务的过程中，必须考虑不同币种的兑换所造成的损益。我们先关注一个简单的案例：假设 Contoso 公司在 1 月 20 日从一位客户那里收到了 100 欧元，但美元是 Contoso 使用的主要货币，我们如何将这 100 欧元转换成等值的美元？有以下几种方法。

- **收款时马上将欧元转换成美元。**因为这样操作以后基本上只需要处理一种货币，所以这是处理货币转换最简单方法。
- **把欧元存到一个活期存款账户，然后在需要用欧元支出时将其支付出去。**由于欧元对美元的汇率每天都在变化，这使得构建包含不同货币的报表变得困难。
- **你在常用账户中存款并在月底（或除交易发生的时间点外的任何特定时间）执

行货币的转换。在这种情况下，你必须在有限的时间内处理多种货币的转换。

注意 一些政策可能会使得这三个基本解决方案中的任何一个都不能实现。我们引用这三个不同的解决方案的原因不是为了给你一个详尽的解决方案列表，而是希望展示至少三种管理货币转换的合理方法。

你可以通过定义货币转换发生的时间点来考虑如何存储数据。数据被存储之后，你会希望在这份数据上构建报告。如果你对报告期内的多种货币数据均执行转换到主要货币的操作，那么，构建报告的难度将会有所降低。但如果你希望能够以不同的币种进行报告，那么，你可能需要以欧元存储交易信息，并以美元、日元或任何其他货币进行报告。这就需要在执行查询时能够实时转换货币。

当涉及货币转换时，你需要花费大量时间准确了解需求是什么，进而导致数据模型可能完全不同。没有某个模型可以处理所有可能出现的场景。从性能的角度来看，货币转换也是非常具有挑战性的。这可能是你应该让它尽量保持简单的主要原因，要努力避免处理非必要的复杂模型。

使用多种原始货币，一种报告货币

假设源数据包含不同货币的订单，而你希望生成一个包含一种货币的报告。例如，你接受欧元、美元和其他货币的订单，但是为了能够比较销售额，你希望将它们全部转换为一种货币。

那么，我们应该先快速查看这个场景中使用的模型，如图 11-1 所示。Sales 表与 Currency 表有关系，这表明每笔销售都记录了交易发生时使用的结算货币。

使用这种模型的第一个问题是单价、折扣和存储在 Sales 表中的所有其他货币列的含义是什么。如果你将交易货币的值作为存储的值（这是很可能的情况），而只编写一个简单的销售额计算公式，你将遇到麻烦。如果你使用了如下公式，产生的结果可能不是你想要的。

```
SalesAmount := SUMX ( Sales, Sales[数量] * Sales[不含税单价] )
```

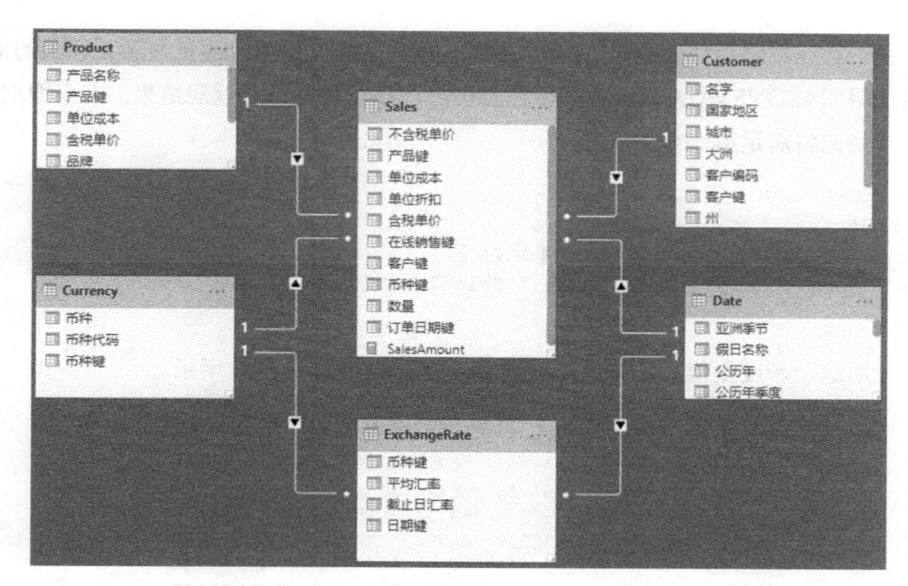

图 11-1　在这个模型中，Sales 表用不同的货币记录信息，并可以按币种进行切片

我们在本书的大部分章节中使用了相同的公式来计算[SalesAmount]度量值，但是在处理多种货币时，这不再可行。图 11-2 显示了基于此公式的简单的报告。其中，列级别的总计没有意义，因为它们是对不同币种对应的数字进行求和，这样得到的结果完全没有用。

币种	CY 2007	CY 2008	CY 2009	总计
Armenian Dram	181,160.03	98,721.99	133,696.43	**413,578.45**
Australian Dollar	181,974.84	128,466.53	155,045.00	**465,486.37**
Canadian Dollar	136,916.66	159,722.90	159,992.10	**456,631.66**
Danish Krone	151,100.25	84,134.31	130,819.13	**366,053.69**
EURO	170,560.82	124,161.46	158,567.36	**453,289.64**
Hong Kong Dollar	120,129.99	130,518.12	161,045.14	**411,693.25**
Indian Rupee	174,326.71	123,890.69	139,402.73	**437,620.13**
Thai Baht	123,623.76	159,501.98	106,073.85	**389,199.58**
US Dollar	219,422.89	113,417.08	97,892.87	**430,732.85**
总计	**1,459,215.95**	**1,122,535.05**	**1,242,534.61**	**3,824,285.61**

图 11-2　在报告中，列方向的总数是对不同币种对应的数字进行求和

报告正确地显示了不同年份各币种对应的数值和按行汇总的数值，因为行方向上使用的是单一货币。然而，当涉及列级别时，这些数字是没有意义的。除非执行转换并定义用于求和的一种目标货币，否则，将欧元、丹麦克朗和美元对应的数字相加得到的数字没有意义。

由于存在不同币种的数据，所以，你应该调整这些度量值以避免显示无意义的值。可以使用 HASONEVALUE 函数确保在且仅在选择一种货币时返回结果。在下面的代码中，我们将满足第一个需求。

```
SalesAmount :=
IF (
    HASONEVALUE ( 'Currency'[币种] ),
    SUMX ( Sales, Sales[数量] * Sales[不含税单价] )
)
```

使用这个新度量值后，列方向上的总计会消失，如图 11-3 所示。

币种	CY 2007	CY 2008	CY 2009	总计
Armenian Dram	181,160.03	98,721.99	133,696.43	**413,578.45**
Australian Dollar	181,974.84	128,466.53	155,045.00	**465,486.37**
Canadian Dollar	136,916.66	159,722.90	159,992.10	**456,631.66**
Danish Krone	151,100.25	84,134.31	130,819.13	**366,053.69**
EURO	170,560.82	124,161.46	158,567.36	**453,289.64**
Hong Kong Dollar	120,129.99	130,518.12	161,045.14	**411,693.25**
Indian Rupee	174,326.71	123,890.69	139,402.73	**437,620.13**
Thai Baht	123,623.76	159,501.98	106,073.85	**389,199.58**
US Dollar	219,422.89	113,417.08	97,892.87	**430,732.85**
总计				

图 11-3　通过保护代码，你可以避免在无法计算总数时显示它们

图 11-3 所示的报告不是很有用，因为报表通常需要比较数字，但这个报表并不能简单地比较其显示的值。更糟糕的是，如果在这些数据的基础上构建图表的话，将会产生很多歧义。如果你需要比较这些值，要么将币种用作筛选器条件，然后按其他列进行数据切片，要么将所有值规范化为一种货币。

要做到这一点，最简单的方法是在 Sales 表中创建一个计算列，该列以你希望在报表使用的货币来换算金额。现在简化一下，假设你想要以美元生成报告，那么，你可以在 Sales 中创建一个计算列，该列将根据当前的汇率把各个币种对应的金额按当天的汇率以美元进行计算。示例使用了以下代码，你可能需要根据场景对代码进行调整。

```
RateToUsd =
LOOKUPVALUE(
    ExchangeRate[平均汇率],
    ExchangeRate[币种键], Sales[币种键],
    ExchangeRate[日期键], RELATED ( 'Date'[日期] )
)
```

一旦 Sales[RateToUsd]计算列就位，你就可以使用它计算按美元统计的销售额，只需将销售额的值乘以汇率（Sales[RateToUSD]）即可。因此[SalesAmountUSD]由以下 DAX 代码计算。

```
SalesAmountUSD =
SUMX (
   Sales,    Sales[数量] * DIVIDE ( Sales[不含税单价], Sales[RateToUsd] )
)
```

你现在可以通过该度量值显示一个报告，该报告允许你用有意义的值比较不同年份和对应币种的销售额（以美元计算对应币种相应的金额），如图 11-4 所示。

币种	CY 2007	CY 2008	CY 2009	总计
Armenian Dram	$546.23	$322.85	$226.75	**$1,095.83**
Australian Dollar	$151,722.84	$112,736.93	$44,261.88	**$308,721.65**
Canadian Dollar	$127,000.26	$152,197.14	$84,405.27	**$363,602.67**
Danish Krone	$27,499.38	$17,389.56	$15,441.66	**$60,330.60**
EURO	$235,090.17	$187,431.98	$107,056.89	**$529,579.04**
Hong Kong Dollar	$15,386.65	$17,131.00	$9,188.18	**$41,705.83**
Indian Rupee	$4,303.90	$2,944.15	$2,027.75	**$9,275.79**
Thai Baht	$3,829.75	$5,015.38	$2,036.08	**$10,881.22**
US Dollar	$219,422.89	$113,417.08	$62,749.16	**$395,589.14**
总计	**$784,802.08**	**$608,586.08**	**$327,393.60**	**$1,720,781.76**

图 11-4　当把值转换为报表货币时，你可以放心地比较它们并生成总数

这项技术很容易使用。计算列运行的日期是报告的日期。你的其他需求都可以通过更改该计算列来获得正确的结果。如果你需要获得第二天的汇率，你可以简单地修改 LOOKUPVALUE 函数来搜索汇率。使用这种技术的主要限制是：如果报表使用一种货币，那么可以很好地工作。但如果你有许多这样的数据列，那么，你将需要为每个数据编写单独的度量值（和计算列）。

注意　[SalesAmountUSD]度量值有一个美元符号的格式字符串。这个字符串是静态显示的，这意味着你不能随意更改它。对报表中的每一种报告货币进行单独的度量是被广泛采用的方案，我们建议你遵循这个方案以提升用户体验。

在这个场景中需要注意的是：计算的数字并不完全正确。实际上，如果比较图 11-4 和图 11-3 中的内容，你将看到图 11-4 中的 2009 年的值更小。问题出在哪里呢？如果查看 Sales 表中的数据，你将注意到 Sales[RateToUsd]列有数百行是空白的，我们按照[RateToUsd]进行排序可以使这些空白行置顶显示，如图 11-5 所示。

在线销售键	产品键	订单日期键	数量	单位折扣	单位成本	RateToUsd	客户键	含税单价	不含税单价	币种键
29180009	357	20090825	1	0	168.24		19133	330	330	9
29670001	2505	20090930	1	0	5.09		19136	9.99	9.99	3
29670002	2505	20090930	1	0	5.09		19136	9.99	9.99	3
29670003	2505	20090930	1	0	5.09		19136	9.99	9.99	3
29670005	2505	20090930	1	0	5.09		19136	9.99	9.99	3
29670006	2505	20090930	1	0	5.09		19136	9.99	9.99	3
29670007	2505	20090930	1	0	5.09		19136	9.99	9.99	3
29670008	2505	20090930	1	0	5.09		19136	9.99	9.99	3
29890000	2495	20091017	1	0	5.09		19004	9.99	9.99	6
29890002	2495	20091017	1	0	5.09		19004	9.99	9.99	6
29890003	2495	20091017	1	0	5.09		19004	9.99	9.99	6
29890004	2495	20091017	1	0	5.09		19004	9.99	9.99	6
29890005	2495	20091017	1	0	5.09		19004	9.99	9.99	6
29890007	2495	20091017	1	0	5.09		19004	9.99	9.99	6
29890008	2495	20091017	1	0	5.09		19004	9.99	9.99	6
29890009	2495	20091017	1	0	5.09		19004	9.99	9.99	6

图 11-5 Sales[RateToUsd]列有行是空的

这里的问题是：汇率信息不是对所有日期都可用，因此，LOOKUPVALUE 函数有时会不返回任何数字。我们需要在这种情况下定义公式需要做出什么判断。我们无法承受某一天的汇率不可用的情况，不然报告的数字将是错误的。因此，我们设定：如果当前的汇率不可用，就使用最新的兑换汇率，具体代码如下。

```
RateToUsd =
LOOKUPVALUE (
    ExchangeRate[平均汇率],
    ExchangeRate[币种键], Sales[币种键],
    ExchangeRate[日期键], CALCULATE (
        MAX ( 'ExchangeRate'[日期键] ),
        'ExchangeRate'[日期键] <= EARLIER ( Sales[订单日期键] ),
        ExchangeRate[币种键] = EARLIER ( Sales[币种键] ),
        ALL ( ExchangeRate )
    )
)
```

有了新的[RateToUsd]之后，报告显示了有意义的数字，如图 11-6 所示。

币种	CY 2007	CY 2008	CY 2009	总计
Armenian Dram	$486.21	$264.95	$358.82	**$1,109.98**
Australian Dollar	$145,926.59	$103,017.99	$124,331.41	**$373,276.00**
Canadian Dollar	$121,959.54	$142,274.37	$142,514.16	**$406,748.08**
Danish Krone	$28,586.93	$15,917.52	$24,749.91	**$69,254.37**
EURO	$240,162.23	$174,828.51	$223,274.56	**$638,265.31**
Hong Kong Dollar	$15,496.84	$16,836.92	$20,774.92	**$53,108.69**
Indian Rupee	$3,602.25	$2,560.05	$2,880.59	**$9,042.89**
Thai Baht	$3,630.17	$4,683.72	$3,114.82	**$11,428.72**
US Dollar	$219,422.89	$113,417.08	$97,892.87	**$430,732.85**
总计	**$779,273.67**	**$573,801.13**	**$639,892.08**	**$1,992,966.88**

图 11-6 有了新的计算列后，所有货币转换都能顺利进行

使用一种来源货币，多种报告货币

现在你已经了解了如何将多种货币转换为一种货币，我们可以进一步分析其他场景：源数据中只有一个币种，而你希望能够生成用其他币种统计的报告。

与前面的场景一样，在这种情况下，你也必须做出一些决定。例如，如果你在 2005 年 1 月 1 日收到了一张美元订单，并准备在 2006 年 12 月生成一份报告，你应该使用什么汇率？你可以选择使用订单生成时的汇率或者最新的汇率。在这两种情况下，模型是相同的，即使计算值的 DAX 代码不同。因此，你可以选择在同一个模型中进行这两个计算，模型如图 11-7 所示。

该模型与图 11-1 所示的模型非常相似，但有一些重要的区别。首先，Sales 表和 Currency 表之间不再有任何关系。因为现在所有的销售信息都是以美元（USD）记录的，因此，Currency 表不再筛选 Sales 表。其次，Currency 表用于定义报表显示的币种。也就是说，即使销售以美元存储，通过使用不同的币种筛选器，用户应该能够看到对应任何其他货币的值。

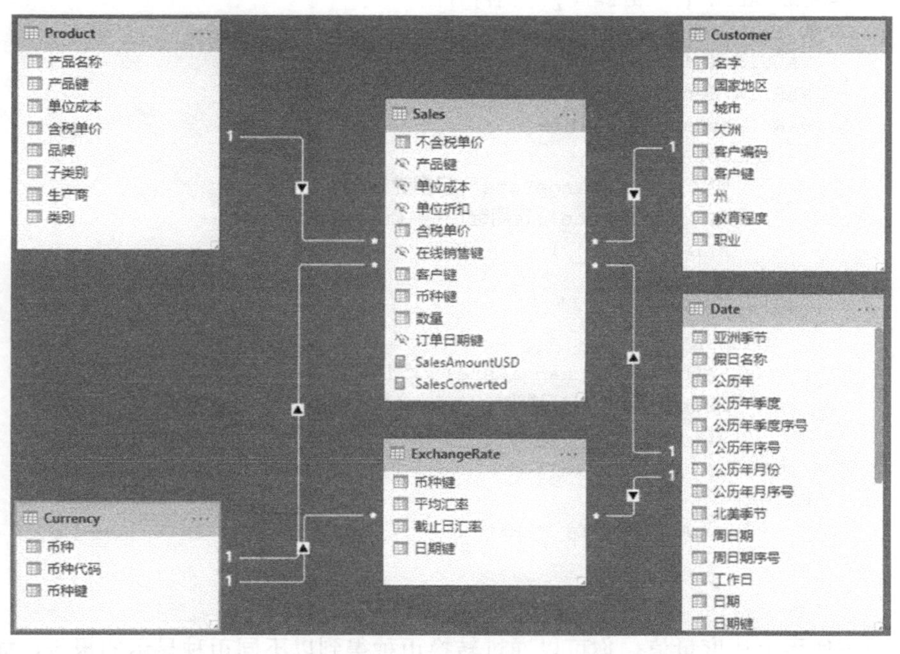

图 11-7　将一种来源货币转换为多种报告货币的数据模型

你想要以一种动态的方式计算这个值（希望用户能够在报告中选择货币时获得对应币种的数据），但不能利用计算列。这时，你必须编写一些复杂的 DAX 代码，使度量值完成以下工作：

1. 检查是否选择了单一币种，以避免出现我们在上一节中遇到的问题。你可能还记得当包含多种货币时，报表的总计数值并不准确，因此，我们不想显示它。

2. 迭代当前选择中的每个日期，计算销售额和每个日期的汇率，并根据所需的币种进行转换。这种迭代是必要的，因为汇率每天都在变化。在确定日期之前，你无法计算转换，这正是迭代可以做的。

更为复杂的是，你可能无法自动获得某些日期的汇率。因此，你需要每天搜索最新的汇率。在大多数情况下，这个过程会让你得到当天的汇率。然而，对某些日期，你需要使用一个前期的汇率。下面的代码虽然有些复杂，但完成了所有的步骤。

```
SalesConverted =
IF (
    HASONEVALUE ( 'Currency'[币种] );
    SUMX (
        VALUES ( 'Date'[日期] );
        VAR CurrentDate = 'Date'[日期]
        VAR LastDateAvailable =
            CALCULATE (
                MAX ( 'ExchangeRate'[日期键] );
                'ExchangeRate'[日期键] <= CurrentDate;
                ALL ( 'Date' )
            )
        VAR Rate =
            CALCULATE (
                VALUES ( ExchangeRate[平均汇率] );
                ExchangeRate[日期键] = LastDateAvailable;
                ALL ( 'Date' )
            )
        RETURN
            [SalesAmountUSD] * Rate
    )
)
```

通过使用上述度量值，你可以通过转换币种得到以不同币种显示的报告，如图 11-8 所示。

币种	CY 2007	CY 2008	CY 2009	总计
Armenian Dram	60,370,506.29	30,189,302.89	47,865,914.70	**138,425,723.89**
Australian Dollar	218,812.35	148,993.71	204,242.14	**572,048.20**
Canadian Dollar	148,139.37	169,625.07	185,952.40	**503,716.84**
Danish Krone	830,847.78	413,258.38	705,403.36	**1,949,509.52**
EURO	123,896.88	82,818.64	114,555.62	**321,271.14**
Hong Kong Dollar	937,908.50	996,945.47	1,248,510.82	**3,183,364.80**
Indian Rupee	7,079,309.87	5,281,242.15	6,743,294.81	**19,103,846.83**
Thai Baht	3,997,511.72	5,117,644.99	3,657,183.94	**12,772,340.64**
US Dollar	219,422.89	113,417.08	97,892.87	**430,732.85**
总计				

图 11-8　这个报告中的值是对应币种的值。所有订单在计算时都转换为给定的货币

上面这个公式晦涩难懂，需要优化，尤其是当你需要在其他度量值（如以类似的方式转换成本或收入）中使用相同的代码片段时。

最复杂的部分是匹配正确的汇率。在通常情况下，最好的选择是在数据模型级别运算。但是，这一次你不需要更改模型的结构，你可以构建一个新的 ExchangeRate 表，该表通过搜索该日期的最新汇率来为 Sales 表中的任何日期提供汇率，方法与度量值中的方法相同。这样做并不能完全消除模型的复杂性，只是将复杂性暂时隔离在计算表内，在需要使用的时候再去调用。这样可以极大地改进度量值的运行，因为公式中最缓慢的运算就是寻找正确的汇率。

注意　此选项仅在使用 SQL Server Analysis Services 2016 或 Power BI 时可用，因为它需要使用计算表功能。如果你使用的 DAX 版本不支持计算表，那么你需要在 ETL 过程中执行类似的操作。

下面的代码将会生成 ExchangeRateFull 表，其中包含每个日期相应的汇率。

```
ExchangeRateFull =
ADDCOLUMNS (
    CROSSJOIN (
        SELECTCOLUMNS (
            CALCULATETABLE ( DISTINCT ( 'Date'[日期] ), Sales ),
            "日期键", 'Date'[日期]
        ),
        CALCULATETABLE ( DISTINCT ( 'Currency'[币种编号] ), ExchangeRate )
    ),
    "平均汇率",
    VAR CurrentDate = [日期键]
    VAR CurrentCurrency = [币种编号]
    RETURN
        CALCULATE (
```

```
            DISTINCT ( ExchangeRate[平均汇率] ),
            ExchangeRate[币种编号] = CurrentCurrency,
            FILTER (
                ALLNOBLANKROW ( ExchangeRate[日期键] ),
                ExchangeRate[日期键]
                    = CALCULATE (
                        MAX ( 'ExchangeRate'[日期键] ),
                        'ExchangeRate'[日期键] <= CurrentDate,
                        ALLNOBLANKROW ( ExchangeRate[日期键] )
                    )
            )
        )
)
```

通过使用这张新的计算表，最终的模型与前一个非常相似，如图 11-9 所示。

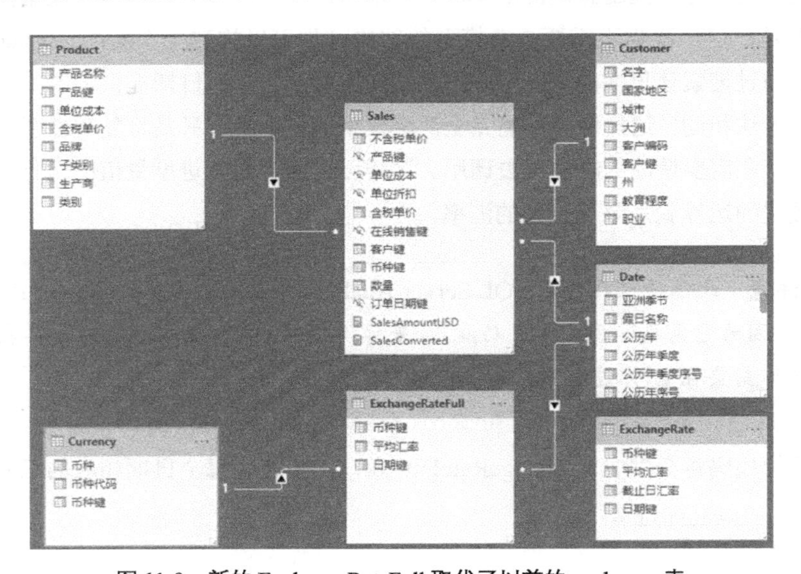

图 11-9　新的 ExchangeRateFull 取代了以前的 exchange 表

度量值对应的代码也更加简单，如下面所示。

```
SalesConverted =
IF (
    HASONEVALUE ( 'Currency'[币种] ),
    SUMX (
        VALUES ( 'Date'[日期] ),
        [SalesAmountUSD] * CALCULATE ( VALUES ( ExchangeRateFull[平均汇率] ) )
    )
)
```

前面提到的复杂性并没有消失。我们只是将其移到一张计算表中，从而将其与度量值隔离。这种方法的优点是你将花费更少的时间调试和编写度量值（你可能有很多度量值）。此外，由于计算表是在数据刷新时计算，然后存储在模型中，因此，总体性能会好得多。

在这种情况下，我们不是通过改变模型结构来简化代码。最后一种模型与前一种模型在本质上是相同的。但我们更改了表的内容，从而迫使关系具有正确的颗粒度。

使用多种来源货币，多种报告货币

如果你的模型以多种货币存储订单，并且你希望能够以不同币种报告，那么，你将面临最复杂的场景。然而，在实现过程中，它并不比使用多币种报告的报表复杂多少。这是因为复杂性来自于在查询时需要使用度量值和预先计算的表执行货币转换。对于模型关系两边都有多种货币的情况，汇率表需要包含更多行（每天的每对货币对应一行），或者需要动态计算汇率。

让我们从图 11-10 所示的数据模型开始。

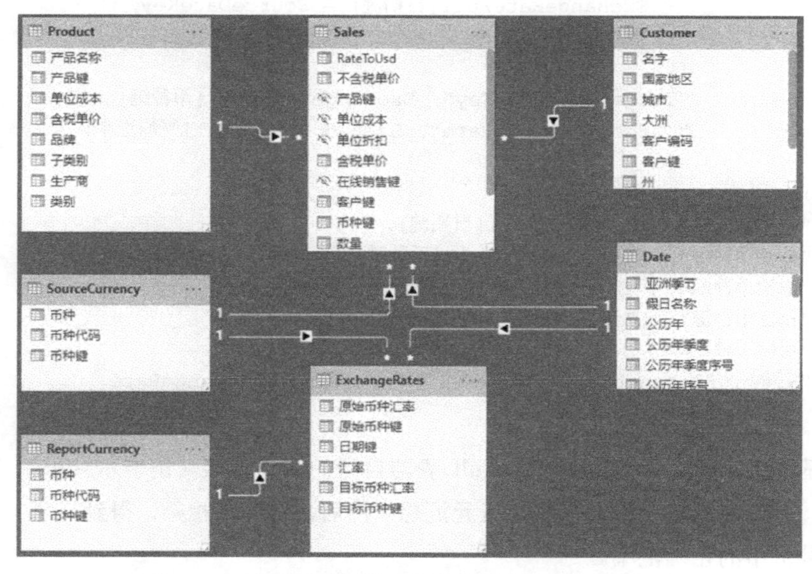

图 11-10 数据模型包括多种原始货币和多种目标货币

请注意此模型的以下内容。

- 有两种货币表：SourceCurrency 表（原始币种表）和 ReportCurrency 表（目标币种表）。原始币种用于对记录销售所使用的货币信息进行切片，而目标币种用于对报告时报表所使用的货币进行切片。
- ExchangeRates 表包含原始币种键和目标币种键，它将允许你将任何币种转换成其他币种。值得注意的是：ExchangeRates 表可以通过 DAX 代码将原始币种表中的每种货币转换为美元。

以下代码生成了 ExchangeRates 表。

```
   ExchangeRates =
SELECTCOLUMNS (
   GENERATE (
      ExchangeRateFull,
      VAR SourceCurrencyKey = ExchangeRateFull[币种键]
      VAR SourceDateKey = ExchangeRateFull[日期键]
      VAR SourceAverageRate = ExchangeRateFull[平均汇率]
      RETURN
         SELECTCOLUMNS (
            CALCULATETABLE (
               ExchangeRateFull,
               ExchangeRateFull[日期键] = SourceDateKey,
               ALL ( ExchangeRateFull )
            ),
            "TargetCurrencyKey", ExchangeRateFull[币种键] + 0,
            "TargetExchangeRate", ExchangeRateFull[平均汇率] + 0
         )
   ),
   "日期键", ExchangeRateFull[日期键],
   "原始币种键", ExchangeRateFull[币种键],
   "原始币种汇率", ExchangeRateFull[平均汇率],
   "目标币种键", [TargetCurrencyKey],
   "目标币种汇率", [TargetExchangeRate],
   "汇率", ExchangeRateFull[平均汇率] / [TargetExchangeRate]
)
```

这基本上在执行 ExchangeRateFull 表与自身的交叉连接（笛卡尔乘积）。首先，它在同一天将两种货币根据汇率以美元汇总。然后，将汇率相乘，得到任意一种货币与另一种货币的正确汇率。

这张表比原来的表大得多（从 25 166 行的 ExchangeRateFull 表中变为 624 134 行的最终表），但是它让我们能够以一种简单的方式创建关系。如果不创建这张表，也可以编写代码，但是代码会非常复杂。

在编写计算销售额的代码时，你基本上将前面的两个场景混合到一个场景中。你必须按日期和币种对销售额进行切片，以获得一组共享相同汇率的销售额。然后，你需要以一种动态的方式搜索当前汇率，并考虑所选择的报告货币，如下面的表达式所示。

```
SalesAmountConverted =
IF (
    HASONEVALUE ( 'Report Currency'[币种] ),
    SUMX (
        SUMMARIZE ( Sales, 'Date'[日期], 'Source Currency'[币种] ),
        [Sales Amount] * CALCULATE ( VALUES ( ExchangeRates[汇率] ) )
    )
)
```

使用这个模型时，你可以使用欧元和美元报告不同币种的订单，同时进行币种转换。例如，在图 11-11 所示的报告中，币种转换发生在订单签订日。

币种	币种	CY 2007	CY 2008	CY 2009	总计
EURO	Armenian Dram	5,344,562.60	1,638,650.16	2,016,241.52	**8,999,454.28**
	Australian Dollar	6,653.21	1,207.92	307.14	**8,168.27**
	Canadian Dollar	5,514.14	1,363.55	202.78	**7,080.47**
	Danish Krone	5,148.00	14,721.92	16,711.09	**36,581.01**
	EURO	3,055.80	3,826.17	2,544.28	**9,426.25**
	Hong Kong Dollar	7,827.59	51,416.17	3,084.54	**62,328.30**
	Indian Rupee	110,900.51	74,559.78	1,447,245.07	**1,632,705.36**
	Thai Baht	122,760.91	271,869.52	253,586.36	**648,216.80**
	US Dollar	14,834.51	54.21	58.76	**14,947.48**
	总计	**5,621,257.28**	**2,057,669.41**	**3,739,981.54**	**11,418,908.23**
US Dollar	Armenian Dram	3,738,604.58	1,263,127.86	1,505,227.14	**6,506,959.57**
	Australian Dollar	4,906.15	830.80	224.77	**5,961.72**
	Canadian Dollar	3,986.95	866.05	148.40	**5,001.40**
	Danish Krone	3,923.52	8,837.52	12,579.11	**25,340.15**
	EURO	2,260.78	2,305.49	1,809.88	**6,376.14**
	Hong Kong Dollar	5,518.81	31,989.22	2,190.61	**39,698.65**
	Indian Rupee	80,535.75	55,232.63	1,036,659.67	**1,172,428.05**
	Thai Baht	90,678.15	185,776.72	192,044.53	**468,499.40**
	US Dollar	10,607.77	34.40	43.00	**10,685.17**
	总计	**3,941,022.45**	**1,549,000.69**	**2,750,927.10**	**8,240,950.24**
总计					

图 11-11 从以原始币种计价转换为以欧元和美元计价

本章小结

货币转换会根据需求增加模型的复杂性。本章主要内容如下。

- 通过简单的计算列可以实现简单的从多个币种到单一币种的转换。
- 转换为多个币种的报告需要更复杂的 DAX 代码并对数据模型进行一些调整，因为你不能再利用计算列，转换需要以一种更动态的方式进行。
- 通过确保汇率表中包含所有需要的日期，可以简化动态转换代码。这种简化可以通过使用一个简单的计算表来实现。
- 最复杂的场景是使用多种原始货币和多种报告货币。在这种情况下，需要混合前面的技术并创建两张表：一个用于记录原始货币，另一个用于记录报告货币。